专利文献研究

宽带移动通信网和轨道交通

2019

国家知识产权局专利局专利文献部◎组织编写

知识产权出版社
全国百佳图书出版单位
—北京—

图书在版编目(CIP)数据

专利文献研究.2019.宽带移动通信网和轨道交通 / 国家知识产权局专利局专利文献部组织编写.
—北京:知识产权出版社,2020.8

ISBN 978-7-5130-7066-9

Ⅰ.①专… Ⅱ.①国… Ⅲ.①专利—文集 Ⅳ.①G306-53

中国版本图书馆 CIP 数据核字(2020)第 129843 号

内容提要

本书呈现了国家知识产权局专利局专利文献部组织编写的2019年优秀专利文献研究成果集的宽带移动通信和轨道交通两个专题，共8篇论文，旨在通过对专题的深入研究，传播、共享专利局各审查部门、各地审查协作中心的专利审查员、专利信息分析人员、专利布局研究人员的最新专利文献研究成果，以期共同推进我国专利文献专题研究的深度及广度。

责任编辑：卢海鹰　　**责任校对**：潘凤越

执行编辑：崔思琪　　**责任印制**：刘译文

封面设计：博华创意·张冀

专利文献研究（2019）

——宽带移动通信网和轨道交通

国家知识产权局专利局专利文献部　组织编写

出版发行：知识产权出版社有限责任公司　　网　址：http：//www.ipph.cn

社　址：北京市海淀区气象路50号院　　邮　编：100081

责编电话：010-82000860 转 8730　　责编邮箱：cuisiq@126.com

发行电话：010-82000860 转 8101/8102　　发行传真：010-82000893/82005070/82000270

印　刷：三河市国英印务有限公司　　经　销：各大网上书店、新华书店及相关专业书店

开　本：787mm×1092mm　1/16　　印　张：15.5

版　次：2020年8月第1版　　印　次：2020年8月第1次印刷

字　数：325千字　　定　价：68.00元

ISBN 978-7-5130-7066-9

《专利文献研究（2019）》编委会

出版说明

2019年，习近平总书记在第二届“一带一路”国际合作高峰论坛和中国国际进口博览会等重大场合，对知识产权工作作出一系列重要指示，知识产权在推进国家治理体系和治理能力现代化中扮演着更加重要的角色。当今，制造业已成为全球经济竞争的制高点，只有以创新驱动为核心，促进产业结构转型升级，增强我国制造业的核心竞争力，拓展制造业的市场占有率，才能切实推动供给侧结构性改革，助推“中国制造”向“中国智造”发展。

为贯彻落实党的十九大精神，加快推动知识产权强国建设，挖掘专利文献价值，介绍各技术领域的最新发展态势和研究成果，发挥专利审查员在其所属领域的技术优势，服务国家经济发展与科技创新，《专利文献研究》系列丛书编辑部自2017年起紧密围绕重点领域，邀请国家知识产权局专利局相关领域专利审查员开展专利技术综述撰写工作。

《专利文献研究2019》丛书共分三册，收录了工业传感器、先进电子材料、宽带移动通信网、轨道交通四个技术领域的专利技术综述28篇。每篇专利技术综述均以作者检索到的特定技术领域的大量专利文献信息为依据，对该技术领域的发展路线、关键技术、重要专利申请人及发明人等信息进行分析整理，并在此基础上对该技术领域未来的发展趋势进行论述。

当前，我国经济已由高速增长阶段转向高质量发展阶段，制造业处于由大到强的转变期，实现产业升级的根本是制造业能够发展重点领域的关键技术，实现创新驱动发展。衷心希望本书的出版可以为相关领域的制造业从业者和专利工作者提供支持，能够成为助力制造业、将创造力转化为生产力的有力工具。

《专利文献研究2019》编辑部

2020年7月

目　录

宽带移动通信网

轨道交通

KUANDAI YIDONG
TONGXINWANG

宽带移动通信网

5G 标准控制信道编码——Polar 码专利技术综述*

区坚海　陈雨杉**　李　晨

摘　要　为了迎接未来社会发展的需求，尤其是爆炸性的移动数据增长、海量的设备连接以及不断涌现的各类新业务和应用场景，第五代移动通信（5G）系统应运而生，极化（Polar）码因其具有优异的纠错性能被采纳成为5G标准的控制信道编码方案。本文统计与Polar码相关的专利申请数据，总结Polar码相关专利申请在全球范围内的布局现状，并以5G通信标准为切入点，分析Polar码重要专利申请与5G标准之间的联系，最后给出对Polar码专利申请趋势的预测以及未来我国在Polar码领域专利布局方向的建议。

关键词　Polar码　极化码　5G标准　专利分析

一、概述

（一）背景介绍

随着移动互联网的发展，越来越多的设备接入移动网络中，新的服务和应用也层出不穷，4G技术已经难以支持移动数据流量高速增长与海量设备连接以及差异化新型业务的需求，5G通信技术应运而生。在“十三五”规划中，中国政府将5G描述为一个“战略性新兴产业”和“增长的新领域”。党中央多次在中央工作会议上提出了加快5G建设的意见。2019年6月6日，工信部正式发放了5G商用牌照，我国正式迈进了5G商用的时代。自5G技术提出以来，我国通信企业积极参与了5G国际标准的制定。截至2019年5月，全球共28家企业声明了5G标准必要专利（Standard Essential Patent，SEP），而我国企业在声明专利申请数量中占比超过30%，居全球首位，我国在5G国际标准中的话语权大幅提升。而在5G标准制定的过程中，最引人注目的莫过于华为技术有限公司（以下简称“华为”）主推的Polar码与高通股份有限公司（以下简称“高

* 作者单位：国家知识产权局专利局电学发明审查部。
** 等同于第一作者。

通”）主推的低密度奇偶校验（Low Density Parity Check，LDPC）码之间的信道编码讨论，最终 Polar 码被采纳为 5G NR（New Radio）增强移动宽带（enhanced Mobile BroadBand，eMBB）场景下下行控制信息（Downlink Control Information，DCI）、上行控制信息（Uplink Control Information，UCI）以及下行广播信道（Physical Broadcast Channel，PBCH）所承载的广播信息（主信息块，Master Information Bolck，MIB）的信道编码方案，而 LDPC 码则被采纳为数据信道的编码方案。

2008 年，土耳其毕尔肯大学 Arikan 教授在文献[1]中首次提出了信道极化概念，并于 2009 年在文献[2]中提出了一种基于信道极化理论的信道编码方案，即 Polar 码。Polar 码被证明是可达到二进制离散无记忆信道（Binary - Discrete Memoryless Channel，B-DMC）对称容量的信道编码，其性能理论上可达到香浓极限，并且其译码线性复杂度具有很强的实用性，因此 Polar 码在被提出后的十余年时间内迅速成为编码领域的热门研究方向。Polar 码在移动通信、自由光通信、信息安全、数据存储纠错、图像编码等领域都有广泛的应用，其中移动通信领域的应用为最主要的研究方向。在 2016 年 11 月召开的 3GPP（3rd Generation Partnership Projecct）RAN1（Rodio Access Network Work Group 1）#87 次会议中，Polar 码正式被采纳为 5G NR 控制消息的编码方案，[3]本文将针对 Polar 码在 5G 通信领域中的专利文献进行分析。

（二）Polar 码编译码理论

极化理论是将一组二进制输入离散无记忆信道，通过信道合成和信道分裂操作，得到一组新的二进制输入离散无记忆信道，当参与合成、分裂的信道足够多时，所得到的信道将出现极化现象，即一部分子信道的容量可趋于 0，另一部分子信道的容量趋于 1。利用该现象，可以将信息承载在容量趋于 1 的可靠子信道上，在容量趋于 0 的不可靠子信道上放置收发两端一致的固定比特，从而构造出 Polar 码。

（三）编译码技术分类

1. 编码技术

图 1 所示为 Polar 码的编码流程：首先对上层传输的信息比特进行循环冗余校验（Cyclic Redundancy Check，CRC）编码，再经过信息比特交织进行子信道映射，然后送入极化码编码器进行编码并对编码输出的码字进行子块交织，接下来通过速率匹配、信道交织得到编码码字，最后形成经高阶载波调制的符号信号并在物理信道当中实现混合自动重传。[4]上述 Polar 码的编码流程可大致分为以下几步操作：

（1）信道可靠度评估及排序

信道可靠性评估及排序主要涉及图 1 中的子信道映射模块与极化码编码器模块。根据排序结果是否随信道实时变化而改变，信道可靠性评估方式可分为在线评估方式和离线评估方式。在线评估方式中，常用的评估算法包括巴氏参数法[2]、密度演进法

（Density Evolution，DE）[5]、高斯近似法（Gaussian Approximation，GA）[6]等。离线评估方式中，常用的评估算法为极化权重法（Polarization Weight，PW）[7]。

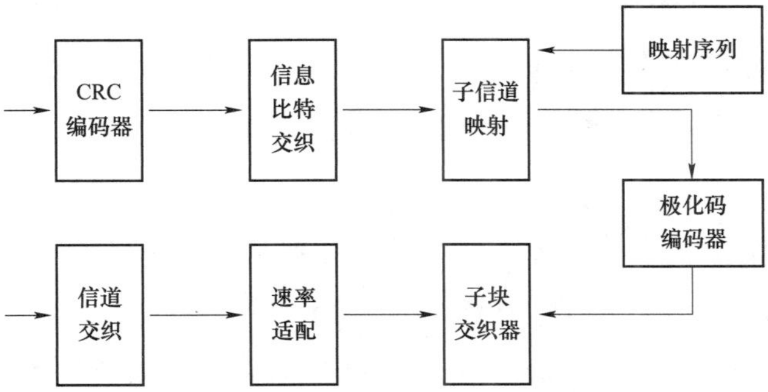

图 1　Polar 码编码流程

（2）Polar 码构造

Polar 码构造主要涉及图 1 中的 CRC 编码器模块以及信息比特交织模块。Polar 码构造主要用于解决 Polar 码中各类校验比特与信息比特的组合连接方式。由几种典型的构造方式所构造出的 Polar 码包括后置式 CRC 校验 Polar 码（CRC Assisted-Polar，CA-Polar）、分布式 CRC 校验 Polar 码（Distributed CRC-Polar，DCRC-Polar）以及奇偶校验联合辅助 Polar 码（Parity Check-CRC Assisted-Polar，PC-CA-Polar）。

（3）速率匹配及混合自动重传

速率匹配及混合自动重传主要涉及图 1 中的子块交织器模块、速率适配模块和信道交织模块。速率匹配主要是通过对编码比特进行重复、打孔、缩短等操作使输出码长适应不同传输速率要求，并配合不同的比特交织方式、映射方式及重传方式使编码数据能够在不同的信道条件下可靠传输。

2. 译码技术

Polar 码译码是指根据译码算法从接收信息中还原出 Polar 码编码前信息的过程。5G 标准中对 Polar 码译码算法没有强制规定，在固定标准的编码方式下，各厂商可自由选择译码算法还原得到传输的信息。目前 Polar 码常用的译码算法包括串行抵消（Successive Cancellation，SC）译码算法，置信传播（Belief Propagation，BP）译码算法以及如球形（Sphere Decoding，SD）译码等其他译码算法。

（1）SC 译码

SC 译码算法由 Arikan 教授在提出信道极化概念的同时提出[2]，是最早出现的 Polar 码译码算法。但单纯的 SC 译码算法由于固有的误差传播现象，译码性能不太理想。在此基础上，A. Vardy 等人提出了串行抵消列表（Successive Cancellation List，SCL）译码算法[8]，以及牛凯等人提出了串行抵消堆栈（Successive Cancellation Stack，SCS）译码算法[9]。

（2）BP 译码

BP 译码算法的基本思路是：同时利用先验、后验信息，在码字与信源之间不断迭代计算并更新；随着迭代次数的增加，二者彼此交融；当迭代次数达到阈值后，软信息能够收敛至进行可靠判决的程度，译码器并行输出译码结果。

（3）其他译码算法

除上述两种译码算法以外，研究人员还在 Polar 码译码方法中引入了比如 SD 译码等其他各类算法思想。其中，SD 译码思想主要用于空间调制系统当中，能够通过合理选择搜索半径，避免最大似然（Maximum Likelihood，ML）译码检测带来的无穷检索，有效减少了搜索点数，降低了译码复杂度。

二、专利申请数据分析

（一）检索策略

本文在专利检索与服务系统（Patent Search and Service System，简称“S 系统”）的中国专利文摘数据库（CNABS）和德温特世界专利索引数据库（DWPI）中以分类号结合关键词的方式进行检索。截至 2019 年 7 月 1 日，在 CNABS 库中检索到 519 项同族专利申请，在 DWPI 中检索到 600 项同族专利申请，将两个数据库下的检索结果进行合并去重后共得到 803 项同族专利申请。本文的数据统计将在这 803 项专利申请中进行（后续数据，除特殊说明外，若一项同族专利在多个地区均有申请，则仅统计具有最早优先权的专利申请）。

（二）专利申请数据分析

1. 专利申请总体趋势

图 2 是该领域全球申请量的时间分布图。从图中可以看出，Polar 码相关的专利最早出现于 2009 年，这是因为 Polar 码所基于的极化信道概念在 2008 年由 Arikan 首次提出。在此后 6 年内，申请量维持在较低状态，但从 2016 年开始突然出现较大幅度增长，其主要原因在于在 2016 年末的 3GPP RAN #87 会议上正式确定 Polar 码作为 5G eMBB 场景的控制信道编码方案。在 2017~2018 年 5G Polar 码标准进入具体方案的讨论阶段，其间各大公司根据自己的研究成果提出议案，并抢在议案公开之前对相应研究成果进行专利布局。在 2016 年底 Polar 码被采纳成为 5G 编码方案以后，其研究价值凸显，Polar 码技术也迅速成为各大科研院校的研究热点。2018 年企业专利申请量出现下降的主要原因在于企业大多数采用申请日后 18 个月公开的策略，截至数据检索日大部分 2018 年的企业申请尚未公开；而科研院校大多数采用提前公开策略，因此科研院校在 2018 年的申请量相

比 2017 年仍有增长，由此可以预见 Polar 码相关申请量在未来几年内仍将会不断增长。

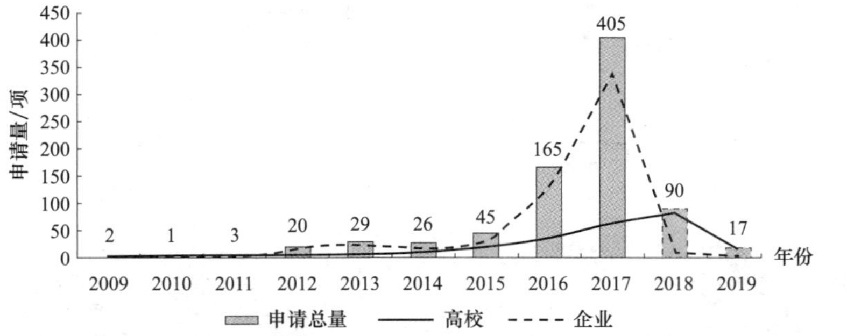

图 2　Polar 码技术全球专利申请量时间分布

2. 重要专利申请人分析

图 3 和图 4 分别展示了主要申请人排名和国内外企业、科研院校申请量对比。图 3 中可以看出，华为申请量遥遥领先、高通申请量紧随其后。在排名前十的申请人中，科研院校占四位并且均来自中国；从排名顺序来看，企业申请人的申请量总体多于科研院校。在 Polar 码被采纳成为 5G 编码标准后其产业化需求迫切，这推动企业成为 Polar 码技术研发的中坚力量。其中，华为作为 Polar 码方案的主推方，其专利申请量理所当然占据领先地位；而高通、三星电子株式会社（以下简称“三星”）、瑞典爱立信有限公司（以下简称“爱立信”）、LG 电子株式会社（以下简称“LG”）、中兴通讯股份有限公司（以下简称“中兴”）都属于规模大、市场广的电子通信企业，为了构建自身的知识产权体系也会进行大量的专利布局。在国内的科研院校中，由尤肖虎教授带领的东南大学移动通信国家重点实验室以及牛凯教授所在的北京邮电大学无线网络重点实验室都是 Polar 码领域的主要研究机构，因此东南大学以及北京邮电大学的专利申请量也排名前列。

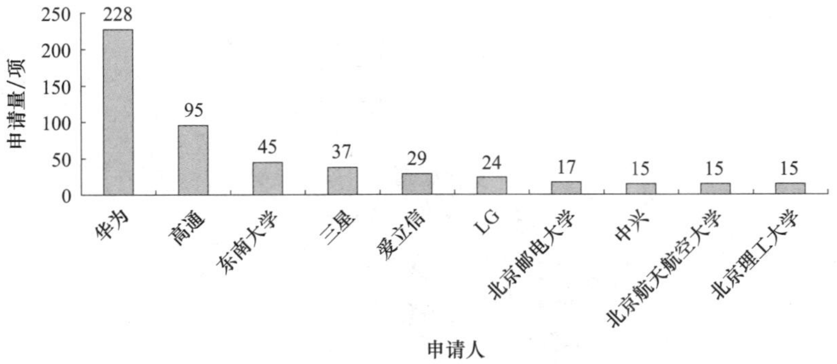

图 3　Polar 码技术主要专利申请人排名

图 3 主要申请人的类型在图 4 中得到进一步的体现。从图 4 中可以看出，在国外，企业申请人的申请量明显居多，远超科研院校申请人的申请量。而在国内，企业申请人的申请量只是略高于科研院校申请人的申请量，可见中国的科研院校也是本领域重要的

研发力量。这种国内外差异也符合当前专利申请的普遍状况：国外科研院校的科研成果主要体现在期刊论文中，而国内科研院校除了将科研成果发表在期刊上以外通常还会对相同内容进行专利申请。

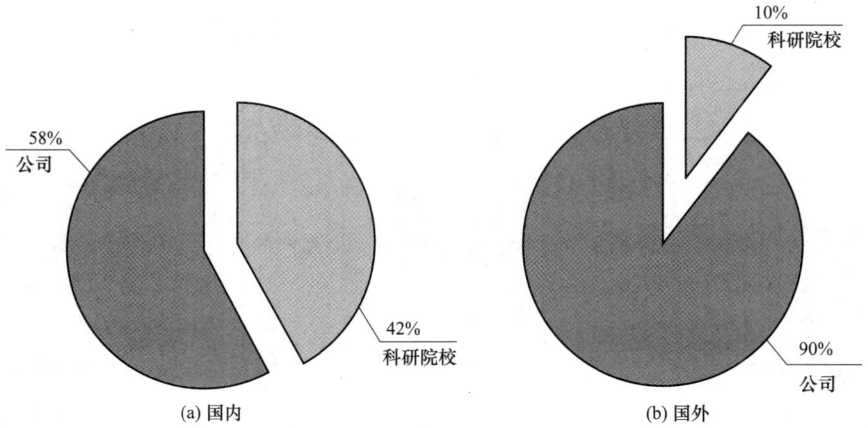

图 4　Polar 码技术国内外科研院校、公司专利申请量对比

3. 专利申请地域分布

图 5 和图 6 展示了专利申请的地域分布。由图 5 可知，该领域的申请人集中在中国、美国、韩国和瑞典。该分布情况与该领域主力研发企业、科研院校的分布相符。比如企业方面，中国的华为、中兴，美国的高通，韩国的三星、LG，瑞典的爱立信等都属于通信行业的巨头；科研院校方面，中国的北京邮电大学、东南大学、西安电子科技大学，美国的加利福尼亚大学等都在电子信息及通信领域具备雄厚的师资力量和先进的研究团队。图 5 显示了全球主要专利局 Polar 码领域专利申请受理量的状况（专利申请受理量的统计不对同族申请进行去重，即一件同族在多个地区均有申请，则需分别进行统计）。

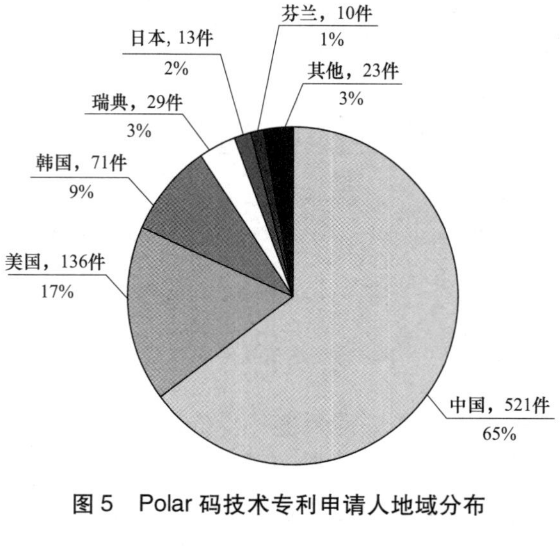

图 5　Polar 码技术专利申请人地域分布

图 6 中申请受理量排名靠前的国家和地区——中国、美国、欧洲、韩国、印度、加拿大，都属于经济实力强大、人口数量众多的地区，各大公司基于市场考虑在这些国家和地区进行相应的专利布局。其中尤其需要注意的是印度和加拿大。根据数据统计，该领域中只有 5 件申请来自加拿大申请人，没有申请来自印度申请人，但加拿大知识产权局和印度专利局受理的该领域专利申请量却占有一定比重，由此可见加拿大和印度属于各大公司在该领域技术全球战略布局中较为看重的区域。

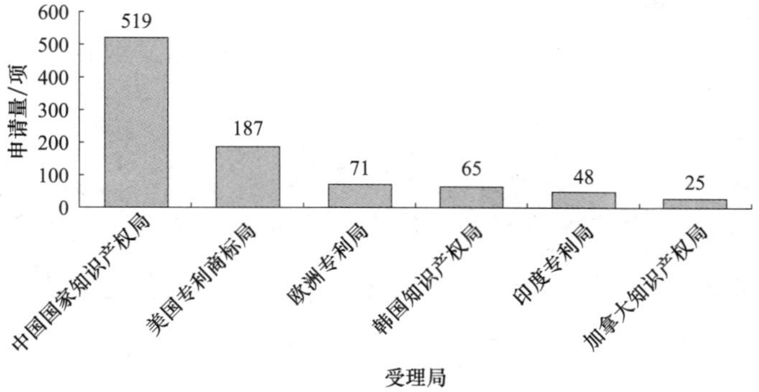

图 6　Polar 码领域主要专利局专利申请受理量对比

图 7 展示了该领域主要申请人华为、高通、爱立信、三星、LG 在各国家/地区/组织的专利申请情况。横向来看，在目前已经公开的专利申请中，LG、爱立信、高通的 PCT 申请量比其各自在任何一个国家和地区的申请量都要多，而华为、三星的 PCT 申请量也占自身申请量很大的比重，由此可以看出主要申请人对该领域的专利申请都非常重视，

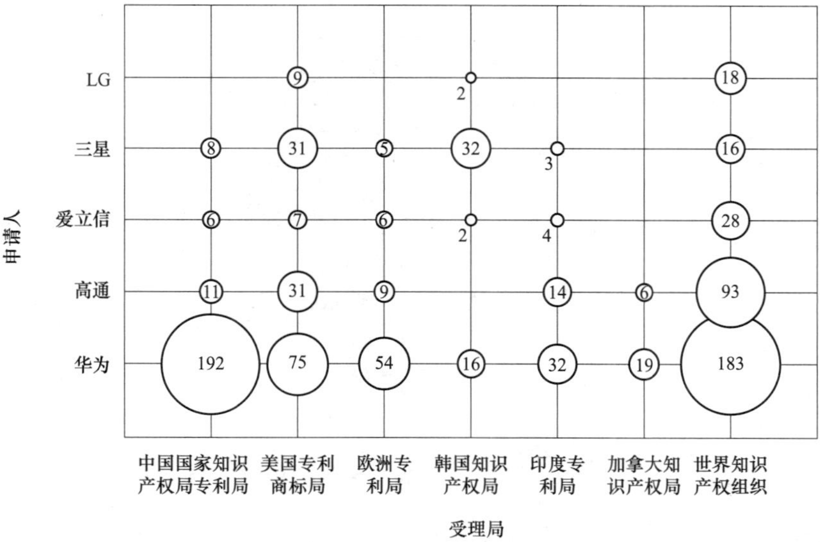

图 7　Polar 码领域主要申请人在主要专利局的专利申请量分布

注：图中数字表示申请量，单位为件。

宽带移动通信网

轨道交通

均进行了国际布局。而存在部分申请人 PCT 申请量大于国家申请量的情况，主要原因在于部分 PCT 申请还未进入国家阶段。除去 PCT 申请，华为、高通和三星在本国的申请量最多，可见它们更为重视本国市场；瑞典爱立信的大部分申请目前还未进入国家阶段，因此还不能清楚地判断出该公司在该领域的专利布局状况；韩国 LG 的区域布局则有所不同，进入国家阶段的专利全部布局在美国和韩国，并且在美国申请甚至超过了在韩国本土，可见其市场重点偏向于美国。纵向来看，美国依然是各大企业的重点布局区域；但随着中国市场重要程度日益突出，中国已经成为仅次于美国的外国申请人布局市场；此外该领域的重要申请人在加拿大和印度也申请了不少 Polar 码相关的专利，可见这两个国家的 5G 通信市场也受到一定程度的关注。

4. 专利技术分析

图 8 展示了 Polar 码专利申请所涉及技术分类的占比情况，其中技术类别按照文前提及的编译码技术分类进行划分。由图 8 可以看出 Polar 码专利申请涉及编码技术的占比较高，并且在编码技术中，由于 5G 标准中涉及 Polar 码构造的技术较多，与 Polar 码构造相关的专利申请量占比也较高；在译码技术中，SC 译码是目前唯一已经实现产业化的译码技术，因此与 SC 译码相关的专利申请量占绝大多数；除 SC 译码和 BP 译码外，其他如球形译码等译码技术是否适合商用在业界尚未有共识，这些方面的专利申请只占很小一部分。

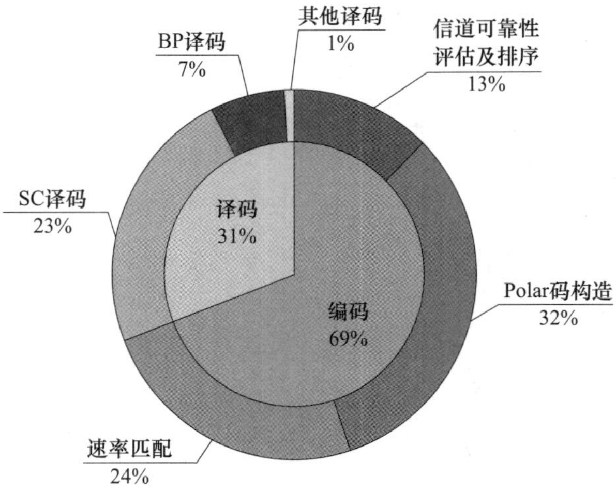

图 8　Polar 码所涉及技术分类占比

图 9 是企业和科研院校申请人在编译码申请中的占比示意图。由图 9 可以看出，编码技术相关申请中企业申请人占比较高，而译码技术相关申请中科研院校申请人占比较高。5G 标准只对编码技术进行规定，译码技术由厂商根据各自的方案自行解决，也就

是说，标准必要专利只会涉及编码技术，而通常标准必要专利相比非标准必要专利具有更高价值，因此有关编码的专利申请在 Polar 码相关申请中占比更高。对于企业来说，为了追求形成技术垄断或避免竞争对手形成垄断，它们在标准制定期间主要围绕标准所涉及的技术进行专利布局，因此在有关编码的专利申请中企业申请人占绝大多数。而对于译码技术，其主要涉及算法的改进及应用，该方面通常也是科研院校的研究热点，因此在有关译码的专利申请中科研院校申请人占比较高。

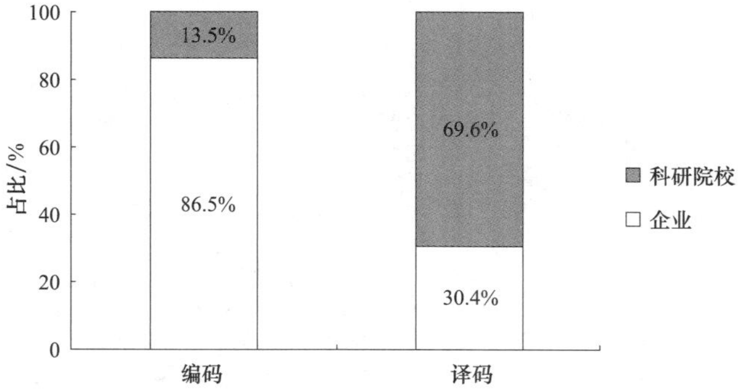

图 9　企业和科研院校申请人在编译码申请中的占比

三、重点专利分析

本部分针对编码与译码技术发展过中涉及的重点专利进行分析，并在最后整理出与 5G 标准方案密切相关的基础专利的布局情况。

（一）编码技术重点专利分析

在 5G 通信中，Polar 码的编码流程会以标准的形式确定下来，而 5G 通信国际标准是由 3GPP 各成员经过多次会议讨论共同确定下来的。在标准讨论初期，各成员会对现有标准中需要改进的问题进行研究，在接下来的会议中，拥有提案权的成员将针对该问题提交解决方案并递交标准化组织大会进行讨论。各成员在递交提案之前，往往会针对所涉及的技术方案进行专利申请，各提案经多次会议讨论后，各成员将协商得到最终的标准协议。各成员会在标准确立以后对自己已申请的、与标准方案相关的专利进行声明，形成通常所说的 SEP。但标准化组织不会对 SEP 进行严格审查，企业各自声明的 SEP 与正式执行标准的相关程度会参差不齐，因此有必要围绕 TS 38. 212 协议（以下简称“协议”）和 Polar 码提案对与标准关联度较大的重点专利申请进行分析整理，旨在对 Polar 码的专利价值进行评估。Polar 码编码技术的大致演进路线见图 10。

1. 信道可靠性评估及排序

目前常用的信道可靠性评估及排序方法主要包括巴氏参数法、密度演进法、高斯近

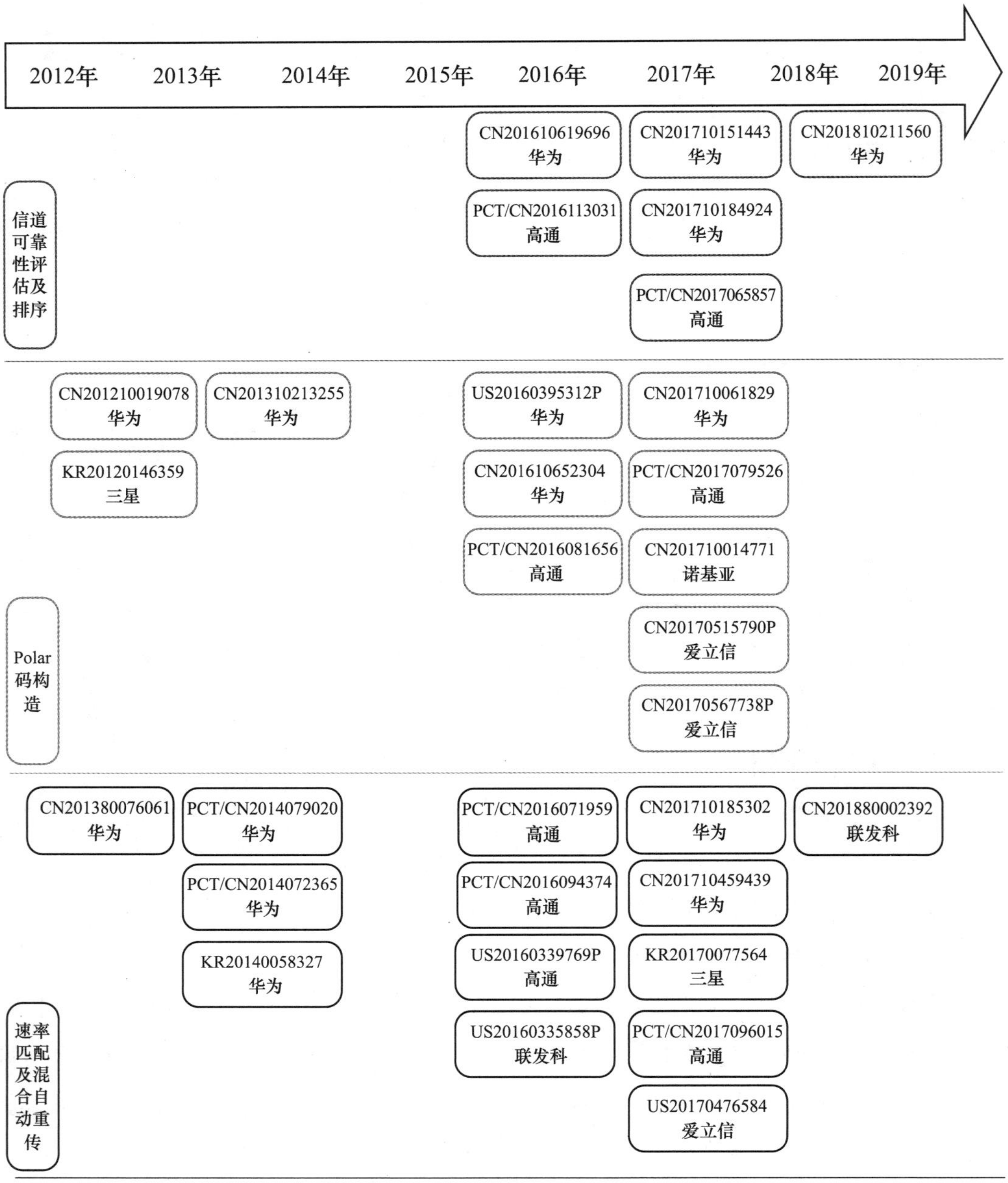

图 10　Polar 码编码技术专利发展路线

似法以及极化权重法。在 5G Polar 码标准提案过程中，高通在普通密度演进评估方法的基础上提出了一种基于 Frank 构造的采用互信息密度演进（Mutual Information-Density Evolution，MI-DE）构建 Polar 序列设计的方案[10]；而华为则首次提出了一种基于极化权重（PW）获得可靠性序列的方法[7]。最终协议采纳了华为的方案，根据 PW 法确定了一段长度为 1024 位的具有嵌套特性的可靠度序列，其他不同长度的母码序列均从该序列当中抽取。

针对信道可靠度评估及排序的方法，华为在专利申请 CN201610619696 中提出了一种基于 PW 获取信道可靠度序列的方法，其中 PW 向量可以通过公式 $W_i = \sum_{j=0}^{n-1} B_j \cdot (2^j + \phi)^\alpha$ 获得，B_j 是序号二进制表示的第 j 位比特，取值为 0 或 1，ϕ 和 α 为根据 Polar 码目标码长和码率预设的参数，公式中极化权重 W_i 只与索引号相关，与信道参数无关，并且由 PW 方式获得的母码序列，不同母码码长的可靠度序列以及相同母码码长不同码率的可靠度序列均满足嵌套关系，在应用中只需存储一个 PW 序列即可完成各类码长的子信道映射。该专利申请内容与协议给出的可靠度序列的获取方法相一致，属于 5G Polar 码标准关于信道可靠度估计技术的基础专利之一。

此外，华为针对信道可靠度估计技术还申请了大量的相关专利，以进一步巩固自己在该技术领域上的专利优势。其中与协议内容较为相关的专利申请包括：CN201710150443，该申请提出了一种对基础序列进行分段的 Polar 编码方法；CN201710184924，该申请提出一种根据可靠度序列和速率匹配规则生成构造序列的 Polar 编码方法；CN201710576782，该申请提出一种基于距离谱以及信道状态常数 P 确定可靠度序列的序列构造方法；CN201710601619，该申请提出了一种在不同参数下通过 PW 计算序列可靠度的方法；另外还有 CN201710602910、CN201710632016、CN201810211560、CN201810709840 等系列申请，该系列申请分别给出了多个不同情况下的子序列，并选择其中一个或多个序列合并形成最终的可靠度排序序列。

除华为以外，高通在信道可靠度序列估计的技术上也进行了专利布局。比如，其在专利申请 PCT/CN2016113031 中提出了一种根据密度演进得到 Polar 码嵌套序列结构的方法，方案包含了密度演进的计算过程以及通过嵌套方式获取不同长度母码序列的方式；在专利申请 PCT/CN2017076585 中进一步提出了一种基于互信息与密度演进结合得到 Polar 码嵌套序列的方法。上述两件专利申请所涉及的内容与高通在 3GPP 会议上提出的基于 Frank 构造的采用互信息密度演进构建 Polar 序列设计的方案密切相关。

2. Polar 码构造

在 5G Polar 码标准提案阶段，华为提出了加入 3bit PC 校验位的 DCRC-Polar 码编码方案[11]；高通提出了采用 j_1 个 CRC 校验比特用于检错，j 个 CRC 比特用于路径选择的 CA-Polar 码构造方案[12]；上海诺基亚贝尔股份有限公司（以下简称“诺基亚”）提出了基于 CRC 校验比特与信息比特的关系进行分布式 CRC 辅助校验编码的 DCRC-Polar 码编码方案[13]；爱立信提出了非迭代 DCRC 和迭代 DCRC 两种编码构造方案等[14]。在最终协议当中，CA-Polar 码和 PC-CA-Polar 码被采纳为 UCI 的编码方案，而 DCRC-Polar 码被采纳为 DCI 以及 MIB 的编码方案。协议规定了 CA-Polar 码用于 $K_r>30$ 的情况，

PC-CA-Polar 码用于 $18 \leqslant K_r \leqslant 25$ 的情况（K_r为码块长度）；当 UCI 荷载 A 满足 $12 \leqslant A \leqslant 19$ 时，CRC 比特长度为 6；当 UCI 荷载 $A \geqslant 20$ 时，CRC 比特长度为 11。对于 PC-CA-Polar 码，PC 比特长度为 3，并且当编码比特总长度 E_r和码块长度 K_r满足 $E_r - K_r + 3 > 192$ 时，存在一个 PC 比特的位置为最小行重位置。对于 DCRC-Polar 码，其 CRC 比特长度为 24，采用无线网络标识码（Radio Network Temporary Identity，RNTI）对 CRC 比特的最后 16 位进行加扰，并且在对 MIB 信息进行加扰之前还需引入 8 位与时间相关的数据进行交织。

对于协议中的 CA-Polar 码技术，华为在专利申请 CN201210019078 中提出了一种基于 CRC 校验的 Polar 码译码方法，该方法属于所有专利申请中最早有关于 CA-Polar 码的记载，属于 CA-Polar 方案的基础专利之一。此外，由华为申请的与 CA-Polar 码技术相关的重要专利申请还包括：CN201710061829，该申请提出一种在 CRC 编码后确定至少一个比特作为校验冻结比特的 CA-Polar 编码方法；CN201710806972、CN201710807301、CN201710807307 等 9 件专利申请，这一系列申请分别给出了对应于不同信道状况、不同 CRC 比特长度情况下的 CRC 编码多项式构造方法，通过不同种类的编码多项式使 CA-Polar 满足系统 FAR 需求。

对于协议中的 DCRC-Polar 码技术，华为在专利申请 CN201310213255 中提出一种根据构造参数实现 DCRC-Polar 编码的方法，该方法由 Polar 码构造参数确定交织器，并采用该交织器对 CRC 编码后的比特进行交织使 CRC 校验位分布于信息比特之间，从而改善 Polar 码的最小码距，属于 DCRC-Polar 码的基础专利之一。此外，由华为申请的与 DCRC-Polar 码技术相关的重要专利申请还包括：CN201710667569、CN201710707070，这两件专利申请分别提出了两种不同的 DCRC-Polar 码交织方式；CN201710667569，该申请提出了采用嵌套的方式并根据最长交织序列完成小于最大信息比特长度的 DCRC-Polar 编码方法；CN201710812449，该申请提出了采用嵌套的方式根据最长交织序列完成任意信息比特长度的 DCRC-Polar 编码。以上这些方法均对应于协议有关于 DCRC-Polar 码的规定。

对于协议中的 PC-CA-Polar 码技术，华为在专利申请 US20160395312P、US20160396618P 中提出了一种根据冻结比特构建奇偶函数的方法，这是最早提出在 Polar 码中加入 PC 比特的专利，属于 PC-CA-Polar 方案的基础专利之一。此外，由华为申请的与 PC-CA-Polar 码技术相关的重要专利申请还包括：US20160432448P，该申请提出了一种使用查找表方式构建奇偶校验极化码的方法；US20160432419P，该申请提出了一种构建并行奇偶校验极化码的方法；CN201710465743，该申请提出了一种基于行重及可靠度信息优化校验比特位置的方法。

对于协议中不同控制信息所采用的 Polar 编码构造方式，华为在专利申请

CN201610652304 中提出了一种对 DCI 信息进行极化编码并加扰的方法，首先对 DCI 信息进行 CRC 编码，然后进一步通过异或的方式加入 RNTI 扰码信息。该方法与协议中记载的采用 RNTI 对 CRC 比特的最后 16 位进行加扰的内容相同，属于 Polar 标准中对 DCI 信息进行编码的基础专利值之一。此外，由华为申请的与不同控制信息的 Polar 编码构造相关的重要专利申请还包括：CN201710008435，该申请提出一种对 DCI 信息进行极化编码并加扰的方法，在该方法中被加扰的控制信息比特的位置包括 PC 固定比特集合的位置中；CN201710087449，该申请提出了一种对 MIB 信息依次进行 CRC 编码和极化编码后再进行分段加扰的编码输出方法。

由此可见，华为在 Polar 编码构造技术方面的专利布局几乎涵盖了协议中所有内容，体现出了华为在这方面技术上的绝对优势。除华为外，其他企业也有不少与 Polar 码构造密切相关的专利。

高通在专利申请 PCT/CN2017079526 中提出一种包含两组 CRC 比特的 CA-Polar 码编码方法，在该方法中一组 CRC 比特用于检错，另一组 CRC 比特用于纠错；该专利申请内容与高通在 3GPP 会议上的提案相一致。此外，由高通申请的与协议中 Polar 码构造技术相关度较高的专利申请还包括：PCT/CN2016081656，该申请提出了一种分别采用含 CRC 比特和不含 CRC 比特的 Polar 码进行混合自动重传的方法；PCT/CN2016108808，该申请提出了一种结合 DCI 信息进行 CRC 编码的方法；PCT/CN2016110088，该申请提出了一种结合 SCL 译码信息进行 CRC 编码的方法；US20160344031P，该申请提出了一种选择特定信息比特进行 CRC 编码的方案；PCT/CN2017109694，该申请提出了一种 CA-Polar 码编码方法，在该方法中一部分 CRC 比特作为外码，另一部分 CRC 比特作为内码，且外码中的 CRC 比特由偶数加权（Even-Weighted）多项式产生。可见，高通有关 Polar 编码构造技术的专利申请内容大多数与 CA-Polar 码相关，这跟其在 3GPP 会议上的提案内容相照应。

诺基亚在专利申请 CN201710014771 中提出了一种 DCRC-Polar 编码方法，该方法中 CRC 校验比特通过校验关系矩阵按照预定规律分布到待编码信息比特当中；在专利申请 CN201710076887 中提出了通过两次分布调整顺序将 CRC 编码等错误校验比特放置到信息比特当中；在专利申请 PCT/CN2017083099 中提出了通过嵌套的方式获得 CRC 比特在各种码长信息比特序列中位置；在专利申请 PCT/CN2017086884 中提出了生成两组 RNTI 信息分别对 CRC 比特进行扰码以得到 DCRC-Polar 码的编码方法。可见，诺基亚有关 Polar 编码构造技术的专利申请内容大多数与 DCRC-Polar 码相关，这跟其在 3GPP 会议上的提案内容相对应。

爱立信在专利申请 US20170515790P 中提出了基于反馈的递归迭代以及无反馈的非递归迭代两种方式获得 CRC 比特的 DCRC-Polar 编码方法，该专利申请内容与爱立信在

3GPP 会议上的提案相对应。此外，爱立信在专利申请 US20170567738P 中提出了先对信息比特进行预交织再进行 CRC 编码然后在进行分布式交织的 DCRC-Polar 编码方法，该方案与协议中 MIB 信息的编码交织方式相同，属于 Polar 码标准当中对 MIB 信息进行编码的基础专利值之一。

三星在专利申请 KR20120146359 中提出了一种基于信息比特集合以及汉明权重阈值得到 CRC 编码比特数量的 CA-Polar 编码方法。IDAC 控股公司（IDAC）在专利申请 US20170443038P 中提出了加入小区标识 ID 和定时信息对 CRC 比特进行加扰以产生 PBCH 信道编码的 CA-Polar 编码方法。联发科技股份有限公司（以下简称“联发科”）在专利申请 US20170443851P 中提出了 PBCH 信道用于承载 32 个信息比特和 24 个 CRC 比特，其中 32 个信息比特的一些信息对解码器是已知的，用于选择可靠性较低的比特位。中国电信股份有限公司（以下简称“中国电信”）在专利申请 CN201710738379 中提出了一种对分段子序列进行 CA-Polar 编码的方法，同时给出了多种分段编码的编码多项式。以上这些专利申请均针对协议中 Polar 码的构造内容作了进一步的细化或改进，均属于有关 5G 标准 Polar 码构造的重要专利申请。

3. 速率匹配及混合自动重传

在 5G 标准有关 Polar 码速率匹配及混合自动重传的方案讨论当中，华为和三星提出了基于分组打孔结合缩短的速率匹配方案[15][16]；高通提出了基于部分重构的速率匹配方案以及基于三角交织的信道交织方案[17]，联发科提出了基于比特交替打孔的速率匹配方案[18]。根据协议规定的内容，信息比特经 Polar 编码输出后首先被分为 32 段，并根据给定的交织图样对 32 段编码子序列进行分组交织，交织以后若目标码长大于编码码长则采用重复技术，若目标码长小于编码码长且码率小于等于 7/16 则采用打孔技术，若目标码长小于编码码长且码率大于 7/16 则采用缩短技术。Polar 编码经上述分组交织以及重复/打孔/缩短操作以后，如果承载的是 UCI 则还需进一步采用三角矩阵进行信道交织，若承载的是 DCI 或 MIB 则直接进行符号调制。

有关协议中分组交织打孔/缩短的内容，华为在专利申请 CN201710185302 中提到一种基于分块交织结合打孔/缩短的速率匹配方案。该方案先对 Polar 编码比特进行分块，并按照给定的分块交织图样进行交织，当传输码率小于码率阈值时采用打孔模式，当传输码率大于等于码率阈值时采用缩短模式。华为在专利申请 CN201710459439 中提出了对 Polar 码进行分组交织以后，从头部开始读取完成缩短操作，从尾部开始读取完成打孔或重复操作。三星在专利申请 KR20170077564 中提出了对 Polar 编码序列进行分组交织，然后再对头部或尾部进行穿孔或缩短操作，并给出了 32 分段的交织图样。以上专利申请关于分组方式、交织图样以及打孔/缩短操作等方面的内容都与协议内容一致，属于 5G 标准 Polar 码速率匹配技术的基础专利之一。

有关协议中信道交织的内容，高通在专利申请 PCT/CN2017096015 中提出了一种基于三角交织矩阵实现输出比特交织的方法，并给出了三角矩阵的获取方法，该方案的信道交织方式与协议中信道交织方式相一致，也是 5G 标准 Polar 码速率匹配技术的基础专利之一。

对于 Polar 码的速率匹配技术，华为还进行了大量的专利布局，其中与 Polar 码打孔模式相关的重要专利申请包括：CN201380076061，该申请提出了一种根据打孔位置集合中所有信道错误概率之和对打孔图样进行选择的速率匹配方法；PCT/CN2014079020，该申请提出了将当前比特信道阶段序号与打孔模式周期指数进行比较，计算各个比特信道可靠度，并据此进行打孔构造。与 Polar 码速率匹配方案选取相关的重要专利申请包括：PCT/CN2014073719，该申请提出了一种对信息比特和校验比特分别进行交织并以此确定速率匹配方案的 Polar 编码方法；US20160351581P，该申请提出了一种基于异构内核的速率匹配方式；CN201710184083，该申请提出了选择采用两种速率匹配方式之一进行极化编码，其中两种速率匹配方式的存储顺序相同但读取顺序不同；CN201710296289，该申请提出了根据码率、码率阈值、信息比特数目、信息比特阈值、目标码长、目标码长阈值等多个参数的不同组合方式来确定速率匹配方式。与 Polar 交织方案相关的重要专利申请包括：PCT/CN2014072365，该申请提出了根据同余序列和参考序列确定映射函数，并根据映射函数对目标极化码进行交织；PCT/CN2014073918，该申请中提出了对非系统 Polar 码进行基于矩阵的 BRO 交织得到速率匹配序列，使序列该结构更具随机性；PCT/CN2014073845，该申请提出了对编码后序列进行比特逆序交织从而得到输出序列的方法；PCT/CN2014092343，该申请提出了在速率匹配过程中，基于梅森扭转算法确定映射函数，并根据映射函数对目标极化码进行交织；CN201710142734，该申请提出了采用比特逆序交织得到编码比特，将交织比特分为奇数和偶数序列储存在循环缓冲器中，最后根据预定顺序读取速率匹配输出序列；CN201710457819，该申请提出了根据目标码长确定交织矩阵，根据交织矩阵对编码后比特进行交织以生成交织比特，交织矩阵可基于初始矩阵叠加或行列比特逆序等操作获得；CN201710687842，该申请提出了将待编码序列写入 i 行 j 列交织器，并逐列读出交织器中比特直到目标码长为止。

此外，高通在有关 Polar 码速率匹配的技术上也布局了不少专利，其中与 Polar 码打孔模式相关的重要专利申请包括：PCT/CN2016071959，该申请提出了将打孔比特视为未知比特和已知比特分别计算对数似然比值并以此作为选择打孔比特的依据；PCT/CN2017073034，该申请提出通过打孔位的数量来调整信息位的分配；PCT/CN2017097290，该申请提出了根据 hadamard 矩阵对编码比特进行重新排序，基于权重选择比特子集进行穿孔或缩短操作。与 Polar 码速率匹配方案选取相关的重要专利申请包括：PCT/CN2016094374，该申请提出基于码块大小选择使用重复或者打孔的速率匹配方式；PCT/CN2017083365，该申请提出基于母码长度、控制信息长度以及传输比特长度来执行速率匹配。与 Polar 交织方案相关的重要专利申请包括：US20160339769P，该申请提出了基于极化码结构的不对称性对编码比特进行交织再映射到调制符号上；US201715682387，该申请提出了对多个非有效荷载比特和有效荷载比特进行交织以形成信息流。

除华为和高通外，联发科在关于 Polar 码速率匹配技术上也有相应重要申请，比如 US20160335858P，该申请提出了一种比特交替的打孔方法，将编码比特分为三段，将第二段和第三段进行交织，去掉尾部的比特形成打孔后的速率匹配序列，申请内容与联发科在 3GPP 上的提交的基于比特交替打孔的速率匹配方案一致。此外，联发科在专利申请 CN201880002392 中提出了在对 DCI 信息进行编码时，若交织器置于信道编码之前，采用比特交织器的形式，若交织器置于信道编码之后，采用比特交织器或信道交织器的形式。以上专利申请都属于对 Polar 码速率匹配技术的重要改进，均为该领域的重要专利之一。

三星除了拥有前述 5G Polar 码标准速率匹配方案的基础专利外，还有一些改进相关的重要专利申请，比如：KR20140058327，该申请提出了一种通过行列交织器实现准均匀打孔的极化码速率匹配方法；KR20170037153，该申请提出了一种基于交织传输比特长度和缓冲器长度确定交织方式以实现速率匹配的方法。

此外，与 Polar 码速率匹配相关的重要专利申请还包括：爱立信的 US20170476584P，该申请提出了一种基于多组打孔码序列索引以嵌套方式获得打孔比特位置的速率匹配方式；中兴的 CN201710056532，该申请提出了将编码后比特序列按照预定规则写入多个循环缓冲部分，并按顺序读取预定长度比特序列以实现速率匹配的方法；株式会社 NTT 都科摩（DOCOMO）的 CN201710698603，该申请提出了一种对编码序列进行分组，并对每一组数据进行组内和/或组间交织以实现速率匹配的方法。

（二）译码技术重点专利分析

5G 通信中，编码流程是通过标准协议确定下来的。但译码端与编码端不同，译码流程无须由协议确定，厂商可以综合考虑误码率、误帧率、计算复杂度、译码延时等因素自由选择适合使用的译码方法。Polar 码译码算法根据其应用的技术原理不同可分为 SC 译码、BP 译码和球形译码等几大类别。下面将围绕各类译码技术的发展应用历程对相关专利进行分析整理（见图 11）。

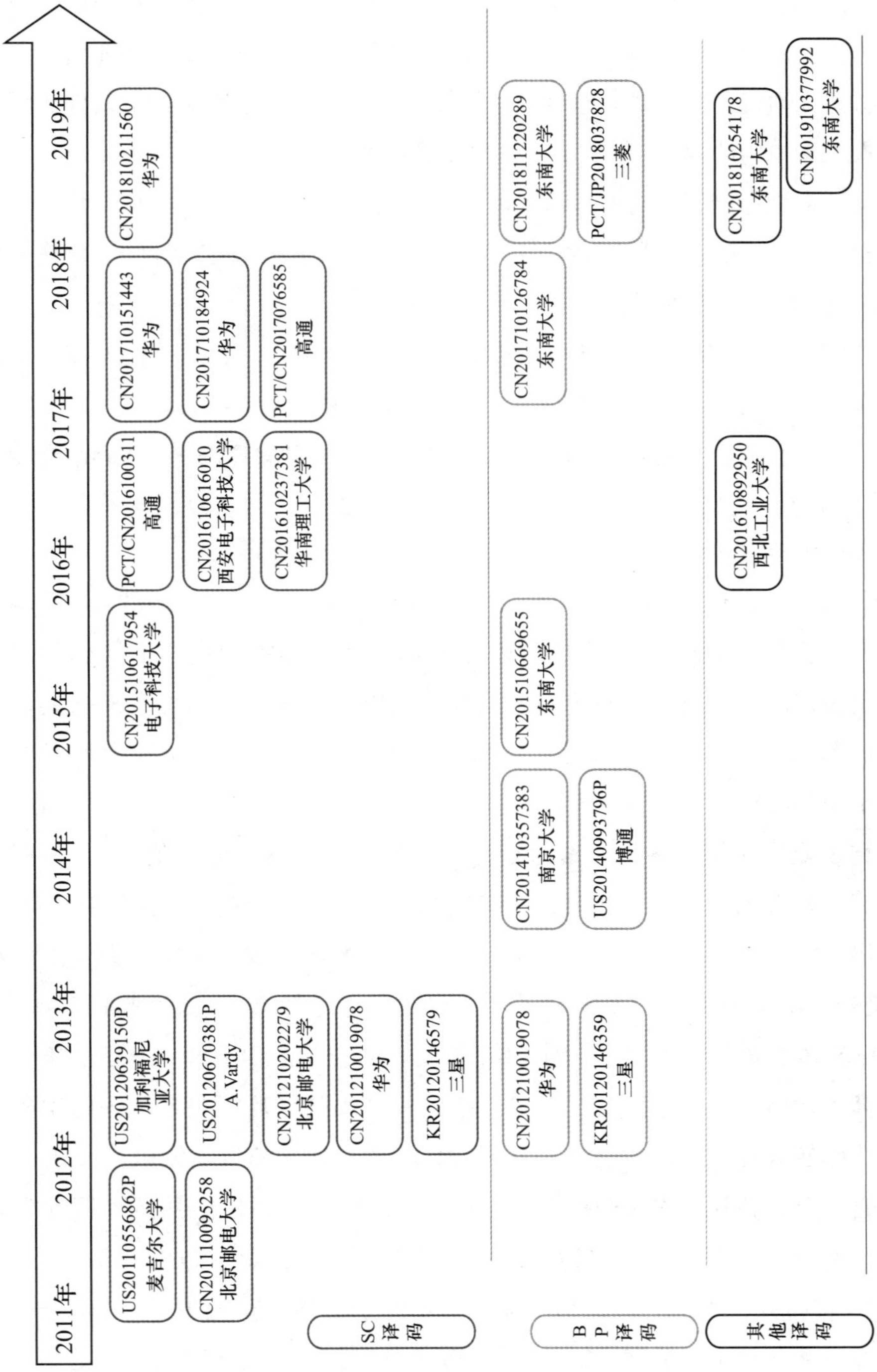

图11 Polar码译码技术专利发展路线

1. SC 译码

SC 译码算法最早由 Arikan 教授在提出信道极化概念时提出。为了提升 SC 译码算法性能以及降低译码计算复杂度，学术界在原始 SC 译码基础上提出了各类改进方式。与此相关较为重要的专利申请包括：麦吉尔大学的 US20110556862P，该申请提出了一种极化码解码方法，通过用单个最大似然节点替换树图的子树，在满足预定条件时用最大似然节点替换二叉树内的速率-R 节点；加利福尼亚大学的 US20120639150P，该申请将决策单元耦合到末级存储器的输出，基于预设决策制定过程的应用产生估计位，以输出最后一级存储器；北京邮电大学的 CN201110095258，该申请提出了结合 SC 算法和置信度传播 BP 算法进行极化码解码。

在众多的 SC 译码改进算法当中，SCL 译码算法由于其计算复杂度不高、译码流程易于硬件实现、译码准确度高等特点，成为目前唯一被商用化的译码方法。SCL 算法最早由 A. Vardy 在文献[6]中提出；为了进一步改进自己提出的算法，A. Vardy 在专利申请 US20120670381P 中提出了从信道接收极化编码数据的字，并从潜在解码路径列表中选择单个解码路径并识别单个码字输出。

此后，A. Vardy 等人还提出了一种 CA-SCL 译码算法，该算法在 Polar 码编码之前级联了循环冗余检验 CRC 码，并利用 CRC 码的校验作用辅助在 SCL 译码的列表中挑选出正确的译码结果。有关 CA-SCL 译码算法的重要申请包括：北京邮电大学提交的申请 CN201210202279，该申请提出了在进行 CA-SCL 译码时，Polar 码所对应的码树上，从根节点到叶子节点且其所对应比特估计序列的循环冗余校验值为零的所有路径中，采用列表或堆栈作为路径搜索的辅助，寻找其中可靠性度量值最大的一条路径，并输出该路径对应的比特估计序列作为译码结果；华为提交的申请 CN201210019078，该申请提出了一种与 CRC 级联的 Polar 码 SCL 译码方法，该方法按照幸存路径数 L 对 Polar 码进行 SCL 译码，对 L 条幸存路径分别进行循环冗余校验；三星提交的 KR20120146579，该申请提出了一种 CRC 辅助 SCL 校验的 SCL 译码算法，算法通过选择具有最高后验概率的码字组合，减少连接到每个块的循环冗余校验码的编码率，从而提升极化码解码性能；高通提交的申请 PCT/CN2016100311，该申请提出了进一步利用混合自动重传请求对 Polar 码进行列表解码，可以提高性能并减少循环冗余校验的开销，通过软组合提高 SCL 解码的性能。

除 CRC 校验外，PC 码也被引入 Polar 码的编码方案，从而形成了 PC-SCL 算法。研究表明在某些条件下，采用 PC-Polar 码以及 PC-SCL 算法得到的译码结果的误码率优于采用 CA-Polar 码以及 CA-SCL 算法得到译码结果的误码率。为了进一步提高级联 Polar 码的性能，信道编码学者还提出了分段 CA-Polar 码和分段 PC-Polar 码的译码方案。有关分段 CA-Polar 码译码算法、分段 PC-Polar 码译码算法的重要申请包括西安电子科技大学提交的申请 CN201610616010，该申请提出了一种极化码的分段循环冗余校验 CRC 方法，降低了译码的复杂度，可应用于无线通信过程中降低传输错误概率；电子科技大学提交的申请 CN201510617954，该申请提出了对接收端的接受信息进行分段的 SCL 译码、校验，以降低时延，为实时通信带来很大的便利；华南理工大学提交的申请 CN201610237381，该申请提出了一种基于分段校验辅助的低复杂度极化码译码 SCL 算法，算法选取奇偶校验码并在译码过程中多次反复使用，在性能上达到了 SCL-CRC24 的效果，并在低信噪比抗噪和误码率上比原来的方案有更好的性能，且这种方法的空间复杂度低于 SCL-CRC24，时间复杂度大大降低，解码速度大大提升。

除 SCL 算法外，另一种较为常用的 SC 改进算法为北京邮件大学牛凯教授等人提出的基于堆栈的 SCS 算法[8]，相应地，牛凯等人在专利申请 CN201210202279 中提出了一种改进的 SCS 算法，算法采用列表或堆栈作为路径搜索的辅助，同时也是根据搜索辅助方法确定参数，构造译码方法的辅助结构，搜索候选比特估计序列和执行循环冗余校验。

2. BP 译码

BP 译码虽然目前在硬件实现上还有困难，但随着越来越多的 BP 译码算法的提出，部分 BP 译码算法在译码性能上已经超越了 SCL 算法，再加上硬件计算能力的不断提升，BP 译码算法越来越受到关注。目前对 BP 译码算法的研究以科研院校等研究机构为主，有关 BP 译码的重要申请有：南京大学提交的专利 CN201410357383，该申请中提出了一种改进的 BP 译码算法，算法基于 4 输入 4 输出基本运算模块的解码方式，将传统算法中的两层节点合并为一层，减少了译码总层数，降低功耗，加快了解码速度；东南大学张川等人提交的 CN201510669655、CN201510673684、CN201511019077、CN201710126784、CN201811220289 等专利申请，这一系列申请提出了多种 BP 译码算法，通过不同的提前终止和置信度增强方式，极大加快了收敛速度和收敛精度，降低译码时延并有效保证误码率性能，并且将 SC 译码器算法和 BP 译码器算法整合成 SCBP 混合译码单元同时加入预计算技术，在 SC 编码反馈架构和混合译码的脉动架构的作用下，通过 SCBP 混合译码方法，从而使译码的时延和性能可在 SC 和 BP 两种算法的效果之间做出取舍，使译码器能够适应多种通信要求，具备极好的市场应用前景。除科研机构外，部分企业也对 BP 译码进行了研究，相关的重要专利申请包括：博通公司提交的专利 US20140993796P，该申请提出了一种可以基于为网格解码器导出的冻结位确定冻结位模式，其中在多个处理级中的每一个之间具有不同的路由结构，使得使用具有固定的多个时间复用处理元件的置信传播解码器；日本三菱电机株式会社（以下简称“三菱”）提交的专利 PCT/JP2018037828，该申请提出了在解码的范围内应用了置信传播算法，考虑到每个内核输入的置信度不一致，以此来对内核进行排序，从而提高解码过程的性能，优先考虑了处理内核，可以提供解码性能的最有益的增加，并因此降低给定性能目标的解码过程的复杂性。

3. 其他译码方法

在其他译码方法上，目前主要研究的是球形译码。该译码算法研究尚处于起步阶段，较为相关的专利申请包括：西北工业大学提交的专利 CN201610890295，该申请提出了一种极化码的球形译码方法，先采用 SC 译码得到较接近发送序列的比特序列，并以此为初始化球心，可有效缩减搜索范围，降低传统算法的盲目性；东南大学提交的专利 CN201910377992，该申请对球形译码算法进行了改进，引入了译码半径选取极值，可以有效减少球形译码器的搜索空间，降低译码时延和复杂度；东南大学提交的专利 CN201810254178，该申请针对 Polar 码和 CRC 码形成的级联码设计了球形译码器，使用该球形译码器能够达到 Polar 码和 CRC 码形成的级联码的最大似然译码性能。

（三）基础专利展示

前面已经列举了大量与 Polar 码相关的重要专利申请，经分析可知部分专利申请属于 5G Polar 提案及标准的基础专利，在本节中将以表格的形式罗列出这些基础专利所涉及技术类别及相关情况，详见表 1。

表 1　5G Polar 提案与标准基础专利

申请人	技术类别		专利申请号	优先权日	同族情况
华为	信道可靠性评估及排序	极化权重（PW）构造	CN201610619696	2016 年 7 月 29 日	US、WO
	Polar 码构造	CA-Polar 码	CN201210019078	2012 年 1 月 20 日	US、EP、WO
		DCRC-Polar	CN201310213255	2013 年 5 月 31 日	US、WO
		PC-CA-Polar 码	US20160395312P	2016 年 9 月 19 日	CN、WO、CA、KR、AU
		DCI 信息编码	CN201610652304	2016 年 8 月 10 日	US、WO
	速率匹配及混合自动重传	分组交织打孔/缩短	CN201710185302	2017 年 3 月 2 日	US、WO

续表

申请人	技术类别		专利申请号	优先权日	同族情况
高通	信道可靠性评估及排序	互信息密度演进（MI-DE）构造	PCT/CN2016113031	2016 年 9 月 27 日	TW（CN）、AU、IN
	Polar 码构造	CA-Polar 码	PCT/CN2017079526	2017 年 4 月 6 日	
	速率匹配及混合自动重传	信道交织	PCT/CN2017096015	2017 年 8 月 4 日	
诺基亚	Polar 码构造	DCRC-Polar	CN201710014771	2017 年 1 月 9 日	WO
三星	速率匹配及混合自动重传	分组交织打孔/缩短	KR20170077564	2017 年 6 月 19 日	US、WO
爱立信	Polar 码构造	DCRC-Polar	US20170515790P	2017 年 6 月 6 日	WO
		MIB 信息编码	US20170567738P	2017 年 10 月 3 日	WO
联发科	速率匹配及混合自动重传	比特交替打孔	US20160335858P	2016 年 5 月 13 日	EP、US、TW（CN）

由此可见，华为在 Polar 码领域的专利布局，不但数量上占据了绝对优势，并且与 Polar 编码标准相关的几乎每一项主要技术上都拥有相关的基础专利；而高通、三星、爱立信等其他通信企业在其中某一项或多项技术上也有不少重要的 5G Polar 码技术标准提案。相应地，它们提案前针对这些技术申请的各专利也成为 Polar 标准的基础专利之一。

四、总结与建议

本文以 Polar 码在 5G 通信标准中应用为出发点，提取了 Polar 码相关的专利申请数据及内容，并对此进行了详细分析，从中可以看出 Polar 码相关专利的布局情况、与 5G 标准之间的联系、技术研究热点以及未来发展的方向。

随着 2018 年关于 5G Polar 标准的 TS 38. 212 协议被正式确定下来，5G Polar 码标准必要专利之争将告一段落。预计未来一段时间内，Polar 码的研究重点将会从编码技术向译码技术方向倾斜，各大厂商开始针对译码的解决方案进行专利布局，译码技术相关的专利申请将迎来爆发式增长。虽然 5G Polar 码的编码方式已经以标准形式确定下来，但作为一种新提出的编码方式，其具体实施方式还会有很大的改进空间，预计编码技术相关专利也不会有明显下降，可能只是出现一段时间内的增长放缓。此外，Polar 码除在 5G 通信上使用以外，在存储器领域、保密通信、自由光通信、卫星通信、数据压缩等方面都有广泛的应用前景，并且在未来 6G 通信中可能担当更为重要的角色，因此非常有必要继续大力加强对 Polar 码相关的专利布局。

从 Polar 码领域的专利布局情况可以看出，华为目前处于一枝独秀的状态。为了实现专利储备优势的价值，华为后续还需进一步研究克服现有技术中的不足，使 Polar 码得到更为广泛的应用。对于其他国内企业，可以借助目前国内科研院校在 Polar 码技术上的研发优势，加强与院校之间的合作，将其研究成果逐步转化为产业技术；对于国内科研院校，虽然他们已经走在了 Polar 码研究的最前沿，但其专利申请主要偏向于算法研究，对产业化考虑不足，并且部分申请独立权利要求冗长、保护范围不大，后续在加大对最新技术研究的同时还需考虑专利价值的体现。

Polar 码的提出距今仅十余年时间，在很多应用上尚未成熟，本文仅针对目前 Polar 码主流的移动通信应用进行了分析，鉴于时间跨度不长，有不少专利申请尚未公开或进入国家阶段，因此数据分析存在一定局限。本文在现有技术基础上，进一步将 Polar 码专利与 5G 标准方案进行了结合，对 Polar 码的技术走向以及标准专利布局等方面提出了自己的分析观点，希望能够给予读者启发。

参考文献

[1] ARIRAN E. Channel polarization：a method for constructing capacity-achieving codes [C] //IEEE. 2008 IEEE International Symposium on Information Theory. Piscataway：IEEE Press，2008：1173-1177.

[2] ARIKAN E. Channel polarization：a method for constructing capacity-achieving codes for symmetric binary-input memoryless channels [J]. IEEE Transactions on Information Theory，2009，55（7）：3051-3073.

[3] 童文，朱佩英．Polar 码研究与工程实践 [M]．北京：人民邮电出版社，2018：131.

[4] 牛凯．"太极混一"——极化码原理及 5G 应用 [J]．中兴通讯技术，2019，25（1）：19-28.

[5] MORI R，TANAKA T. Performance of polar codes with the construction using density evolution [J]. IEEE Communications Letters，2009，13（7）：519-521.

[6] CHUNG S Y，RICHARDSON T J，URBANKE R L. Analysis of sum-product decoding of low-density parity-check codes using a Gaussian approximation [J]. IEEE Transactions on Information Theory，2001，47（2）：657-670.

[7] HUAWEI，HISILICON. Polar Code Design and Rate Matching [C/OL].（2016-08-13）[2020-04-20]. https：//www.3gpp.org/ftp/tsg_ran/WG1_RL1/TSGR1_86/Docs（R1-167209.zip）.

[8] TAL I, VARDY A. List decoding of polar codes [J]. IEEE Transactions on Information Theory, 2011, 61 (5): 1-5.

[9] NIU K, CHEN K. Stack decoding of polar codes [J]. Electronics Letters, 2012, 48 (12): 695-697.

[10] QUALCOMM INCORPORATED. Polar Construction for NR Control Channel and Performance Comparison [C/OL]. (2017-05-17) [2020-04-20]. https://www.3gpp.org/ftp/tsg_ran/WG1_RL1/TSGR1_89/Docs (R1-1709178.zip).

[11] HUAWEI, HISILICON. Parity Check Bits for Polar Code [C/OL]. (2017-06-20) [2020-04-20]. https://www.3gpp.org/ftp/tsg_ran/WG1_RL1/TSGR1_AH/NR_AH_1706/Docs (R1-1709996.zip).

[12] QUALCOMM INCORPORATED. Design of Polar Codes for Control Channel [C/OL]. (2017-01-10) [2020-04-20]. https://www.3gpp.org/ftp/tsg_ran/WG1_RL1/TSGR1_AH/NR_AH_1701/Docs (R1-1700832.zip).

[13] NOKIA, ALCATEL-LUCENT SHANGHAI BELL. Polar Codes Design for UL Control [C/OL]. (2017-01-09) [2020-04-20]. https://www.3gpp.org/ftp/tsg_ran/WG1_RL1/TSGR1_AH/NR_AH_1701/Docs (R1-1701033.zip).

[14] ERICSSON. CRC-Based Polar Code Construction [C/OL]. (2017-06-20) [2020-04-20]. https://www.3gpp.org/ftp/tsg_ran/WG1_RL1/TSGR1_AH/NR_AH_1706/Docs (R1-1710490.zip).

[15] HUAWEI, HISILICON. Rate Matching for Polar Code [C/OL]. (2017-06-28) [2020-04-20]. https://www.3gpp.org/ftp/tsg_ran/WG1_RL1/TSGR1_AH/NR_AH_1706/Docs (R1-1711702.zip).

[16] SAMSUNG. Design of Unified Rate-Matching for Polar Codes [C/OL]. (2017-06-20) [2020-04-20]. https://www.3gpp.org/ftp/tsg_ran/WG1_RL1/TSGR1_AH/NR_AH_1706/Docs (R1-1710750..zip).

[17] QUALCOMM INCORPORATED. Rate-Matching Scheme for Control Channel [C/OL]. (2017-06-20) [2020-04-20]. https://www.3gpp.org/ftp/tsg_ran/WG1_RL1/TSGR1_AH/NR_AH_1706/Docs (R1-1711220.zip).

[18] MEDIA TEK. Polar Code Size and Rate-Matching Design for NR Control Channels [C/OL]. (2017-02-07) [2020-04-20]. https://www.3gpp.org/ftp/tsg_ran/WG1_RL1/TSGR1_88/Docs (R1-1702735.zip).

Hadoop 专利技术综述*

文　燕　李　爽　徐　彬　谭明敏　朱丽娜

摘　要　Hadoop 是目前最流行的大数据分析系统。随着互联网的发展，Hadoop 技术成为研究和应用的热点。本文从几个方面对 Hadoop 技术进行重点分析，包括从申请趋势、区域分布、主要申请人、重点技术等多个角度进行了较为系统和深入的分析，从专利的角度梳理了 Hadoop 技术的现状及发展趋势，为我国 Hadoop 技术的研发和产业化发展提供建议。

关键词　Hadoop　MapReduce　HDFS　Hive　Hbase

一、概述

（一）研究背景

随着互联网技术的进步，数据信息呈现爆炸式增长，占用的空间也从最开始的 MB 到 GB 发展到 TB 甚至 PB，迅速增长的大数据规模标志着人类已经进入了大数据时代。数据量每天快速地增长，但是物理存储设备的发展速度并没有很明显地增长，传统的存储方式主要有本地化存储和 RAID 存储技术。本地化存储的方式就是将数据存储在本地的物理存储设备上，读取都是在物理设备下，无须通过网络。这样的存储方式最大的瓶颈就是物理设备的性能是有限的，而且无法有效提升。RAID 存储技术是采用分布式的技术，通过多台机器的性能整合来提高整体系统的性能，这样存储效率也会随之提升。但是在海量的数据面前，这种方式既需要高性能的硬件支持，也需要专门的维护人员，成本巨大，企业难以承担。面对这些问题，基于 Hadoop 的分布式数据存储系统应运而生。Hadoop 已经发展成为一项重大的技术，成为处理海量级数据最好的方式，不只是结构化数据，而且支持复杂的、非结构化的数据[1-6]。

Hadoop 是 Apache 旗下的分布式系统基础架构，是目前最流行的大数据分析系统，

---

* 作者单位：国家知识产权局专利局专利审查协作天津中心。

它可以处理和存储超大型数据集，能够快速地传输文件，有效地处理大量任务。本文将对用于大数据中的 Hadoop 相关技术以及专利申请概况进行梳理和总结。

（二）研究对象

Hadoop 的设计理念之一是为了支持单一服务器到上千台机器的扩展，同时每台服务器都能提供本地的计算和存储能力。从技术架构上来看，业内人员常常将 Hadoop 框架分为数据集成层、文件存储层、数据存储层、编程模型层、数据分析层和平台管理层[7-8]。

根据 Hadoop 的框架结构以及专利文献样本进行分析，将 Hadoop 涉及的技术进行划分，具体如图 1-1 所示。

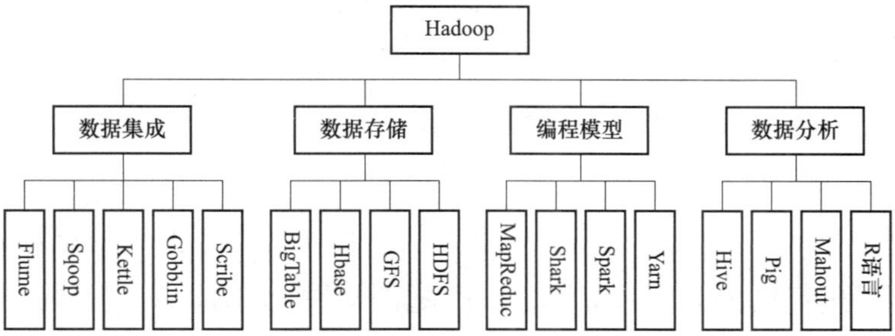

图 1-1　Hadoop 技术分支

1. 数据集成

数据集成在整个架构的最下层，获取系统需要处理的数据来源，包括私有的应用数据、存放在数据库中的数据、分析系统运行产生的日志数据等。数据集成方法包括 Flume（Hadoop 文件收集工具）、Sqoop（Hadoop 数据转换工具）、Kettle 或 Gobblin［ETL，在数据仓储过程中进行数据抽取（Extract）、转换（Transform）、装载（Load）］、Scribe（网络爬虫技术）等实现日志的收集和数据获取。其中 Sqoop 工具是数据集成层的典型实例，利用 Sqoop 工具，一方面可以将存储于关系型数据库中的数据导入 Hadoop 组件中以利于 MapReduce 程序或 Hive 工具进行后续处理，甚至直接导入 Hbase 中，另一方面还可以支持将处理后的结果导出到关系型数据库中。

2. 数据存储

数据存储提供分布式、可扩展的大量数据表的存储和管理能力。

BigTable 是谷歌为管理其分布在成千上万台计算机上的 PB 级数据而开发的一个分布式结构化数据存储系统。其不支持一个完整的关系型数据库模型，仅通过一个简单的数据模型实现数据分布与格式的动态控制。

Hbase 是一个分布式的、面向列的开源数据库。不同于一般的关系数据库，它是适用于非结构化大数据存储的数据库，其数据在表中是按列存储的。列存储方式所带来的重要好处之一是，由于查询中的选择规则是通过列来定义的，因此整个数据库是自动索引化的。按列存储每个字段的数据聚集存储，在查询只需少数几个字段的时候，能大大减少读取的数据量；一个字段的数据聚集存储，那就更容易为这种聚集存储设计更好的压缩/解压算法。

GFS（Google File System）的设计思想不同于传统的分布式文件系统，其针对大规模数据处理和谷歌应用特征进行了特殊设计，依靠容错机制运行于低成本的普通硬件上，为并发用户提供总体性能较高的文件管理服务。

HDFS（Hadoop Distributed File System）是 Hadoop 的文件格式系统，负责完成物理硬盘的数据格式化及将存储数据分配到哪个物理主机上的存储管理工作。它是 Hadoop 框架中数据存储和管理的支撑，高度容错，能检测和应对硬件故障，在低成本的硬件上提供了高性价比的数据存储和管理功能，通过流式数据访问提高吞吐量等应用程序性能，给一些大型数据集应用程序提供数据资源。

3. 编程模型

编程模型是 Hadoop 的核心部分，其在很大程度上提高了系统的运算效率，实现了多台服务器同时进行数据运算，大大提高了系统分析的效率。

MapReduce 是 Hadoop 系统数据调度、传输和硬件资源管理的算法。MapReduce 采用“分而治之”的思想，把一个大任务化解为若干小任务，然后再把各个小任务分配到集群的不同节点上，然后在不同节点上完成各自任务，再把各节点的中间结果汇总整合，从而完成最终的大任务得到最终结果。简单地说，MapReduce 就是“任务的分解与结果的汇总”，这样大大提高了 Hadoop 系统的运行效率。

Shark 是一个大规模数据仓库系统，它直接建立在 Hive 代码库上，允许用户加载内存中的数据，加快在内存和磁盘上的查询。但是 Shark 的缺点是依赖 Hive，于是在 Spark1.0 时 Shark 被放弃。

Spark 是在 MapReduce 计算模型基础上发展而来的一种基于内存的大数据计算框架，其拥有 MapReduce 所具有的优点，但不同于 MapReduce 的是 Job 中间输出结果可以保存在内存中，从而不再需要读写 HDFS。因此，Spark 能更好地适用于数据挖掘与机器学习等需要迭代的 MapReduce 算法。

Yarn 是一个通用的资源管理模块，可为各类应用程序进行资源管理和调度。Yarn 不仅限于 MapReduce 一种框架的使用，也可以供其他框架使用，它的引入大大提高了集群的利用率。

4. 数据分析

数据分析中要实现数据的并行分析的话，传统的分析算法是单一的，要想实现并行计算需要结合基于 Hadoop 的并行计算方法。

Hive 是 Hadoop 数据仓库工具，它是为大数据提供数据存储，并通过 SQL 语句转换为 MapReduce 任务来实现数据管理工作。

Pig 提供了一种类似 SQL 的数据分析语言以便于分析人员编写脚本。Pig 引擎将脚本翻译为 MapReduce 程序对数据进行处理，是 Yahoo 公司针对经常变化的数据分析工作，为不具备 MapReduce 开发能力的数据分析人员开发的大数据处理平台及相应语言。

Mahout 是一个收集和贮藏数据的数据库，R 语言是一个编程工具和软件，开发者基于 Mahout 工具和 R 语言工具对算法进行分析开发。

（三）研究方法

Hadoop 技术领域国内外专利的检索：在中国专利文摘数据库（CNABS）、德温特世界专利索引数据库（DWPI）中以关键词结合分类号进行检索并合并同族后得到全球专利申请量 6840 项，中国专利申请量 4294 项。本文检索的截止日期是 2019 年 7 月 31 日。由于发明专利申请自申请日（有优先权的按优先权日）起 18 个月（主动要求公开的除外）才会被公布，实用新型专利申请在授权后才会获得公布，而 PCT 专利申请可能自申请日起 30 个月甚至更长的时间才进入国家阶段，导致其对应的国家公布日更晚，并且在专利申请公布后再经过编辑进入各专利数据库也需要一定时间，因此会出现 2018 年之后的专利申请量比实际专利申请量少的情况。反映到本文各图表中的专利申请量年度变化趋势中，则表现为一般自 2018 年之后出现较为明显的下降。

二、全球专利申请总体情况

（一）全球专利申请趋势

图 2-1 示出了 Hadoop 技术领域全球专利申请趋势。Hadoop 技术全球专利申请从 2004 年开始出现相关专利申请，由谷歌申请，其对 Hadoop 技术中的 MapReduce 算法中

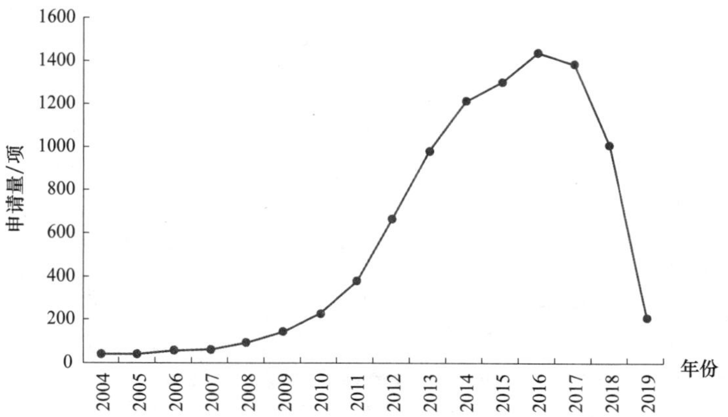

图 2-1 Hadoop 技术领域全球专利申请趋势

最核心、最基础的方案进行了保护。在此之后的十余年中，互联网也开始快速发展，有关 Hadoop 技术的研究与开发不只局限于并行算法（如 MapReduce）的改进，还包括针对数据存储 HDFS 和 Hbase、数据分析 Hive、数据采集 Flume 等技术的研究。

（二）全球专利申请国别分布

图 2-2 显示了 Hadoop 技术全球主要国家专利申请分布。Hadoop 技术的专利申请国家主要为中国和美国，占总申请量的 91%。中国提交的专利申请量最多，占 62%；其次是美国，占 29%；然后是韩国，占 4%；之后依次为日本、德国等，这些都是世界上经济较为活跃的国家。

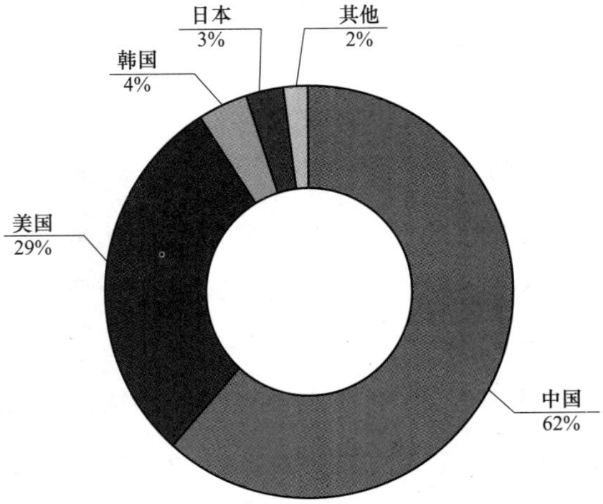

图 2-2　Hadoop 技术全球主要国家专利申请分布

美国作为 Hadoop 技术的原创国，并没有以数量作为专利布局的手段，而是将专利申请布局的重点放在最关键的原创技术的研发和核心专利的申请上，以核心专利保证自己的领先地位。

结合图 2-3 来看，美国于 2004 年提出了第一项 Hadoop 专利申请，并且于 2006 年开始在中国进行专利布局。出现在中国的第一项 Hadoop 专利申请是谷歌于 2006 年提交的进入中国国家阶段的 PCT 申请，而 Hadoop 技术在中国的真正起步是 2007 年。中国的 Hadoop 专利申请量于 2013 年超过美国，并且增长迅猛，这与中国近年来对 Hadoop 技术的持续投入有关。从发展趋势来看，韩国和日本的专利申请量比较稳定，因为韩国和日本的技术发展成熟度较高，但是韩国和日本的专利申请量均处于较低水平，可见其对技术研发深度不够。

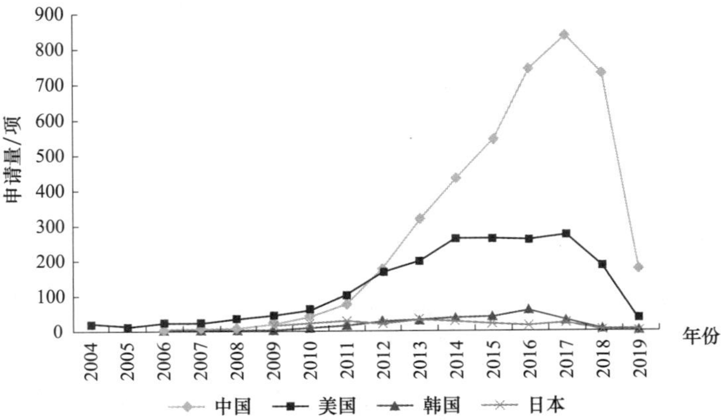

图 2-3　Hadoop 技术领域主要国家专利申请趋势

（三）全球重点申请人

1. 全球重点申请人排名

由图 2-4 全球重点申请人排名情况可见，全球重点申请人排名前三的为 IBM、阿里巴巴集团控股股份有限公司（以下简称“阿里巴巴”）以及国家电网公司。其中，中国申请人占据全球重点申请人排名前 20 位中的 12 席，占据全球重点申请人排名前五位中的 4 席，但 IBM 的总申请量比排名第二至第五位的申请人的申请总量还多。可见，Hadoop 技术中国专利申请人虽然在全球主要申请人中占据较多席位，但仍与龙头企业 IBM 存在较大差距。根据总体申请情况可以发现，作为首先提出 Hadoop 技术相关构想的谷歌的专利申请量与 IBM 的专利申请量存在较大差距。然而，参见图 2-5 谷歌与 IBM 专利申请趋势对比不难发现，谷歌的专利申请主要集中于 2015 年之前，而 IBM 的专利申请则主要集中于 2015 年之后，且通过对重点专利的阅读和分析发现，IBM 在 2017 年的专利申请多为 Hadoop 的应用，而谷歌早期的专利申请主要涉及 Hadoop 核心技术的创新。可见，谷歌作为技术的早期输出者，提前完成相关技术的专利布局；而 IBM 则将大量专利申请布局于 Hadoop 的应用领域。

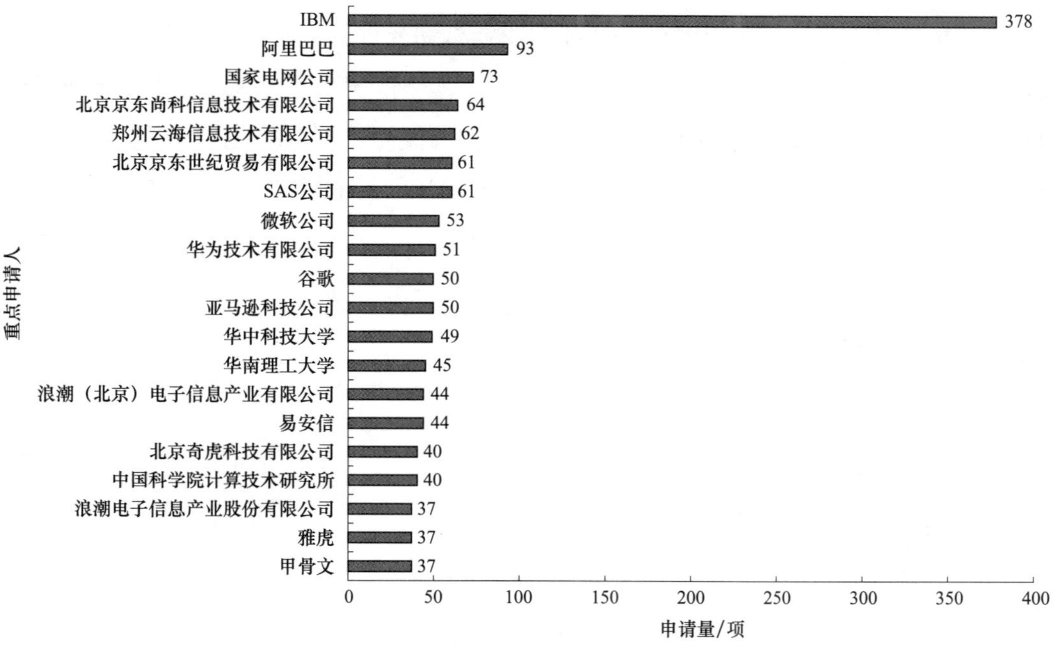

图 2-4　Hadoop 技术领域全球重点申请人专利排名

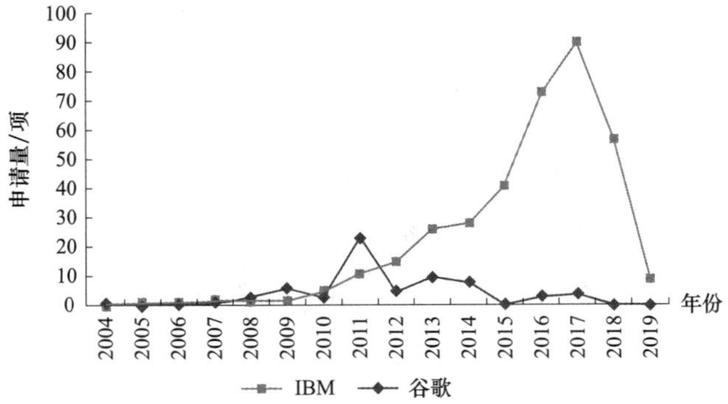

图 2-5　Hadoop 技术领域谷歌与 IBM 专利申请趋势对比

2. 重点申请人申请趋势

图 2-6 示出了 Hadoop 技术领域全球前五位申请人申请趋势，其中排名前五的重点申请人为 IBM、阿里巴巴、国家电网公司、北京京东尚科信息技术有限公司以及郑州云海信息技术有限公司。结合图 2-4 可见，IBM 作为全球 Hadoop 技术专利申请量最多的申请人，其技术布局相对于排名第二至第五位的申请人起步较早，从 2005 年就开始相关技术的布局且历年申请量超过排名第二至第五位的重点申请人的申请总量的至少 2 倍。排名第二至第五位的申请人均为中国申请人，起步相对较晚，均是从 2011 年之后才涉猎相关技术的专利布局。其中，阿里巴巴自 2012 年起每年保持平稳专利申请量；国家电网公司及北京京东尚科信息技术有限公司的专利申请量则呈逐年上涨态势；郑州云海信息科技有限公司是中国 2015 年新成立的大数据相关中小企业，其在成立之初的 2016~2018 年进行了较大数量的专利布局，可见，近些年来中国中小企业逐渐涉足 Hadoop 技术并进行专利布局。

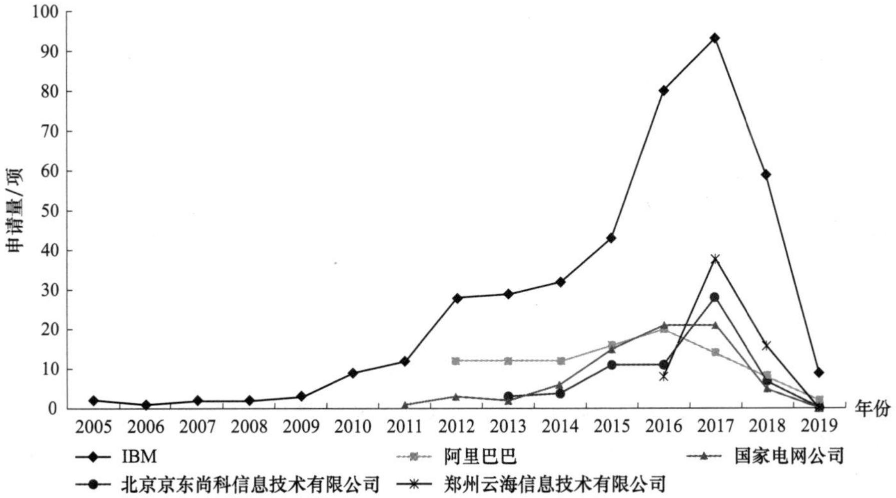

图 2-6　Hadoop 技术领域重点申请人申请趋势

（四）技术分支专利申请趋势

1. 一级技术分支专利申请趋势

图 2-7 示出了 Hadoop 技术中一级技术分支专利申请趋势，涉及的一级技术包括数据集成、数据存储、编程模型以及数据分析技术。可以看出，全球和中国各个技术分支的态势和整体态势基本一致。各技术分支的专利申请量均在 2011 年之后呈持续上升趋势，每个技术分支的专利申请量在各阶段稍有不同。数据存储及编程模型作为 Hadoop 数据处理的基础和核心，相较于数据集成和数据分析技术专利申请量比较突出，可见各行各业对 Hadoop 各技术分支的研究也有所偏重。

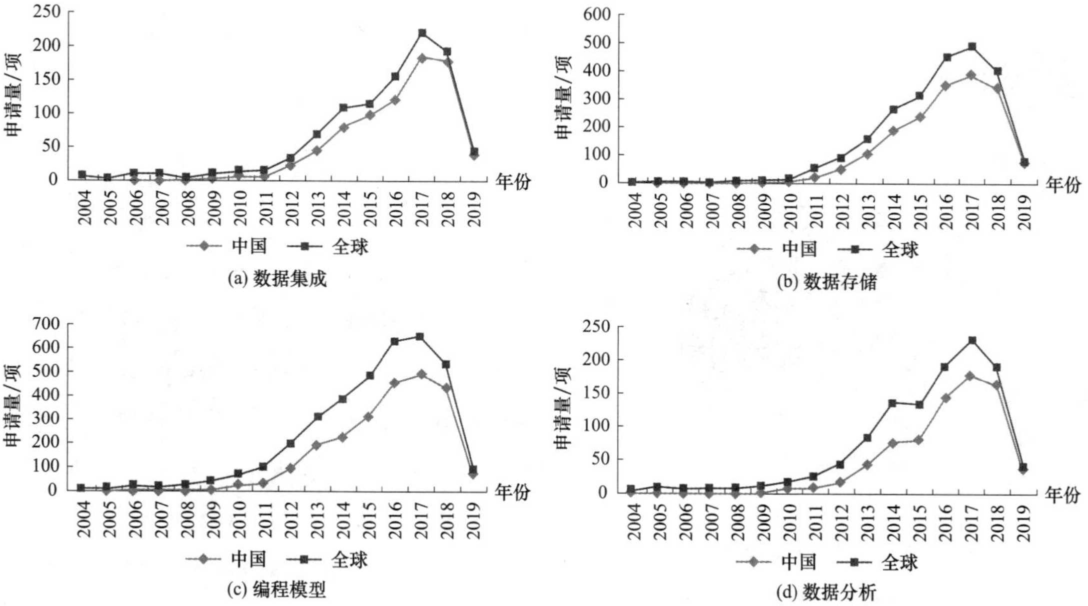

图 2-7　Hadoop 技术领域一级技术分支专利申请趋势

2. 二级技术分支专利申请状况

图 2-8 和图 2-9 示出了 Hadoop 技术中二级技术分支的专利申请状况，其中 MapReduce、HDFS、Hive、Hbase 的专利申请量都超过 800 项，而且上述四个技术分支的专利申请总量占整个二级技术分支专利申请总量的 74%。尤其 MapReduce 和 HDFS 作为最突出的两项技术分支，分别占比 25% 和 19%。这是由于 MapReduce 和 HDFS 是 Hadoop 的核心技术。MapReduce 为大数据处理提供一种可以利用底层分布式计算环境进行并行处理的计算模式，是 Hadoop 技术的核心要点；而 HDFS 分布式文件系统是分布式计算中数据存储管理的基础，为超大数据集的应用处理带来了很多便利。

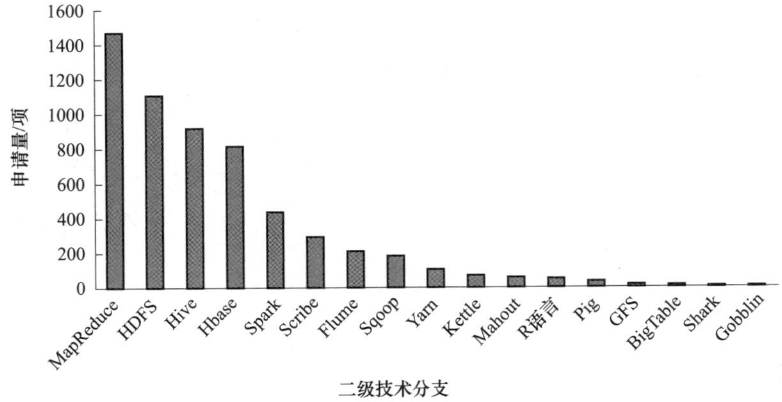

图 2-8 Hadoop 技术二级技术分支专利申请状况

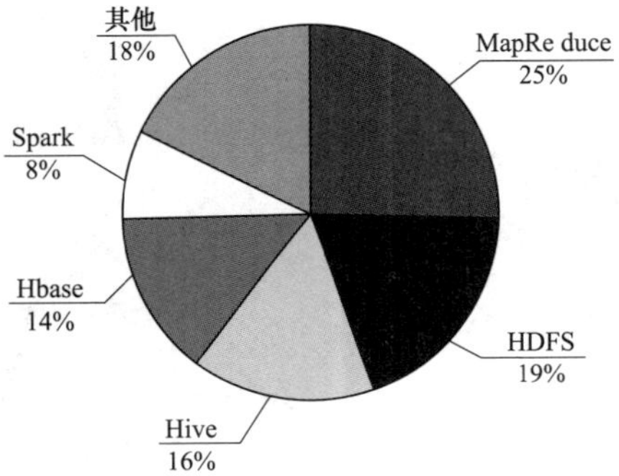

图 2-9 Hadoop 技术领域二级技术分支专利申请占比

3. 重点技术分支专利申请趋势

图 2-10 示出了重点技术专利申请趋势。重点技术分支为 MapReduce、HDFS、Hive、Hbase 以及 Spark，2011 年之前均处于缓慢发展阶段。其中，MapReduce 的起源最早，2004 年由谷歌申请第一项相关技术专利。2012~2016 年，上述五个技术处于快速发展阶段，其中，MapReduce 相较于其他四个技术分支，其专利申请量逐年上升趋势最为明显，并于 2016 年专利申请量达到最高。HDFS、Hive 和 Hbase 的专利申请趋势基本一致，且专利申请量均于 2017 年达到峰值。分析其中原因不难发现，MapReduce 为 Hadoop 的底层技术发展较快，而 HDFS、Hive 和 Hbase 作为存储和处理的关键技术其发展稍有滞后。但是随着 Hadoop 技术的整体发展，并行存储和处理成为大数据处理的关键，以此带动上述相关技术分支的专利申请。Spark 技术是 Hadoop2.0 框架引入的并行处理技术，是由 MapReduce 发展而来。虽然 Spark 技术的相关专利申请量占重点技术分支的第五位，但是，根据图 2-10 可知，2014 年之后该技术的专利申请量持续上升，由此可以预见，Spark 技术作为新兴技术在 Hadoop 技术的发展过程中将日趋与 MapReduce 处于同等地位。

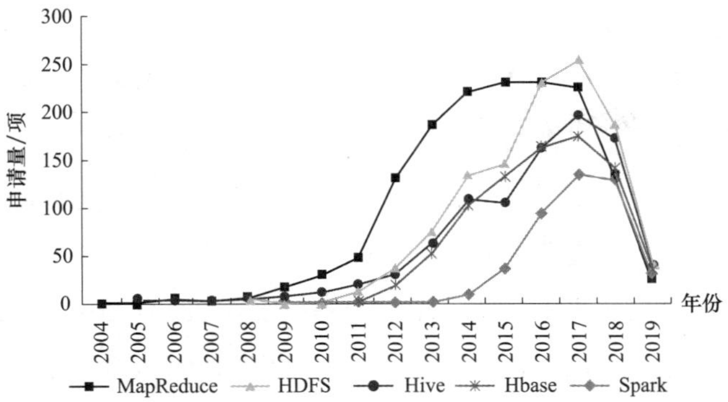

图 2-10　Hadoop 技术领域重点技术分支专利申请趋势

（五）重要申请人的专利技术发展

结合图 2-4 全球重点申请人排名可知，IBM 在 Hadoop 技术领域的全球专利申请量最多。作为美国的企业，其专利布局时间较早，自 2005 年起就在全球范围内对 Hadoop 技术进行了持续布局；其在技术研发方向上展现出前瞻性，而且在时长布局和运行方面也有丰富经验；加之其对 Hadoop 技术的重视 IBM 成为颇具价值的分析对象。以下对 IBM 的 Hadoop 技术的专利申请情况进行详细分析。

1. IBM 全球专利申请趋势

图 2-11 示出了 Hadoop 技术领域 IBM 全球专利申请趋势。IBM 第一项专利申请在 2005 年；2005~2009 年为缓慢发展期，其年专利申请量均低于 5 项；2010~2012 年进入迅猛增长期，到 2012 年已经达到了专利申请量为 28 项；2013~2015 年专利申请进入平稳增长期；2016~2017 年专利申请出现了激增，2017 年专利申请量达到 93 项，是 2015 年的 2 倍多——这是由于这时期大数据处理成为热点研究领域，相关领域应用迅猛发展，促进了 Hadoop 技术的发展；2017 年后专利申请出现了下滑情况，这可能是由于 Hadoop 技术已发展相对成熟，技术发展出现瓶颈。

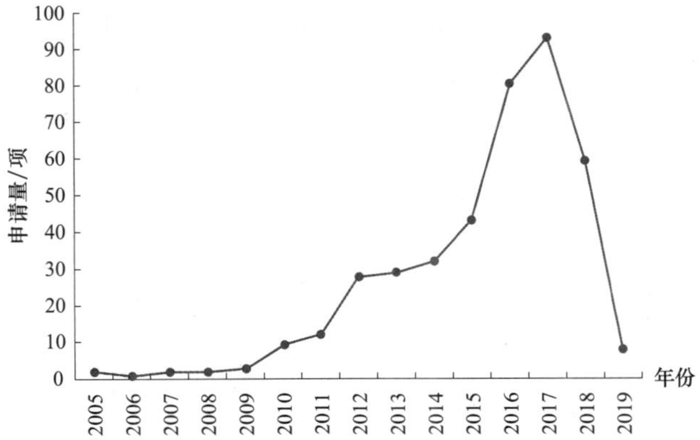

图 2-11　Hadoop 技术领域 IBM 全球专利申请趋势

2. IBM 专利技术申请状况

图 2-12 和表 2-1 示出了 IBM 主要技术分支专利申请状况。由图 2-12 和表 2-1 可以看出，IBM 在数据存储技术及编程模型技术都有较高的专利申请量，且均出现年申请量达到 10 项以上的年度分布。这是由于数据存储及编程模型是 Hadoop 的核心技术，IBM 在这两技术分支布局了大量核心专利，如 Hbase、MapReduce 的改进等。其中，IBM 编程模型技术的专利申请量为 161 项，相关专利申请在 2011~2018 年持续年申请量超过 10 项，且在 2011~2016 年呈逐年增长趋势；数据存储的专利申请量达到 135 项，在 2016~2018 年连续三年专利申请量超过 20 项。此外，IBM 在数据集成及数据分析技术上虽然有少量专利申请，但数量较低，可见，数据集成技术及数据分析技术并不是 IBM 的重点专利布局技术。

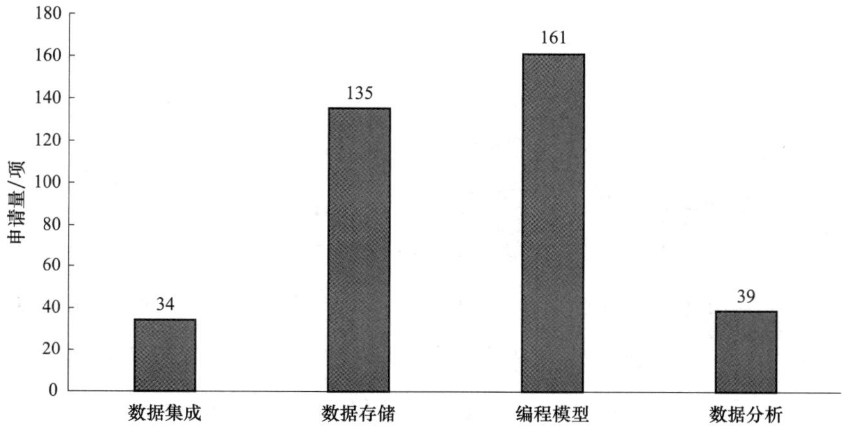

图 2-12　Hadoop 技术领域 IBM 各技术分支专利申请状况

表 2-1　Hadoop 技术领域 IBM 一级技术分支逐年专利申请数量　　单位：项

一级技术分支	年份															
	2004	2005	2006	2007	2008	2009	2010	2011	2012	2013	2014	2015	2016	2017	2018	2019
数据集成	0	1	1	0	0	0	0	0	1	2	5	4	9	4	5	2
数据存储	0	0	0	0	0	0	1	1	4	8	9	6	29	46	28	3
编程模型	0	0	1	2	2	2	3	10	16	14	19	24	33	22	12	1
数据分析	0	1	0	0	0	0	3	2	4	3	5	3	2	2	4	0

3. IBM 重点技术专利申请状况

图 2-13 和图 2-14 示出了 IBM 重点技术专利申请状况。由图 2-13 和图 2-14 可以看出，IBM 二级技术分支的专利申请量排前五的是 MapReduce、HDFS、Spark、Hive 以

及 Hbase。结合图 2-10 重点技术分支专利申请趋势分析可知，IBM 重点技术分支分布与 Hadoop 全球重点技术分支基本一致。另外，IBM 重点技术分支中 Spark 技术的专利申请量排名第三，由此可知，IBM 对新兴技术研发更具前瞻性。

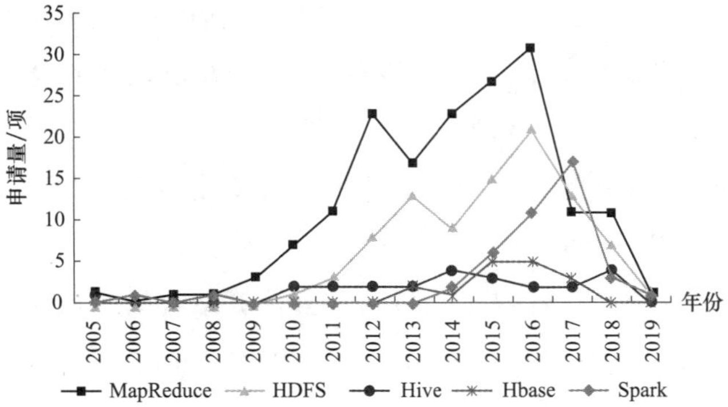

图 2-13　Hadoop 技术领域 IBM 重点技术专利申请状况

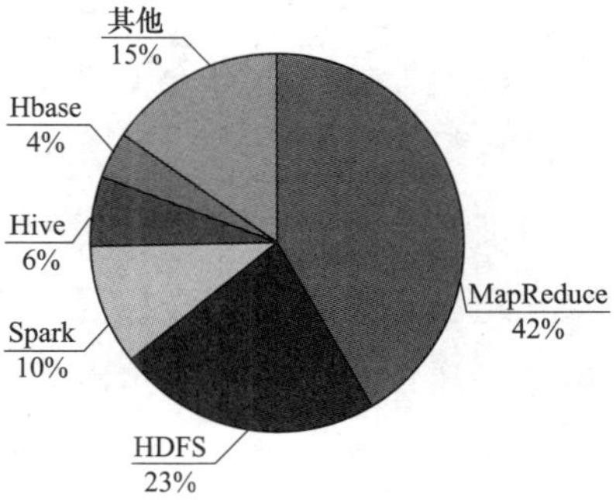

图 2-14　IBM 重点二级技术专利申请占比

MapReduce 仍是 IBM 对于 Hadoop 技术研究的重点，其专利申请量于 2008 年之后持续上升，并于 2012 年达到第一个申请高点，但是 2013 年相关专利有所下降——其间 IBM 相关申请关注 MapReduce 的作业调度和隐私数据保护，这方面的技术改进突破性不高。同时，IBM 并没有放弃其他技术的研究，针对 Hadoop 的另一核心技术 HDFS 于 2013 年相关专利申请达到第一个高点，2016 年 MapReduce 以及 HDFS 两个核心技术的专利申请均达到第二个高点，期间涉及对数据存储和并行处理效率的提高以及相关应用。之后，各个技术的专利申请量均呈下降趋势，表明 IBM 对 Hadoop 技术的研发热度有所下降。但是，根据上述整体分析可知，IBM 重视 Hadoop 的核心技术研究，其专利布局意识较强。

4. IBM 重点专利分析

图 2-15 示出了 Hadoop 技术领域 IBM 重点专利分析。在 Hadoop 技术领域中，IBM 作为全球排名首位的专利申请人，其针对大数据分布式的相关分析研究众多，相关技术萌芽从 2005 年至 2019 年均有较多涉猎。下文将针对 IBM 相关技术领域的申请进行引证跟踪，挖掘 IBM 的专利技术布局路线，为 Hadoop 技术领域的研发提供历史上的经验和未来的趋势分析。

IBM 提出的名为“基于服务等级协议预测和成本分配资源的方法”的专利申请，公开号为 US2005256946A1，涉及在数据处理系统中用于向所托管的应用分配服务供应商系统资源，组成服务等级顾问系统方案的服务器部件是管理服务器、SLM 服务器和报告服务器，这些部件可以驻留在单个系统上，或者可以是分布式的；该申请为 Hadoop 分布式处理系统提供了面向服务进行的技术构架，也成为后续全球大多数企业和高校的技术引用基础。从 2010 年起，云计算和大数据的相关分析兴起，针对 Hadoop 技术的研究也逐渐转移到这些方面上。公开号为 US2012215920A1 的专利申请是一种 MapReduce 计算的优化资源管理方法，在云计算集群中，当需求资源容量超过存储容量时，通过增加计算节点容量的方式增大系统容量；公开号为 US8782189B2 的专利申请则作为一种云计算服务的动态服务水平协议结合分布式服务对于 Hadoop 的计算等内容进行了相关的分析。进一步地，随着 YARN、HDFS、Hive 等并行计算和数据分析工具的进一步改善，公开号为 CN104991830A 的专利申请基于服务等级协议的 YARN 资源分配和节能调度方法以及公开号为 CN103838632A1 的专利申请涉及数据查询方法和装置都是对相关技术领域的进一步延伸；随着智能互联网和云计算结合的领域研究的升温，Hadoop 技术研究也进一步融入进来，公开号为 US9608933B2 的专利申请涉及云计算环境管理的方法和公开号为 US10291494B2 的专利申请涉及基于计算复杂度在分层网络中分配数据分析都是针对云计算环境中的数据进行处理，这也成为近些年 Hadoop 技术的研究热点。

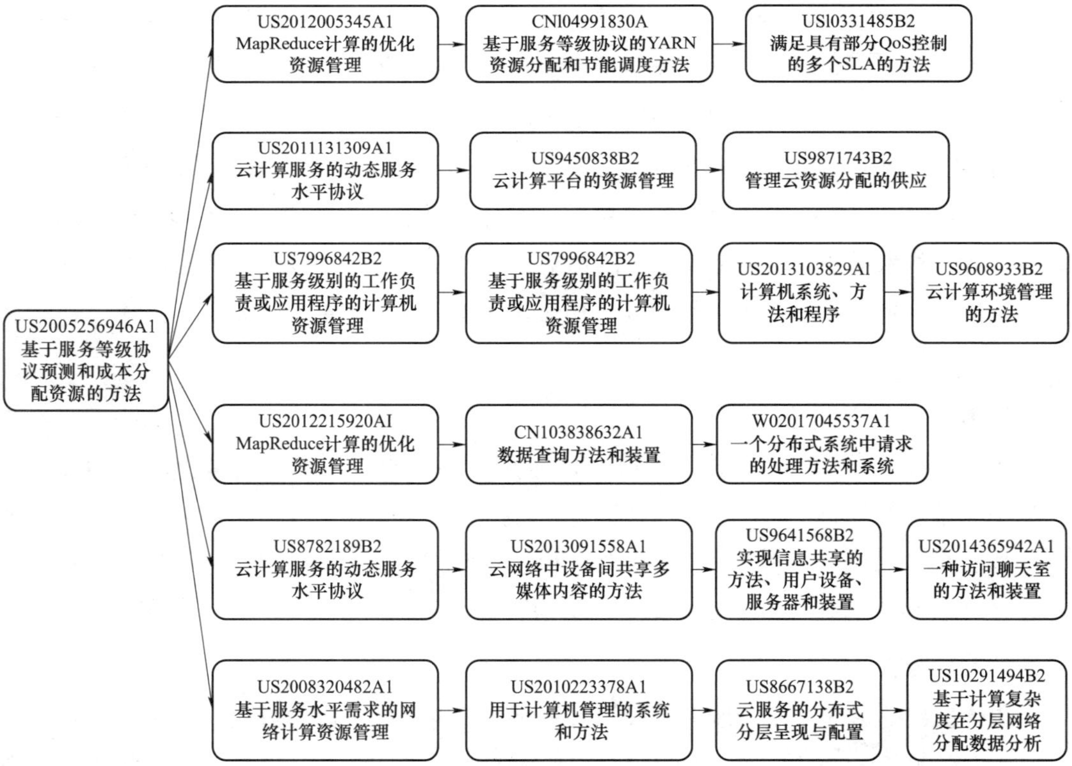

图 2-15　Hadoop 技术领域 IBM 重点专利分析

三、中国专利申请总体情况

（一）中国专利申请趋势

图 3-1 示出了 Hadoop 技术领域中国专利申请趋势。中国企业和高校出现 Hadoop 相关技术的专利申请是在 2007 年，相对全球起步稍显滞后。但是，近几年中国专利申请数量已经开始占据领先地位。如图 3-2 所示，在中国专利申请中，国内申请人占比达到 94%，由此可见国内申请人重视 Hadoop 技术的本国布局；国外来华申请人占 6%，说明了国外申请人对中国 Hadoop 市场布局也有所重视。

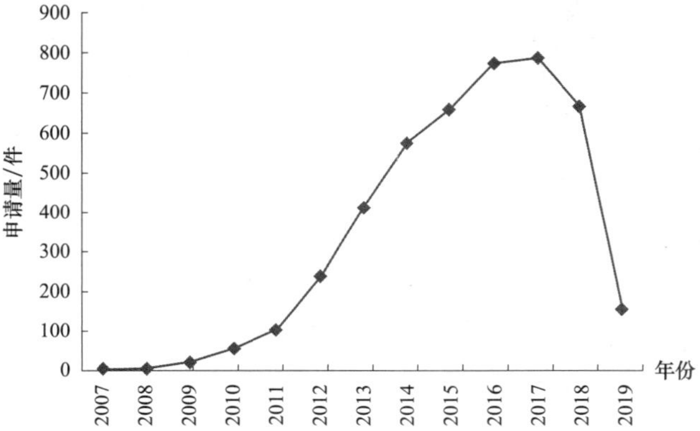

图 3-1 Hadoop 技术领域中国专利申请趋势

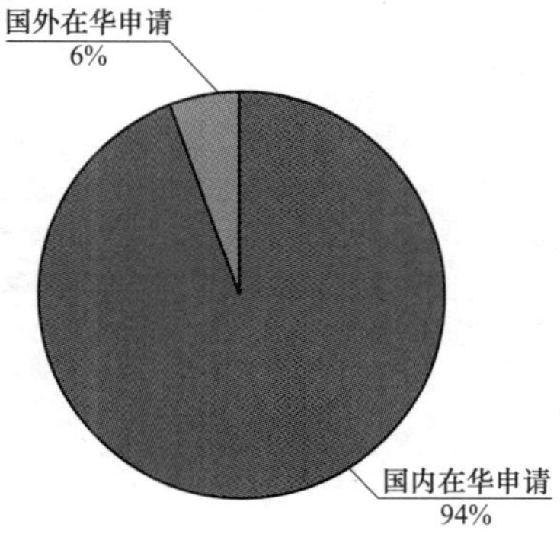

图 3-2 Hadoop 技术领域中国专利申请国内和来华占比

（二）中国专利申请区域分布

图 3-3 示出了中国专利申请区域分布情况。对于中国来说，Hadoop 申请主要分布在经济相对发达地区，例如，排名前五位的分别为北京市、广东省、江苏省、山东省、上海市。其中，北京市、广东省和江苏省申请量之和超过全国总申请量的一半；北京市申请量将近为排名第三位的江苏省的三倍。

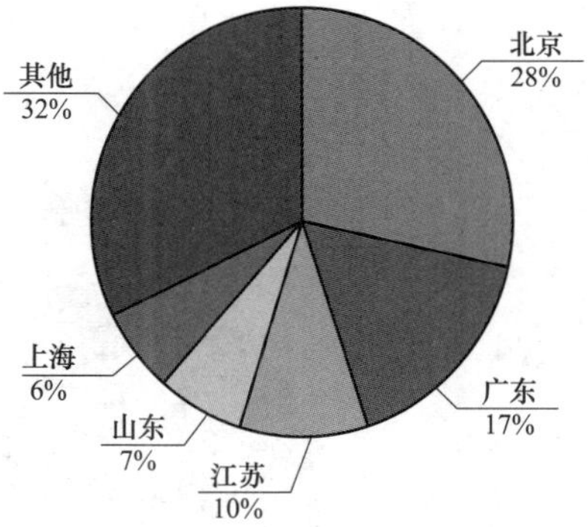

图 3-3 Hadoop 技术领域中国专利申请区域分布

（三）中国重点申请人排名

图 3-4 示出了 Hadoop 中国重点申请人排名情况。在主要申请人中，阿里巴巴及国家电网公司专利申请量分列第一、第二位。排名前五的主要申请人均为公司；排名前 20 位的国

内主要申请人中公司占据 12 席，高校及科研院所占据 8 席，可见，现阶段中国主要申请人的技术转化量较高，产品实际应用较强。

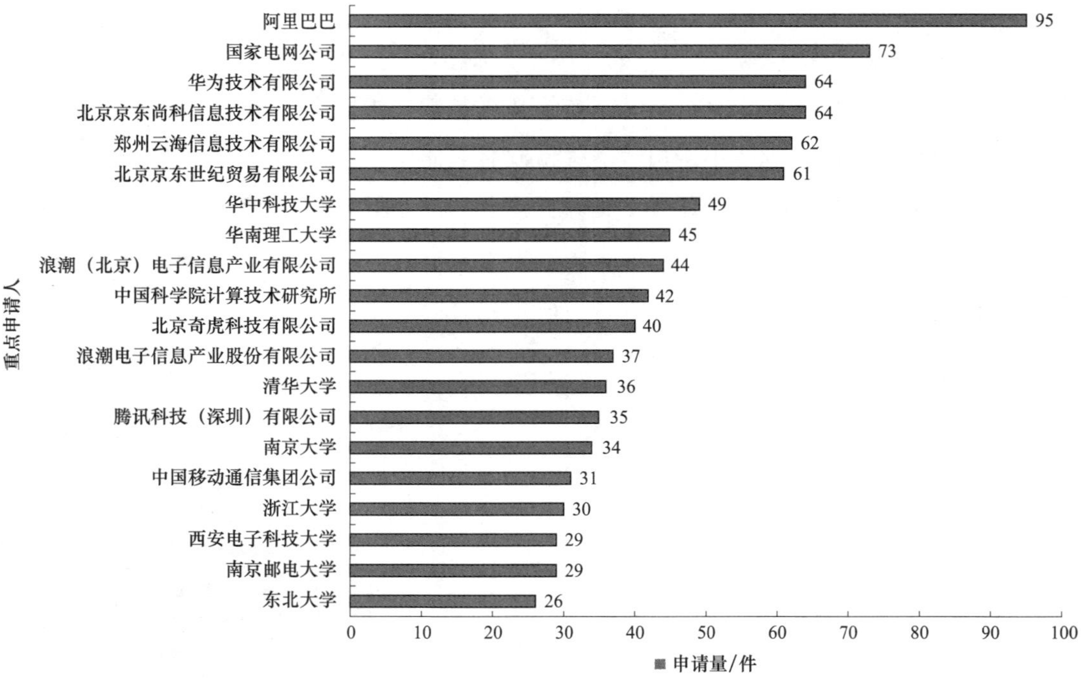

图 3-4　Hadoop 技术领域中国重点申请人排名

（四）中国专利申请人类型

图 3-5 示出了中国国内和来华专利申请人类型。国内申请人中以企业为主，说明我国产业化程度较高，但是，国外来华申请中企业申请量占比比国内申请人中企业申请量占比高出近 30%，可以看出，国内企业研发深度不足。国内申请人申请量中高校占 26.5%，而国外来华申请人中高校、科研院所申请量均占 2.0%，可以看出，国内申请人中基础研发实力较强。

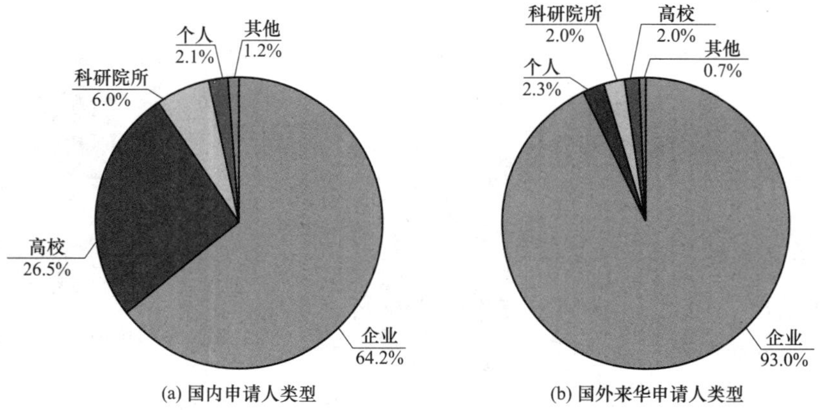

图 3-5　Hadoop 技术领域中国国内和来华专利申请人类型对比

（五）国外来华专利申请情况

1. 国外来华专利申请类型和法律状态

从图 3-6 示出了国外来华和国内专利申请类型和法律状态。可以看出，Hadoop 技术的专利申请中，绝大多数为发明申请，尤其国外来华专利申请中没有实用新型，这是因为 Hadoop 技术研发投入成本高，发明人希望寻求更长的保护期。国内专利申请的有效案件是失效案件数量的两倍，而国外来华专利申请的有效案件是失效案件的四倍多。有效案件明显多于无效案件，一方面说明专利审查的有效性，说明授权案件得到稳定保护；另一方面也说明申请人对于相关专利充分重视，希望相关专利申请能够得到持续保护。

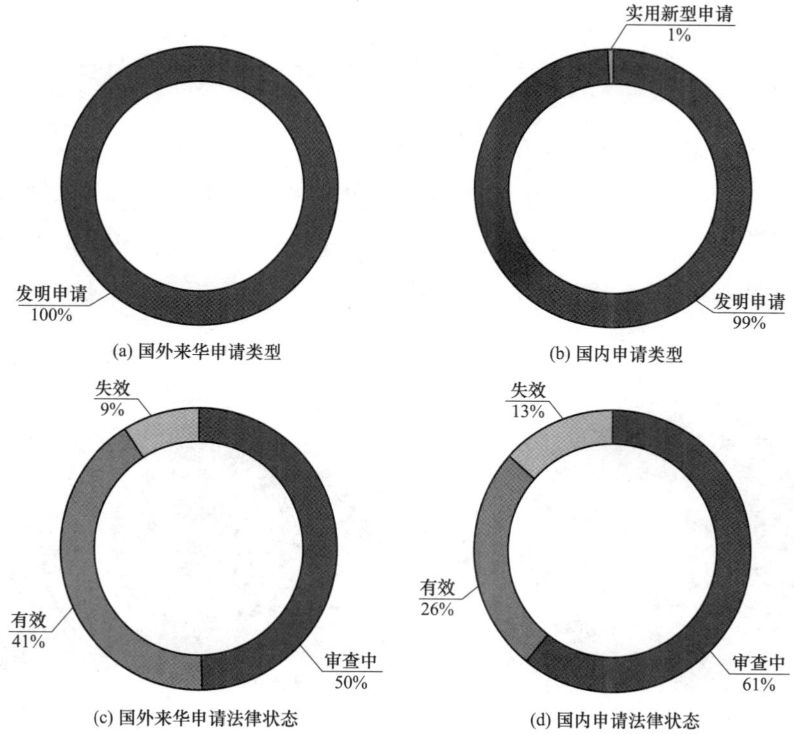

图 3-6 Hadoop 技术领域国外来华和国内专利申请类型和法律状态

从表 3-1 专利申请法律状态经计算可以看出，国内申请已结案（包括授权、撤回、驳回、权利终止和放弃）的案件中，驳回占比只有 15%，授权为 65%，说明 Hadoop 技术的相关专利申请授权比例较高，这也是前沿领域的一个普遍的特点：这些领域产业化程度还不够高，研发的原创性较高。同样地，国外来华的专利申请相对国内专利申请驳回比例较低，只有 5%，授权比例高达 81%，说明国外申请人的专利申请原创性更高一些，技术更加领先。基于美国作为 Hadoop 技术原创国，以及韩国、日本等国的各大公司竞相展开投入和研发的事实，这些结果也是可以预期的。

表 3-1　Hadoop 技术领域国外来华和国内专利申请法律状态　　单位：件

法律状态	国内		国外来华	
	发明	实用新型	发明	实用新型
实质审查	2171	0	107	0
授权	939	23	86	0
撤回	233	0	12	0
驳回	218	0	5	0
公开	181	0	10	0
权利终止	50	7	3	0
放弃	8	0	0	0
总计	3800	30	223	0

2. 国外来华专利申请人国别分布

图 3-7 显示了国外来华专利申请人国别分布情况。可以看出申请人分布比较集中，美国专利申请量最多，占 70%；其次是日本，位居第二，占 10%；韩国、德国和英国分别占 6%、4% 和 2%，所占比重不大；其他国家占据份额较小，总和只有 8%。

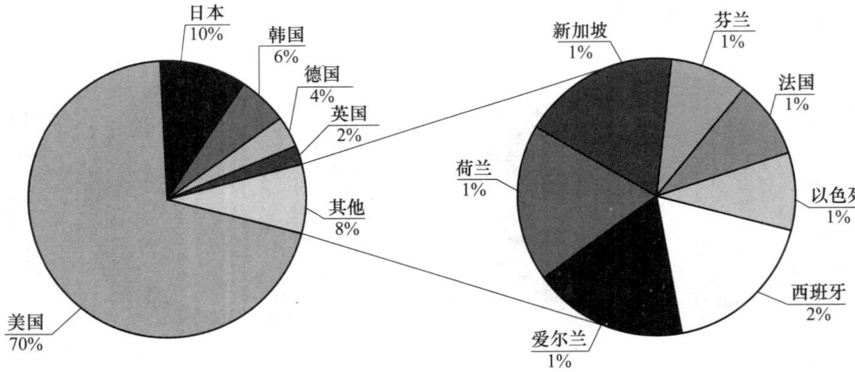

图 3-7　Hadoop 技术领域国外来华专利申请人国别分布

3. 主要国家在华专利申请趋势

图 3-8 示出了 Hadoop 技术主要国家在华专利申请趋势。可以看出，美国在华专利申请量整体多于日本和韩国，并且在 2007~2011 年呈缓慢上升趋势，2012~2014 年呈快速上升趋势，并于 2014 年达到峰值，2014 年之后呈下降趋势。总体来看，美国申请人比较重视中国市场的专利布局。韩国和日本在华专利申请量较少，二者分别于 2011 年和 2012 年在中国市场开始专利布局，比美国晚了五六年，可见韩国和日本在华进行专利布局的意识相较于美国起步较晚。对于日本和韩国在华申请趋势，两者在华专利申请量均保持在较低水平，表明日本和韩国申请人对中国市场 Hadoop 技术布

局重视程度较低。

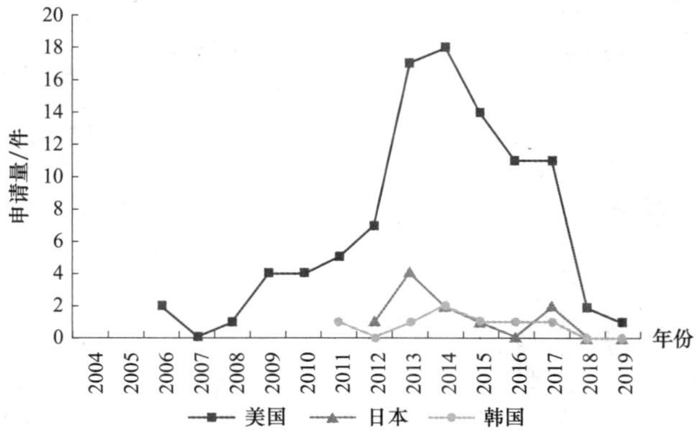

图 3-8　Hadoop 技术领域主要国家在华专利申请趋势

4. 主要国家在华专利申请技术分布

图 3-9 示出了主要国家在华专利申请技术分布情况。美国在华专利申请中 MapReduce、HDFS、Hive 以及 Hbase 均有涉及，尤其以 MapReduce 最为突出；而日本在华专利申请中涉及的重点技术是 MapReduce、HDFS 以及 Hbase，Hive 技术属于日本在华专利申请技术的空白点；韩国在华专利申请中涉及的重点技术是 MapReduce 和 HDFS，Hbase 以及 Hive 技术属于韩国在华专利申请技术的空白点。

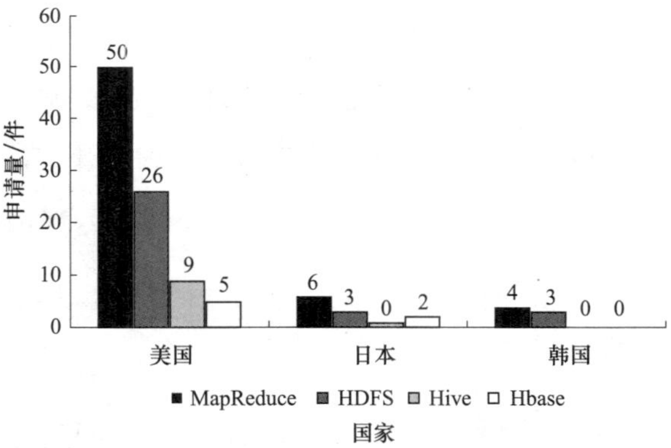

图 3-9　Hadoop 技术领域主要国家在华专利申请技术分布

（六）中国重点技术专利申请情况

1. 中国重点技术专利申请趋势

图 3-10 示出了中国二级技术分支的专利申请情况。分析可知，中国二级技术分支中申请量排名前五的为 MapReduce、HDFS、Hbase、Spark 以及 Hive，这与全球重点技术排名稍有差别，但是与全球重点申请人 IBM 的研究重点一致。可见，国内申请对技术发展比较关注。与全球申请情况一致的是 MapReduce 在国内也属于核心技术，并保持申请量第一的地位，可见该技术也是国内申请人研究的重点。Spark 技术的排名第四，与全

球重点申请人 IBM 的情况类似，表明国内申请人对新兴创新技术的敏感度较高。但是，Hive 的专利申请量不足，说明国内对该技术的研发不够深入。

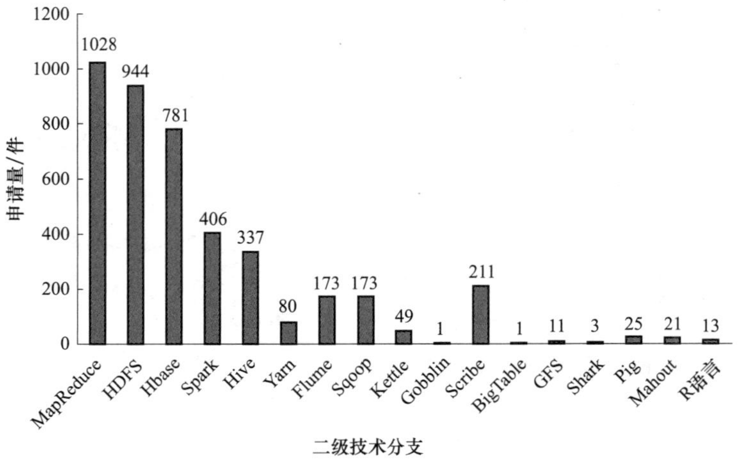

图 3-10　Hadoop 技术领域中国二级技术分支的专利申请对比

图 3-11 示出了中国重点二级技术分支专利申请趋势。从整体趋势上来看，上述重点技术近年来专利申请量均持续上升，并分别于 2017 年或 2018 年达到专利申请量最高。其中，MapReduce 于 2007 年起步，属于上述重点技术分支中起步最早的技术；而 HDFS 的相关申请紧随 MapReduce；Hbase、Spark 以及 Hive 发展起步较晚。Hbase 的申请趋势与 MapReduce 和 HDFS 的申请趋势一致，处于快速发展阶段。Spark 技术起步虽然最晚，但是结合申请趋势可知，该技术于 2015 年之后超过 Hive 技术，属于热点研究技术。虽然上述技术的专利申请量于 2018 年有所下降，但是这与专利公开的性质有关。可以预见的是，随着更多专利的公开，之后专利申请量会持续上升，上述技术仍是国内研发的重点。

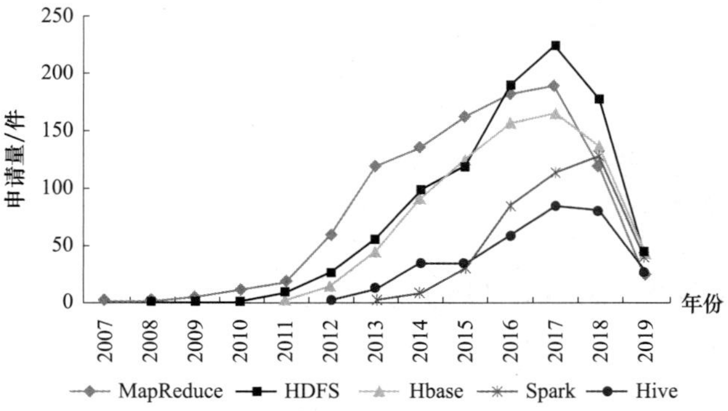

图 3-11　Hadoop 技术领域中国重点二级技术分支专利申请趋势

2. 中国重点技术主要区域分布

图 3-12 示出了中国重点技术主要区域分布。从专利申请技术分布数据可以看出，大部分主要区域 MapReduce 的专利申请量都大于其他分支，尤其是江苏，在 MapReduce

方面的申请量约为 Hive 的 3 倍和 Hbase 的 2.5 倍。山东对于 Hbase 较为关注，多为针对数据存储改进的专利申请。在 HDFS 分布式文件存储方面，主要区域保持着相对较高比例的申请。

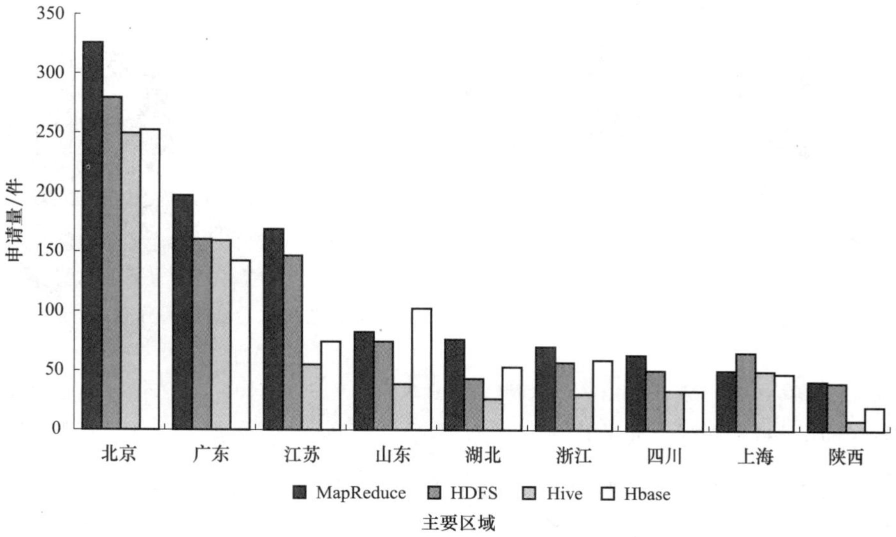

图 3-12 Hadoop 技术领域中国重点技术主要区域分布

3. 中国重点申请人技术分布

图 3-13 示出了中国重点申请人各技术分支专利分布。结合图 3-14 中国重点申请人排名情况分析可知，国家电网公司、北京京东尚科信息技术有限公司及郑州云海信息技术有限公司在重点技术分支 MapReduce、HDFS、Hive、Hbase 的专利申请总量约等于其各自在全国 Hadoop 的申请总量，可见，上述公司对 Hadoop 的专利布局主要集中在上述重点技术，对其他技术分支涉猎较少。而阿里巴巴及华为技术有限公司在上述四个重点分支的专利申请量约占其各自 Hadoop 技术的 1/3，可见，阿里巴巴及华为技术有限公司在布局重点技术分支的同时，也广泛布局 Hadoop 其他新兴技术领域。作为中国互联网领军企业，阿里巴巴及华为技术有限公司在 Hadoop 领域正努力寻找新的技术创新，而国家电网公司在上述四个技术分支中的申请量相对均衡。

同时，重要申请人也在各个重点分支呈现不同的布局特点。阿里巴巴及华为技术有限公司将重点放在了 MapReduce 层级的布局；而国家电网公司则较为均匀地在四个分支进行布局；郑州云海信息技术有限公司作为新兴大数据处理企业在排名前五申请人中的 HDFS 分支专利申请数量最多；北京京东尚科信息技术有限公司则将 Hive 方面作为重点布局且该项专利申请量名列 5 位申请人之首。可见，各申请人的专利申请均依据其业务特点进行了多样化的专利布局。

宽带移动通信网

轨道交通

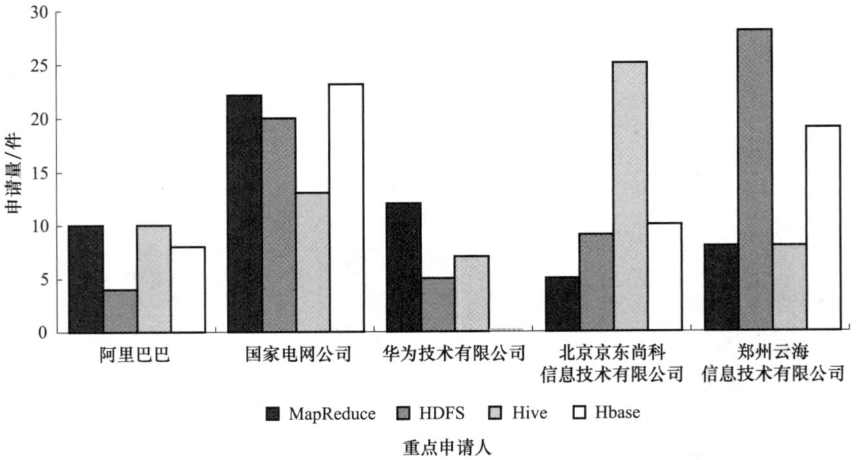

图 3-13　Hadoop 技术领域中国重点申请人各技术分支专利分布

4. 中国重要申请人分析

为更好地分析国内申请人的申请特点，选取了专利申请量最多的阿里巴巴以及重点技术专利申请量较为均衡的国家电网公司为代表，从专利申请的角度进一步分析其专利申请总体情况和研发方向，找出共性和差异。

（1）阿里巴巴

图 3-14 示出了阿里巴巴 Hadoop 技术领域专利申请的法律状态。阿里巴巴重视创新和知识产权的保护，在国内企业申请人申请量排名中居第一位。就阿里巴巴整体申请情况而言，处于实质审查状态中的占 60%，授权的占 34%，驳回的占 4%，另有 2% 的申请处于公开状态，由此可知，阿里巴巴的专利申请中技术创新程度较高。

图 3-15 示出了阿里巴巴专利申请的有效性。从图 3-15 可以看出，阿里巴巴目前在审状态的申请占 62%，处于有效状态的申请占 34%，处于失效状态的申请占 4%。由此可知，阿里巴巴的专利申请中核心技术占有一定比例，并且目前仍处于维持状态。可见，阿里巴巴的技术创新在同领域申请人中占有明显优势。

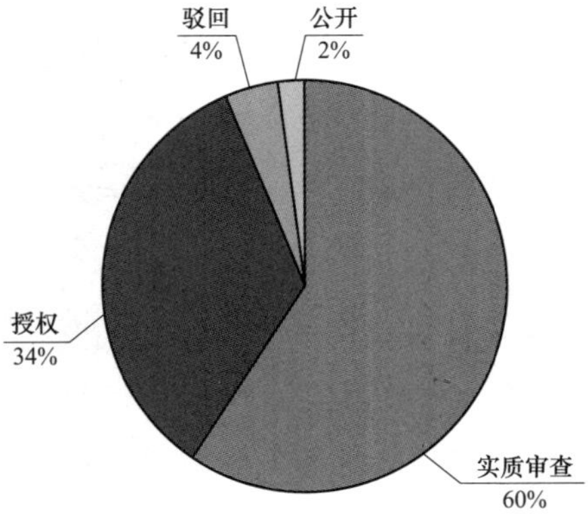

图 3-14　阿里巴巴 Hadoop 技术领域专利申请的法律状态

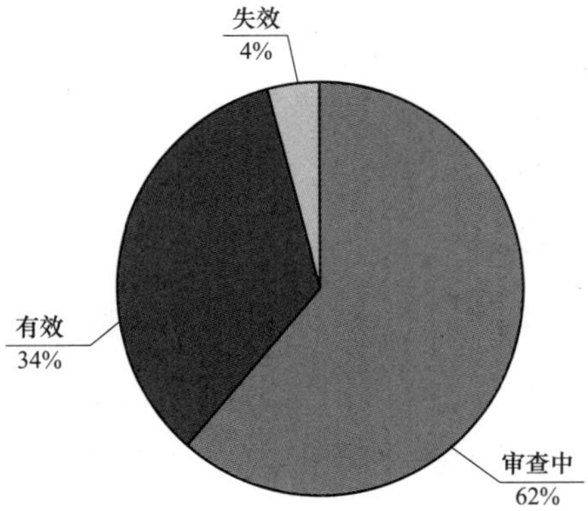

图 3-15　阿里巴巴 Hadoop 技术领域专利申请的有效性

（2）国家电网公司

图 3-16 示出了国家电网公司的技术研究方向。国家电网公司研究方向主要是 MapReduce、Hbase、HDFS 以及 Hive 四方面。图 3-16 显示其 Hbase 的相关专利为 23 项，MapReduce 的相关专利为 22 项，HDFS 的相关专利为 20 项，Hive 的相关专利为 13 项，并且经研究发现国家电网公司和高校、企业均有合作。比如其和上海交通大学合作申请的专利（公开号为 CN106528786A）已获得专利权，和山东鲁能软件技术有限公司合作申请的专利（公开号为 CN106777141A）也已获得专利权。

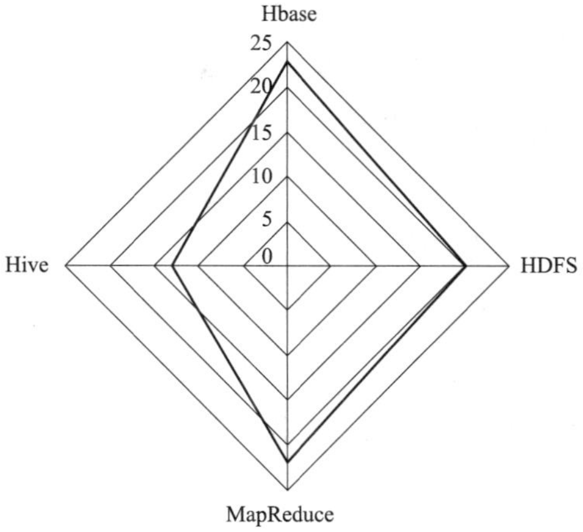

图 3-16 国家电网公司 Hadoop 技术领域各分支申请分布

注：图中数字表示申请量，单位为项。

图 3-17 示出了国家电网公司的重要发明人。通过对重要发明人分析，可以获知对于 Hadoop 技术影响度较大的发明人，如马艳、陈玉峰、郭志红等；发现上述重要发明人主要以合作形式参与创新，并作为团队的核心，指导团队的研发工作。事实证明，每一项 Hadoop 核心技术的研发和突破都离不开一个强大团队的支持。

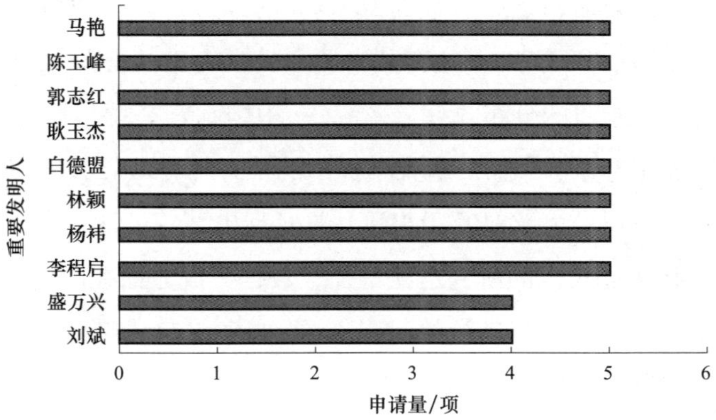

图 3-17 国家电网公司 Hadoop 技术领域重要发明人专利排名

四、技术分析

Hadoop 技术的数据处理主要集中在数据集成、数据存储、编程模型以及数据分析四大技术，因此，下面具体对 Hadoop 的上述四大数据处理技术的发展脉络进行分析；而根据全球相关技术专利分析可知，MapReduce、HDFS、Hive、Hbase是目前全球专利申请量最高的技术，属于技术研究重点，下面对上述重点技术的发展脉络进行分析。

（一）专利技术发展脉络

图4-1示出了Hadoop涉及的专利技术发展脉络。在了解Hadoop整体以及相关技术的专利申请情况后，我们对涉及的技术以及相关专利进行分析，以获知Hadoop相关技术的发展情况。

1. 数据集成

数据集成在Hadoop系统中主要完成对于数据和日志的采集和汇总。在Hadoop技术及其雏形系统诞生和初步发展的2004~2008年，主要由国外申请人对于数据集成中的并行数据采集的相关技术进行了少量研究。谷歌提出的公开号为US7756919B1的专利申请（分布式并行处理环境中的大规模数据处理）通过改善数据采集的并行处理方法减少了数据的集成负载。在2009~2011年，随着Hadoop核心技术MapReduce和HDFS的技术研究和开发侧重，数据集成也开始转移到数据采集和MapReduce或HDFS等系统的集成协调上，如公开号为US2010257198A1的专利申请（将MapReduce集成到分布式关系数据库中的装置和方法），日立提出的公开号为JP2012022558A的专利申请（分布式计算系统）；并且此时中国的企业也开始从MapReduce入手对于数据集成进行研究，如中国移动通信提出的公开号为CN101799809A的专利申请（数据挖掘方法和数据挖掘系统）采用了MapReduce完成了数据挖掘集成的效率提升。2012~2014年，Hadoop相关技术的研发数量逐步增加，数据集成重点上升到Hadoop内部各子系统的协调处理，如SAP公司提出的公开号为US2014089331A1的专利申请和日立提出的公开号为US2012016816A1的专利申请（并行机器学习的分布式计算系统）；中国则有一批高校针对Hadoop的底层数据集成算法进行研究与分析，如山东大学提出的公开号为CN102638566A的专利申请，北京理工大学提出的公开号为CN102708088A的专利申请等。2015~2019年，随着大数据云时代的到来，Hadoop技术的研究迅猛增加，数据集成方面在国内的研究则扩展至领域应用上，基于各领域特点内容进行的Hadoop数据集成专利申请数量明显增长，如中建集团提出的公开号为CN105205189A的专利申请（基于容器的BIM模型与高速采集数据系统的集成方法），国家电网公司提出的公开号为CN105787089A的专利申请（一种配电网规划基础数据集成方法）；但国外各大公司仍坚持在MapReduce等系统协调集成进行更深一步的研究，如IBM提出的公开号为US2018052714A1的专利申请（多租户分布式文件系统中的优化资源计量），IBM提出的公开号为US2015356149A1的专利申请（MapReduce框架集成模型中的数据分区大小调整），表现出外国公司对于基础技术层面研究的重视。

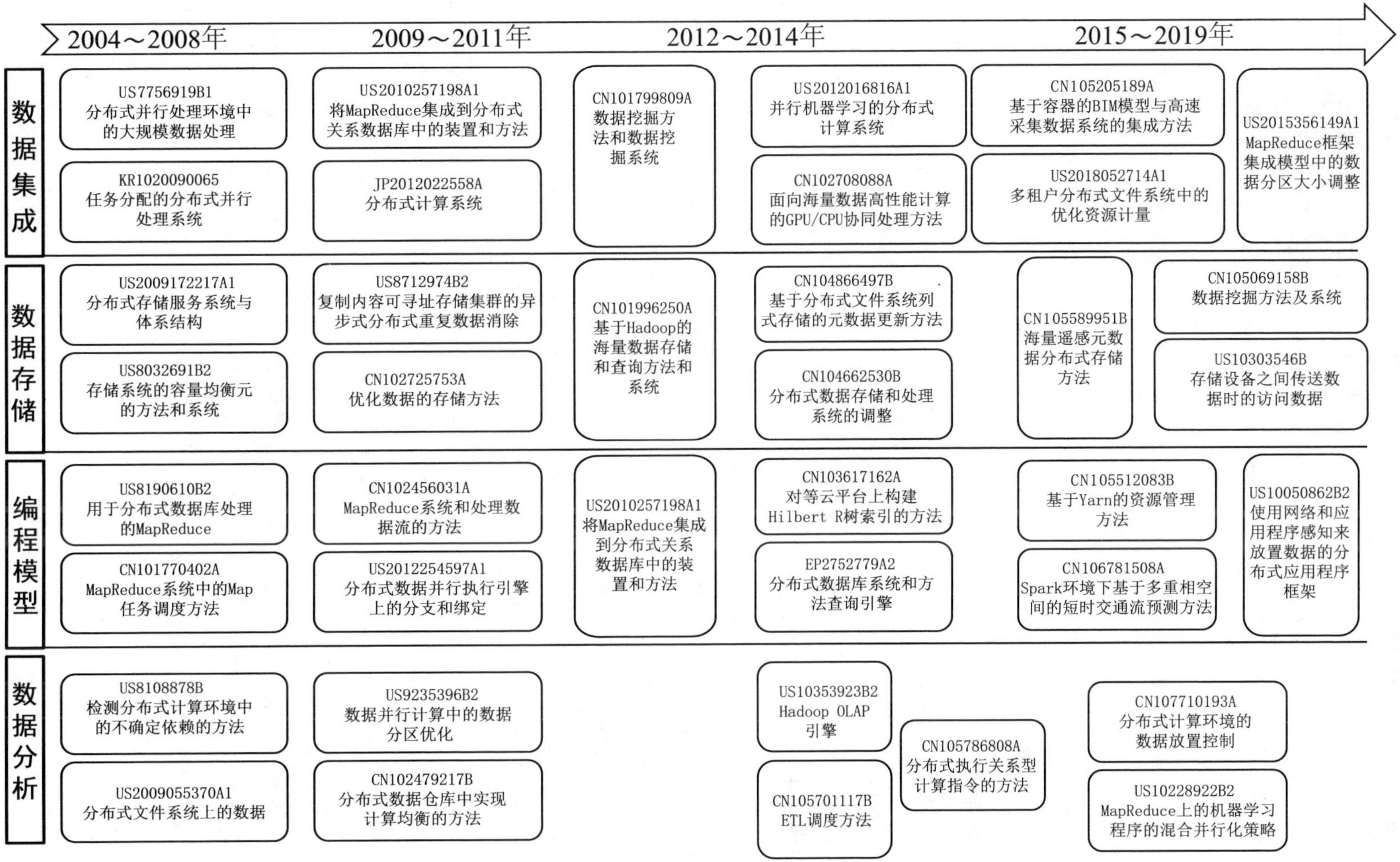

图 4-1　Hadoop 技术领域专利技术发展脉络

2. 数据存储

Hadoop 的核心存储技术为 HDFS，属于海量数据存储的管理平台，在 Hadoop 研究初期 2004~2008 年，以分布式存储体系和结构的探索与研究为主，如闪迪公司提出的公开号为 US2009172217A1 的专利申请（分布式存储服务系统与体系结构）和甲骨文公司提出的公开号为 US8032691B2 的专利申请（存储系统的容量均衡元的方法和系统），可以初步解决大容量存储设备的结构限制，提供了跨平台服务的研究基础。2009~2011 年，存储性能的研究在并行数据处理的基础上，对于异步分布式对象处理模型和共享存储进一步细化。谷歌在美国和中国均针对异步式分布式对象的处理进行了大量的专利布局，如公开号为 US8712974B2 的专利申请（复制内容可寻址存储集群的异步式分布式重复数据消除）和公开号为 CN102395967A 的专利申请（用于复制可寻址存储集群的异步分布式对象上载）。中国的公司与研究所也对 HDFS 和 Hbase 为首的 Hadoop 存储系统展开重点研究与应用，如华为技术有限公司提出的公开号为 CN102725753A 的专利申请（优化数据的存储方法）和中科院计算机所提出的公开号为 CN101996250A 的专利申请（基于 Hadoop 的海量数据存储和查询方法和系统），通过改善存储结构中的概要信息提高了数据的存储和查询效率。2012~2014 年，中国的高校和企业对于 HDFS 和 Hbase 等 Hadoop 数据存储的研发量快速增长。河海大学、华为技术有限公司等重点放在存储中的元数据存储优化和更新，如河海大学提出的公开号为 CN103577123B 的专利申请（基于 HDFS 小文件优化存储方法）和华为技术有限公司提出的公开号为 CN104866497B 的专利申请（基于分布式文件系统列式存储的元数据更新方法）。日立、IBM 和英特尔等国外大公司则重点考虑数据存储与数据其他处理操作的协同关系，如日立提出的公开号为 CN10569213A 的专利申请（分布式无线共享存储系统）通过根据其他节点的副本数据重构存储数据，保障节点的数据迁移时，主机的 I/O 处理不中断；英特尔提出的公开号为 CN104662530B 的专利申请（分布式数据存储和处理系统的调整）对分布式系统存储性能进行评估选择合适的存储配置。2015~2019 年，随着物联网等人工智能技术的兴起，中国企业和高校对于上层应用和数据存储的结合以及网络数据安全的研究逐渐增多，如中国科学院计算机中心提出的公开号为 CN105589951B 的专利申请（海量遥感元数据分布式存储方法）利用了新出现的 Spark 技术；携程公司提出的公开号为 CN105069158B 的专利申请（数据挖掘方法及系统）结合 Hbase 保障网络数据安全。国外重点研究则在于数据存储引发的数据传输和任务执行的效能提升上，如 IBM 提出的公开号为 US10303546B 的专利申请（存储设备之间传送数据时的访问数据）和 SAS 公司提出的公开号为 US9703789B2 的专利申请（分布式数据存储和检索）。

3. 编程模型

Hadoop 的核心数据处理技术 MapReduce 是一种分布式计算模型，并且是一个开源平台，人们可以自由使用该框架进行并行程序编程。在相关方面中国起步时间与国外相差不大并在近几年发展速度赶超美国。2004~2008 年研究初期，主要由国外和少数国内企业进行并行算法的研究，如雅虎公司提出的公开号为 US8190610B2 的专利申请（用于分布式数据库处理的 MapReduce）和中国移动通信提出的公开号为 CN101770402A 的专利申请（MapReduce 系统中的 Map 任务调度方法）。2009~2011 年，国内对于数据编程处理的研究重点依然放在 MapReduce 的并行处理分析上，如中国移动通信提出的公开号为 CN101799809A 的专利申请（数据挖掘方法和系统）和腾讯提出的公开号为 CN102456031A 的专利申请（MapReduce 系统和处理数据流的方法）。国外如 Greenplum 公司和微软公司则对 MapReduce 的具体并行执行引擎以及数据集成的结合协调处理进行研发，如微软公司提出的公开号为 US2012254597A1 的专利申请（分布式数据并行执行引擎上的分支和绑定）和 Greenplum 公司提出的公开号为 US2010257198A1 的专利申请（将 MapReduce 集成到分布式关系数据库中的装置和方法）。2012~2014 年，国内各大高校针对 MapReduce 基础上扩展的 R 树等算法加大了研发力度，如南京邮电大学提出的公开号为 CN103617162A 的专利申请（对等云平台上构建 Hilbert R 树索引的方法）。国外各大公司则将关注重点转移到 MapReduce 和数据存储等资源管理方面的性能优化上，如 Facebook 提出的公开号为 EP2752779A2 的专利申请（分布式数据库系统和方法查询引擎）。2015~2019 年，包括 Yarn 和 Spark 在内的多种计算方法的兴起逐步成为辅助 MapReduce 研究的重点，如华为技术有限公司提出的公开号为 CN105512083B 的专利申请（基于 YARN 的资源管理方法）和杭州电子科技大学提出的公开号为 CN106781508A 的专利申请（Spark 环境下基于多重相空间的短时交通流预测方法）。国外各大公司结合网络技术的提升进行了大量的专利布局，如 IBM 提出的公开号为 WO2016113153A1 的专利申请（分布式 MapReduce 网络）和 CISCO 提出的公开号为 US10050862B2 的专利申请（使用网络和应用程序感知来放置数据的分布式应用程序框架）。

4. 数据分析

数据分析属于 Hadoop 较为上层的处理流程，主要完成数据的搜索和分析，近年来发展起来以 Hive 为主的数据分析方法。2004~2008 年，国内外的相关研究较少，主要集中在对于数据处理外部环境的分析与检测上，如公开号为 US8108878B 的专利申请（检测分布式计算环境中的不确定依赖的方法）和公开号为 US2009055370A1 的专利申请（分布式文件系统上的数据）。2009~2011 年，国内外对于数据并行处理和数据搜索的协调处理的研究逐步展开，如微软提出的公开号为 US9235396B2 的专利申请（数据并行计算中的数据分区优化）和腾讯提出的公开号为 CN102479217B 的专利申请（分布式数据仓库中实现计算均衡的方法）。2012~2014年，随着OLAP等技术的发展，基于多技术融合的数据分析技术逐渐成为专利布局重点，如eBay提出的公开号为US10353923B2的专利申请（Hadoop OLAP引擎），华为技术有限公司提出的公开号为CN105701117B的专利申请（ETL调度方法），阿里巴巴提出的公开号为CN105786808A的专利申请（分布式执行关系型计算指令的方法）。2015~2019年，结合上层应用以及数据安全等技术融合的数据分析与整合则成为研发热点，如华为技术有限公司提出的公开号为CN107710193A的专利申请（分布式计算环境的数据放置控制）、IBM提出的公开号为US10228922B2的专利申请（MapReduce上的机器学习程序的混合并行化策略）。

（二）重点技术发展脉络

从图4-2的重点技术分支专利发展脉络可以看出，Hadoop重点技术分支在开始布局的时间上有所差别。以下具体分析每个重点技术分支的发展。

1. MapReduce

MapReduce框架是Hadoop技术的核心。谷歌最早于2004年将该技术申请了专利US7756919B1，指出数据处理过程中分为Map和Reduce两个阶段。之后雅虎于2006年申请了用于分布式数据库处理的MapReduce（US8190610B2），将输入数据集作为多组键/值对，增强了MapReduce编程方法的实用性。随着对国外技术的不断引进，中国对MapReduce也进行了一定研究，如华南理工大学于2007年申请了一种联机分析处理中分布式计算及查询海量数据的方法和系统（CN101183368A），将封闭立方体计算由单机少量数据处理能力扩展到基于集群的大容量数据处理，并在有效地压缩数据立方体的同时，能够充分利用MapReduce带来的实现简易性和可用性。2009~2013年，MapReduce受到国内外各个行业的关注，专利申请量也持续上升。2009年微软提出了一种数据并行计算的通用分布式约简方法（US20100241828A1），通过MapReduce实现高级计算语言的通用分布式数据并行计算。2011年，IBM提出一种用于在MapReduce环境中处理机器学习算法的系统和方法（US20120226639A1），将机器学习算法划分为多个语句块序列，通过MapReduce分别执行上述语句块序列。腾讯提出一种基于MapReduce实现分析函数的方法及系统（CN103902592A）。VMware提出了一种虚拟化环境下Hadoop的自适应任务调度（US20140245298A1），在Hadoop集群的每个任务节点上分配MapReduce任务，实现了共享虚拟化计算环境的其他工作负载改变时，分布式计算应用程序能够扩展。2014年之后，MapReduce技术趋于成熟，国内涌现大量相关专利申请，但是大多偏重于MapReduce的应用。华中科技大学提出一种基于Hadoop多作业环境下的资源调度方法（CN104915407A）。珠海格力电器股份有限公司提出一种基于MapReduce的数据处理系统和方法（CN106354876A）。东北大学提出一种基于MapReduce的大规模数据分布式聚

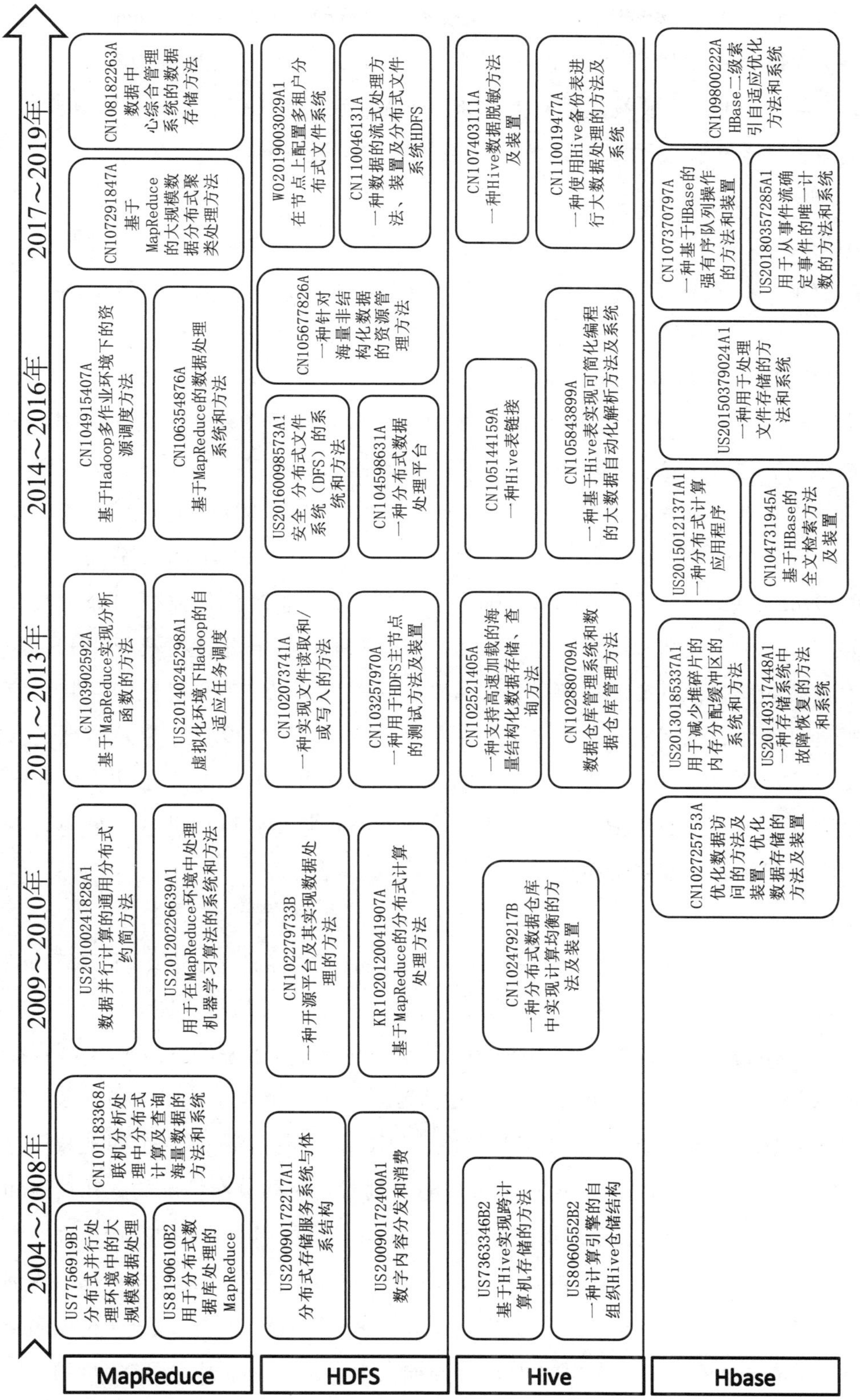

图 4-2 Hadoop技术领域重点技术分支专利发展脉络

类处理方法（CN107291847A）。郑州云海信息技术有限公司提出一种数据中心综合管理系统的数据存储方法（CN108182263A）。从技术发展来看，2004 年之后 MapReduce 技术不断发展，大部分集中于国外技术的改进，而对于其技术的应用主要集中在国内；2014~2016 年该技术趋于成熟，相关技术研究有待突破，相关技术专利申请有所回落，国内外更注重对该技术的运用，其专利范围较广。

2. HDFS

HDFS 技术起始于国外。早在 2008 年，闪迪公司就开始了相关技术的布局，例如，涉及技术领域的改进（US20090172217A1），也包括了安全发布和数字内容消费应用领域（US20090172400A1）。2009 ~ 2010 年，中国的腾讯提出的专利申请（CN102279733B）和韩国东国大学提出的专利申请（KR1020120041907A）均涉足 HDFS 专利布局，且同时期专利申请多为在 MapReduce 处理过程中采用改进 HDFS 存储中间结果的方法。可见，HDFS 专利技术通常与其上层编程模型 MapReduce 紧密相关。2011~2016 年，HDFS 专利申请量迅猛增长阶段，涉及 HDFS 的专利申请延伸至更多互联网领域，例如，文件读取和写入（CN102073741A）、分布式安全（US20160098573A1）、社交媒体（CN104598631A）以及非结构化数据的分布式存储（CN105677826A）。2017~2019 年上半年，HDFS 全球专利申请量相较于 2011~2016 年增长有放缓趋势，但其专利申请量仍很可观，相关申请仍主要聚焦热门互联网应用的大数据处理领域，如多租户分布式文件系统（WO2019003029A1）以及数据的流式处理方法（CN110046131A）。从上述技术发展来看，由于 HDFS 技术早期于国外已发展相对成熟，因此，涉及纯 HDFS 技术改进的专利布局较少；国内外各大公司均更注重 HDFS 在应用领域的专利布局。

3. Hive

APPISTRY 公司于 2005 提出一种基于 Hive 实现跨计算机存储的方法（US7363346B2），存储信息包括多个数据单元，将每个数据单元存储在每个 Hive 数据仓储节点上，实现跨计算机数据的存储。APPISTRY 公司于 2008 年提出一种计算引擎的自组织 Hive 仓储结构（US8060552B2），其实现了将多个 Hive 通信地耦合在一起，每个 Hive 包括多个处理区域和请求区域，实现了信息通信的可扩展性。2010 年腾讯提出一种在分布式数据仓库中实现计算均衡的方法及装置（CN102479217B），通过对字段分布情况的感知功能和查询引擎结合，使数据分散更加合理均衡，加快了 Hive 查询中 MR 任务的执行速度。中国科学院计算技术研究所于 2011 年提出一种支持高速加载的海量结构化数据存储、查询方法（CN102521405A），其针对分布式数据仓库 Hive 中查询效率低进行改进，根据多个查询子任务对分布式缓存的各组数据并发执行分批次查询，并分布式返回查询到的结果，以此提高查询效率。用友软件股份有限公司于 2012 年提出数据仓库管理系统和数据仓库管理方法（CN102880709A），数据分析工具基于数据仓库工具Hive构建，并根据具体业务需要对Hive模块进行调用。Hive技术提出之后在2014~2017年受到各界关注，其专利申请量也随之增长。Facebook提出一种Hive表链接（CN105144159A），通过该表链接减少数据复制量，提升了数据仓储的高效性。炫彩互动网络科技有限公司提出一种基于Hive表实现可简化编程的大数据自动化解析方法及系统（CN105843899A），将Hive表中每条数据转换成Java匿名类对象，在进行大数据处理保持数据灵活性的同时，提高了数据解析的速度和准确性。电子科技大学提出一种大数据联机分析处理系统和方法（CN106372114A），针对大规模数据集上的Hive多维查询性能优化问题，提高了不同规模级别数据多维查询的可扩展性和高效性。中国民航信息网络股份有限公司提出一种Hive数据脱敏方法及装置（CN107403111A），通过Hive数据仓库解决了现有技术中采用非分布式的脱敏处理而导致效率低下的技术问题。航天信息股份有限公司提出一种使用Hive备份表进行大数据处理的方法及系统（CN110019477A），每次只抽取增量数据，并将历史数据存储在Hive表中，在根据增量数据计算数据变化趋势等重复信息计算时，只需从Hive表中直接提取数据，大量节省了开发过程中不断重复计算的时间，提高了针对增量数据的大数据运算效率。

4. Hbase

Hbase起源于谷歌论文“BigTable：用于结构数据的分布式存储系统”。[9] Hbase最早相关专利申请为2011年中国的华为技术有限公司提出的专利申请（CN102725753A），该专利申请公开了在Hbase作为MapReduce的数据来源时，通过指定多个数据输入范围来减少无效数据的读取，提高数据处理效率。同时期，美国的CLOUDERA公司提出的专利申请US20130185337A1涉及用于减少堆碎片的内存分配缓冲区的方法。2014~2016年，VMWare公司的专利申请US20150121371A1请求保护多租户分布式计算与数据库涉及的Hbase存储技术。中国的浪潮集团有限公司的专利申请CN104731945A通过将Hbase与Solr引擎相连接，使在进行全文检索时，Hbase的服务器端将全文检索的查询请求转发至Solr引擎，由Solr引擎进行全文检索，从而提高查询效率。IBM的专利申请US20150379024A1涉及一种基于Hbase以及HDFS对小文件存储提高性能的方法。2017~2019年，百度公司的专利申请CN107370797A涉及一种基于Hbase的强有序队列操作的方法和装置。Salesforce公司的专利申请US20180357285A1，公开了一种用于从事件流确定事件的唯一计数的方法和系统，该计数方法具体为：定义了事件集合参数，当事件发生时，将获取与该事件相关的信息，并使用这些信息创建Hbase行键；当Hbase行键尚未包含在Hbase表中时，Hbase行键将添加到Hbase表中。中国科学院信息工程研究所的专利申请CN109800222A公开了通过构建Hbase二级索引提高数据处理效率的方法。由上述技术发展脉络可见，Hbase专利申请多涉及对Hbase存储结构改进的专利布局，而纯应用的专利布局则相对较少；目前专利布局多为国内外大中型互联网公司，少量涉及高校、科研院所。

五、结论

（一）技术发展现状及趋势预测

Hadoop 分布式系统架构技术凭借其高容错性、高吞吐量、高速的运行及存储优势，受到众多国家及互联网龙头企业的关注。本文对 Hadoop 技术现状及其全球和中国专利进行了分析，并对其相关技术的发展脉络进行了梳理，有助于读者对当前 Hadoop 的发展态势有一个宏观的认识。

1. Hadoop 技术全球专利申请前景广阔，中国申请量稳居全球第一，美国紧随其后

Hadoop 相关技术的专利申请始于 2004 年。2009 年以后，Hadoop 相关技术的专利申请量快速增长，并且在 2016 年达到峰值，之后略有下降，但年均申请量仍然保持较高水平，这表明 Hadoop 技术领域有着广阔的发展前景。从专利申请国别分布可以看出，中国的申请量有着绝对的体量上的优势，其专利申请量稳居第一；美国位居次席；韩国和日本也有一定量的专利申请。可见，Hadoop 技术的研究已经受到中国的相关企业以及高校的重视。

2. Hadoop 技术国内产业化程度较高，但中国与全球龙头企业有较大差距

在全球主要申请人前 20 名中，中国申请人占据 12 位，其中，在 12 位中国申请人中企业申请人占据 10 位，可见，Hadoop 技术在中国的技术转换程度较高。此外，虽然在全球主要申请人排名前五位中中国申请人占据 4 席，但排名第一的美国 IBM 专利申请总量高于其余 4 位中国申请人的专利申请总量。可见，中国的 Hadoop 专利申请人虽然在全球主要申请人中占据较多席位，但仍与龙头企业 IBM 存在较大差距，这与国内互联网技术起步较晚的大环境有关。未来，探寻 Hadoop 创新发展的突破点是中国企业增强国际竞争力的关键。

3. 中国与技术发达国家相比，Hadoop 技术综合研发实力仍有显著差距，相关技术综合研发虽起步较晚，但后劲十足

从中国专利申请的法律状态来看，中国专利申请虽然申请量较多，但国内申请人的已结案发明专利申请的授权率仅为 65%，远低于国外来华申请人 81% 的专利授权比率。同时，国内申请人授权后专利权终止在已结案发明专利申请中所占比例为 3%，高于国外来华申请人授权后专利权终止的比例。因此，中国专利申请数量虽多，但质量稍显不足，综合研发实力与国外仍有差距。

结合中国和全球重点技术的专利申请趋势可知，中国的相关专利申请始于 2007

年，晚于全球首例专利申请出现的 2004 年；中国专利申请的各技术分支申请量在 2011~2013 年呈现显著增长趋势，2014~2015 年增长速度放缓或略有下降，2016~2017 年呈上升并且波动的变化趋势；而国外申请中各技术分支在 2010~2013 年为增长趋势，自 2014 年以后呈现下降且波动的变化趋势。可见，单从申请趋势上来看，国内申请各技术分支的发展趋势仍然呈现上升趋势，且数量居多，所以，中国 Hadoop 技术研发后劲十足。

4. Hadoop 技术的研发模式单一，企业与企业、企业与高校合作方式值得推荐

国内研发模式大多属于独立研发，而通过主要申请人排名以及申请人类型分析可知，国内申请人中高校和科研院所占据 1/3 以上，国外来华申请人中高校和科研院所占比较少，可见国内企业产业化程度较高。由此可知，高校、科研院所等作为国内研发基础，企业作为产业化转化核心，双方缺乏联动，并且主要申请人中企业和企业之间的交流和借鉴同样较少。通过专利分析可以看到，国家电网公司与上海交通大学、山东鲁能软件技术有限公司进行的合作研究取得了良好的实践效果，体现了企业技术研发和学术研究方向的合作共赢，这种联合研发方式值得推荐。

5. Hadoop 技术领域中的编程模型技术是未来重要的发展方向，MapReduce 与 HDFS 是 Hadoop 技术绕不开的课题

Hadoop 技术中编程模型技术是申请量最多且发展趋势最为明显的技术，而该技术中涉及的 MapReduce、HDFS 的专利申请总量占该编程模型技术专利申请量的 45%，这与 Hadoop 的核心技术有关。其中 MapReduce 是 Hadoop 技术的核心，HDFS 是 Hadoop 中数据存储和管理的支撑，所以上述两个核心技术仍是未来的重要发展方向。

6. Spark 技术是未来新兴技术发展的重点，值得企业、高校关注

结合全球和中国重点技术专利申请趋势以及 IBM 重点技术专利申请状况可知，Spark 技术的专利申请量在全球重点技术申请量中排名第五，而 IBM 对该技术的专利申请量在全球重点技术专利申请量中排名第三；在中国专利申请中 Spark 专利申请量在重点技术专利申请量中位居第四，并且 IBM 近几年涉及的 Spark 专利申请较多。可见，Spark 技术将成为今后创新技术发展重点之一。

（二）对我国 Hadoop 技术的发展建议

目前我国涉及 Hadoop 研究的单位主要有阿里巴巴、国家电网公司、华为技术有限公司、北京京东尚科信息技术有限公司、华中科技大学等公司和高校，研究的方向主要涉及 MapReduce、HDFS、Hbase 的技术研发与创新。现阶段中国主要专利申请更多地涉及相关技术的应用，例如，分布式数据处理、小文件的读取等。虽然相对国外的差距仍然很大，但是 Hadoop 技术作为分布式技术领域的热门研究技术，其发展受到政府和研究者的高度重视。根据中国的发展现状，对 Hadoop 技术提出以下建议。

1. 我国知识产权相关部门应及时发布 Hadoop 技术专利预警信息，为我国大数据分布式行业提供决策信息辅助

Hadoop 作为分布式技术中比较新兴且重要的技术，在我国正处于研究性阶段，专利申请量快速增长。及时掌握国内外 Hadoop 技术相关专利的发展动向，掌握 Hadoop 技术的发展趋势，对重点技术进行跟踪和预警，有利于指导我国大数据分布式行业调整研发思路、提高研发效率。

2. 加强企业与高校、科研院所之间的合作，形成产、学、研联动格局，促进产业化不断走向深入

数据显示我国现阶段 Hadoop 产业化程度较高，在中国专利申请中企业申请占据主导地位。然而，专利申请内容大多偏向于技术的应用，可见，我国对 Hadoop 底层技术的研发还有待进一步提高。企业应联合高校及科研院所进一步探索 Hadoop 技术的研发突破点，从而提升理论研究和技术前沿的跟踪优势。应促进大学、科研院所与企业合作，提高共同研发能力，形成产、学、研联动格局，提高我国 Hadoop 技术核心竞争力。加强交流，充分发挥各自优势，推动 Hadoop 技术的全面发展。

3. 以重点研究技术以及新型技术为切入点，逐步推进 Hadoop 技术方面的研究，加强自主创新技术在实际应用方面的转化能力

根据 Hadoop 技术分析可知，目前 MapReduce 与 HDFS 作为 Hadoop 的核心技术，二者的技术研发已经逐渐进入相对成熟阶段；Hive 与 Hbase 技术是该领域的重点研究技术；Spark 技术成为近年的新兴技术。国内关于 Hadoop 技术的研发能力不足，可以从 Hive、Hbase 重点研发技术以及 Spark 新型技术着手进行研发，而对于核心技术可以从其应用角度进行扩展，在对技术加强研发的同时对核心技术进行应用方面的转化。

4. 提高专利保护意识，对重点专利及时进行海外布局

根据对全球重点申请人以及专利申请趋势的分析可知，全球重点申请人中国内申请人较多；国内申请人比较重视国内市场的专利布局，但是在国外专利申请的质量和数量均不能达到世界领先水平。因此，我国申请人应该提高专利保护意识，学习和借鉴国外优秀企业的专利申请和保护策略，注意自身专利的挖掘和优化组合，形成一定量的专利组合，提前对国外潜在市场进行专利布局。

参考文献

[1] 李晓玮. 浅谈大数据 Hadoop 技术 [J]. 电脑知识与技术，2017，(11X)：10-11.

[2] 杨帆. 大数据分析平台 Hadoop 的构建与研究 [J]. 电脑知识与技术，2019，(5X)：28-30.

[3] 夏靖波．云计算中 Hadoop 技术研究与应用综述 [J]. 计算机科学，2016，(11)：6-11.

[4] 李元亨，邹学玉．Hadoop 综述 [J]. 电脑知识与技术，2011，(3X)：8-9.

[5] 陈叶琪，李权威，宋燕燕，等．基于 Hadoop 的云计算平台安全机制研究 [J]. 福建电脑，2016，35 (2)：6-9.

[6] 张海涛．基于 Hadoop 的大数据计算之研究 [J]. 科技论坛，2019，(4)：119-120.

[7] 刘军 . Hadoop 大数据处理 [M]. 北京：人民邮电出版社，2015：35-51.

[8] 刘红敏．大数据分析平台 Hadoop 的关键技术 [J]. 电子技术与软件工程，2018，(4)：161-162.

[9] CHANG F, DEAN J, GHERNAWAT S, et al. BigTable：a distributed storage system for structured data [J]. ACM Transactions on Computer Systems, 2008：26.

基于虚拟机的资源分配专利技术综述*

刘　瑛　吴士芬　唐田田

摘　要　电子商务和各类网络服务应用已成为当下新兴的产业方向。与传统的科学计算类型应用相比，新兴的商业应用的显著特征是强交互性和资源需求弹性化。为满足强交互性应用严苛的性能要求，服务提供商在控制成本的大前提下，需加强资源供给分配的能力。在此市场背景下，大量云计算平台应运而生，为中小企业和个人用户提供强大的计算资源。虚拟化技术作为云计算平台的核心技术之一，可以将各种物理计算资源虚拟成相应的逻辑资源，从而让一台服务器转化成几台甚至上百台相互隔离的虚拟机，让 CPU、内存、磁盘、I/O 等硬件变成可以动态管理的“资源池”，最终提高系统资源利用率，实现服务器整合。虚拟化技术使云计算平台的计算能力成为如水电一般的、可提供给广大用户的公用设施。本文旨在介绍云计算平台下基于虚拟机的资源分配领域核心技术的国内外发展情况，并分析了该领域内整体专利申请情况，对各技术分支进行了专利分析，最终给出了较为完整的技术发展路线。分析该领域技术的专利布局，了解该领域的竞争态势，对该产业在激烈的全球市场竞争中保护自身价值、寻求发展出路具有重要的现实意义。

关键词　云计算　虚拟化　负载均衡　迁移

一、概述

（一）云计算的兴起

云计算的兴起实际上是计算模式演化的产物。随着通信技术的发展，计算模式从最初把任务集中交付给大型处理机的模式，到后来发展成为基于网络的分布式任务处理模式，再发展到现在最为盛行的云计算模式。最初的单个大型处理机模式处理能力有限，业务请求需要等待，效率低下。随着网络技术的不断发展，按照高负载配置的服务器集

---

* 作者单位：国家知识产权局专利局电学发明审查部。

群在遭遇低负载任务请求时，资源的闲置问题日渐突出，从而导致高价采购的服务器闲置，资源利用率低下。面对上述问题，云计算作为一种新兴的资源使用和交付模式迅速得到学术界和工业界认可。云计算实现的基础是网络中各类服务资源的虚拟化，整个服务过程的调度、管理、维护等工作都有专业人员负责，用户不必关心“云”内部如何实现。云计算使数据中心的各种资源成为一种像水或电一样的公用资源并可提供给广大用户。在无需前期投资的情况下，不同规模的用户都可以通过按需租用的方式，简单安全地获得各自的服务项目。云计算的目标是使用户仅仅通过网络就可以在任何时间、任何地点按需使用虚拟资源池，处理各种规模的计算问题。云计算技术可以被视为虚拟化技术和网格计算技术的融合和发展，其中虚拟化技术是最为重要的技术支撑，是云计算平台下资源分配策略的核心技术基础。

（二）云计算平台下资源分配策略的核心技术支持

1. 虚拟化技术的前世今生

虚拟化技术从萌芽至2019年已有60余年。其萌芽于20世纪50年代末，发展于20世纪六七十年代，经历了20世纪八九十年代的沉默，终于在21世纪初爆发。尤其是1999年X86平台下虚拟化商业系统的实现和2008年云计算的奋起，让作为云环境底层支持的虚拟化技术备受关注。在过去的60余年，虚拟化技术主要经历了以下几个发展阶段，如表1-1所示。

表1-1 虚拟化技术发展历程中的重大事件

年代	发展阶段	重大事件
20世纪70年代前	虚拟化技术的萌芽	• 1959年在国际信息处理大会上，Christopher Strachey发表“大型高速计算机中的时间共享”（Time Sharing in Large Fast Computers）学术报告，第一次提出虚拟化的概念
	虚拟化技术的雏形	• 1963年，麻省理工学院的Mac项目，产生了多路存储计算机系统（Multiplexed Information and Computing System）技术，目的是连接1000台终端机，支持300用户同时上线
	虚拟机和虚拟内存实现	• 1964年科学家L. W. Comeau和R. J. Creasy设计出一种名为CP-40的操作系统，实现了虚拟机和虚拟内存
	第一次在商业系统上实现虚拟化	• 1965年，约克镇IBM研究中心构建一台IBM7044机器，允许用户在一台主机上运行多个操作系统，这是IBM虚拟机概念的开端

续表

年代	发展阶段	重大事件
20世纪七八十年代	虚拟机标准的提出	• 1974年，科研人员Popek和Goldberg在论文*Formal Requirements for Virtualizable Third Generation Architecture*中提出一组虚拟化准则的充分条件，满足该条件的控制程序可以被称为虚拟机监控器（Virtual Machine Monitor，VMM）
	第一次将虚拟化引入存储	• 1978年IBM公司获得冗余独立磁盘阵列（RAID）概念的发明专利。RAID提出将物理设备组合为池，然后从池中切割出一组虚拟逻辑单元。上述虚拟逻辑单元直接供给主机使用。该发明专利第一次将虚拟概念引入存储
20世纪90年代	X86平台虚拟化技术出现	• 1998年，通过在操作系统Windows NT上运行虚拟化软件启动虚拟操作系统Windows 95
	X86商业虚拟化实现	• 1999年威睿（VMware）公司在X86平台上推出了可流畅运行的商业虚拟化软件，虚拟化技术走进个人电脑（PC）世界
21世纪	虚拟化进入主流商业市场	• 2000年惠普公司进军虚拟化，发布nPartition
		• 2003年仅支持半虚拟的虚拟机监视器Xen第一次面世
		• 2003年微软公司收购虚拟服务器软件公司Conncetix，进军桌面虚拟化市场
		• 2004年微软公司宣布Virtual Server 2005计划，虚拟化技术正式从小众市场走向主流市场
		• 2004年IBM公司发布高级电源虚拟化（Advance Power Virtualization），它是IBM公司正式意义上的第一款虚拟化解决方案
		• 2005年英特尔公司首次发布了基于X86平台针对硬件虚拟化的Vanderpool技术细节
		• 2005年虚拟化厂商XenSource发布Xen3.0，被认为是开源代码虚拟机监视器Xen真正意义上的第一个版本
		• 2006年半导体公司AMD进军虚拟化领域；2007年甲骨文公司进军虚拟化领域
		• 2007年红帽（Red Hat）公司在新版企业级操作系统Linux中整合虚拟机监视器Xen；2008年9月红帽公司收购以色列公司Qumranet，由此开启KVM（Kernel-based Virtual Machine）虚拟化技术时代；2009年9月红帽公司发布企业级操作系统Linux 5.4版本，在原有的Xen虚拟化机制上，添加了KVM虚拟化机制；2010年11月红帽公司发布企业级操作系统Linux 6.0版本，将默认安装的Xen虚拟化机制彻底去除，仅提供KVM虚拟化机制

由上述技术发展的时间轴不难发现，虚拟化技术经历了一个漫长的发展过程，从大型服务器端走向 PC 端；并且，随着云计算的出现，虚拟化技术再次迸发出光芒，它将“云”这个虚无缥缈的概念落到了实处，其自身也得到了前所未有的发展。

2. 虚拟化技术概述

“虚拟”是在计算机科学中常用的一种管理手段，它将各种实体资源（比如内存、网络、编程语言）进行抽象映射后呈现，打破实体资源的各种异构（比如架构方式、地域或者物理组态）限制；例如在操作系统中的虚拟内存，个人或者公司常用的虚拟专用网络，以及编程人员常用的 Java 虚拟机。在计算机系统的各个层面，虚拟手段被广泛应用，其类型包括硬件级虚拟化、操作系统级虚拟化、编程语言级虚拟化。本文所关注的是硬件级虚拟化，即系统级虚拟化[1-2]。它是对整个计算机进行抽象映射，通过使用虚拟机监视器（Hypervisor 或 VMM）在一台物理机（Physical Machine，PM）上虚拟出一台或多台虚拟机（Virtual Machine，VM），这些虚拟机相互隔离，运行各自独立的客户机操作系统（Guest Operating System，Guest OS）。

主流的虚拟化工具都具备各自的迁移组件，这些组件为服务器虚拟化提供了便捷的方法。虚拟机的动态迁移实质是在没有断开对外服务的前提下，将虚拟机从源物理机迁移到目的物理机，整个过程对于虚拟机使用者完全透明，仅存在极短的宕机时间。为了保证迁移前后对外服务状态的不间断性和一致性，虚拟机上的 CPU、内存、存储、网络连接等各种状态信息都需要前后同步。

内存迁移流程大体分为三个阶段：

（1）Push 阶段，即将被迁移虚拟机的所有内存页面进行传递，传递完成后，再进行有限次数的迭代传递，传递内容为由内存数据变化而形成的脏页面。当到达迭代传递次数上限或者传递内容小于一个阈值时，Push 阶段完毕。

（2）Stop-and-Copy 阶段，即将剩余的脏页面或者未传递页面的全部内容传递到目的物理机，源虚拟机停止，进入等待模式。目的物理机上的新虚拟机启动，Stop-and-Copy 阶段完毕。

（3）Pull 阶段，即在目的虚拟机启动后，访问内存，检测是否存在错误。若发现错误，需要从源虚拟机内存发起重新拷贝。当访问一定数量内存后仍然没有发现错误，则可关闭源虚拟机，并释放源物理机上资源。整个内存迁移所需要的时间和被迁移的虚拟机的内存大小、内存修改频率、网络传输速率密切相关。迁移的宕机时间则与网络传输速率和脏页面大小相关。

除了内存迁移，网络迁移是另一个比较重要的部分。准确的网络迁移是服务器端和客户端之间保持正确互联和数据正确反馈的前提。在局域网中，具体的实现方法是将源虚拟机的 IP 地址和目的虚拟机的 MAC 地址进行捆绑，然后发送地址解析重定向包。当全新的对应关系形成后，网络数据包将自动发送至新目的虚拟机。在广域网中，可采用IP 隧道技术完成类似过程。

虚拟机一般是以镜像的形式存放在磁盘上，存储设备的迁移可以理解为镜像的迁移。迁移数据量庞大的镜像会耗费大量的时间和网络资源，因此一般采用网络文件系统实现文件共享，即将镜像文件存放在一个服务器上，并设置属性为共享。当虚拟机启动时，通过挂载方式访问该镜像文件即可。

图 1-1 展示了 Xen 平台下动态迁移虚拟机的整个流程。虚拟机 a 承载在源物理机 A 上，迁移操作发生后，虚拟机 a 的所有信息将被传递到目的物理机 B 上，用于生成虚拟机 b。当迁移操作完毕后，虚拟机 a 销毁，并释放其在物理机 A 上所占计算资源。整个流程可分为 6 个步骤：

步骤 1　预迁移：选定目的物理机 B 作为虚拟机接收方，接收到迁移指令。

步骤 2　预留资源：物理机 B 进行自身检查，如果不符合迁移条件，则向虚拟机监视器发送错误信息，告知需要重新选择目的物理机，若满足条件，则发送正确信息，准备迁移。

步骤 3　迭代预拷贝：物理机 A 和物理机 B 之间进入内存迁移的 Push 阶段。

步骤 4　Stop-and-Copy 阶段：虚拟机 a 挂起，网络连接重定向到物理机 B，然后传递虚拟机 a 上各类信息，即 CPU 状态、剩余的脏内存页面等。传递结束后，虚拟机 a 暂时不销毁，防止迁移数据出错。

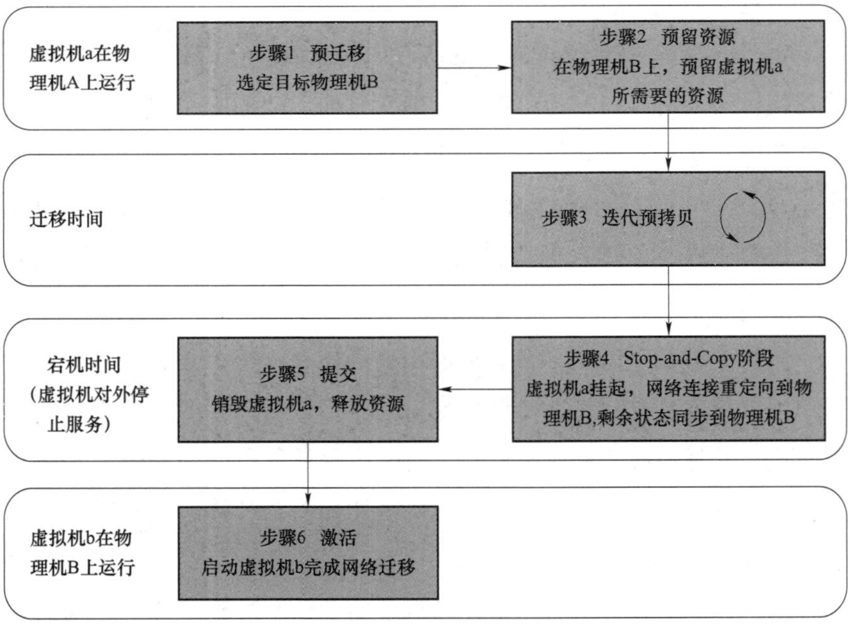

图 1-1　Xen 平台下虚拟机动态迁移流程

步骤 5　提交：物理机 B 检查传递过来的各类信息，当虚拟机 a、b 同步完成，即可销毁虚拟机 a，释放资源。

步骤 6　激活：绑定物理机 A 的 IP 地址和虚拟机 b 的 MAC 地址，完成网络资源迁移，启动虚拟机 b。

云计算平台下资源调度其本质是虚拟化环境下的计算资源的分配，其实现的技术支撑来自于虚拟机的迁移技术。基于各种目标所制定的虚拟机迁移方案，以及对虚拟化迁移技术本身的改进，形成了基于虚拟机的资源分配技术，该技术实现了云计算平台下的资源调度。本文将从发明专利的角度来理清虚拟机资源调度技术的整个发展情况，详细分析该领域发明专利的总体趋势、技术主题分布，从而把握该领域的未来发展方向。

二、专利申请总体情况

本文开展专利分析所选取的数据来自中国专利文摘数据库（CNABS）、世界专利文摘库（SIPOABS）和德温特世界专利索引数据库（DWPI），主要针对相关分类号和关键词进行检索。作为云计算技术支撑的虚拟化技术，此概念的首次提出是在 20 世纪 60 年代，但由于当时微型计算机和个人计算机能够为用户提供更为经济的计算资源分配方式，因此，从 20 世纪 80 年代之后，虚拟化技术不再被广泛应用。直到 20 世纪 90 年代，研究人员开始探索如何利用虚拟化技术解决廉价硬件激增等相关问题时，该技术才再次受到关注，最终在 2008 年云概念的萌发使得虚拟化技术的春天再次到来。基于这样一个发展历程，本文的专利分析起始时间选择 2000 年，截至 2019 年 7 月，涉及相关文献 4817 篇。

（一）全球专利申请总量逐年分布

图 2-1 示出了近 20 年来基于虚拟机的资源分配的全球专利申请趋势状况。自 2000 年起，其技术发展按专利申请的情况主要分为三个阶段。

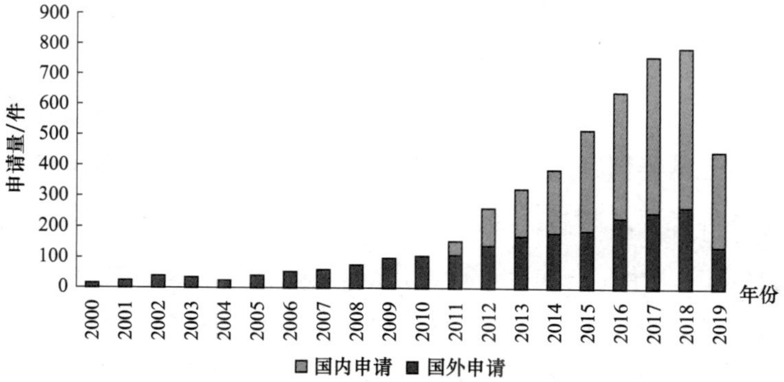

图 2-1　虚拟机资源分配的全球专利申请趋势

萌芽阶段（2000~2010 年）：专利申请的数量增长较为平缓，其主要原因是云计算概念刚刚提出，该领域的研究门槛较高，导致研究人员覆盖范围较小，而且从全球分布来看，研究力量也主要集中在个别美国资深操作系统研发公司。这也与虚拟化技术发展的历程不谋而合：虚拟化技术的基础专利和核心专利大部分也都出现在这一时期或稍早阶段，比如早就使用虚拟化技术的 IBM 公司在此阶段继续申请专利；威睿公司的 Hosted 和 Hostless 的全虚拟化架构基础专利也是从 1998 年开始陆续布局；微软公司从 2003 年收购 Connectix 公司后开始在虚拟化领域申请专利，而其 Hyper-V 技术出现在 2006 年左右。虚拟机监视器 Xen 和 KVM 都属于开源架构，Xen 架构是以论文的形式发表，而 KVM 架构则是发布于开源论坛。英特尔公司发布的产品也是从 2005 年底开始支持虚拟化技术，因此英特尔公司在虚拟化领域的发明专利申请也是从其产品发布前的 2003~2004 年开始布局。在市场的推动下虚拟化技术日益成熟和累积，促进了云计算的发展。

快速增长阶段（2011~2013 年）：在这一阶段，该领域申请人集中布局方向为虚拟化技术的性能优化和功能扩展两方面，比如威睿公司和微软公司都集中布局在数据中心的资源管理、虚拟机配置和管理、虚拟机布局等方面。2008 年思杰公司收购 Xen 以后，其在 Xen 的服务器端和桌面端也都进行了专利申请，并且部分还涉及移动端的申请。与此同时，我国研发力量也开始进入该领域的研究，国内申请量明显增长。阿里巴巴于 2009 年创建阿里云，华为云服务成立于 2011 年，联想和浪潮一直深耕于服务器领域。在这一阶段，华为、中兴、浪潮和联想也都开始在虚拟化领域进行专利布局。

爆发式增长阶段（2014~2019 年）：随着移动互联网时代的全面到来和物联网概念的提出，再加之人工智能技术中存在大量计算密集型需求，对平台的计算能力提出了更高的要求。在这样的市场大背景下，各大公司纷纷加入云计算领域的研究中，各种类型的云计算平台应运而生，实现发明专利申请量井喷式增长。

另外，如图 2-1 所示，从国内外发展趋势的角度，该领域发明专利年度申请量分布随着时间的推进，也可大致分为两个阶段：第一阶段是 2000~2010 年，属于国外发展阶段；第二阶段为 2010~2019 年，属于国内发展阶段。虚拟化技术诞生在美国，从而导致发明专利的申请首先从美国开始。虚拟化技术属于计算机领域的操作系统级研究，对于研发人员和实验条件都要求颇高，因此，即使在美国的发展历程也是比较缓慢，其间还出现了停滞，直到 2010 年左右才有不错的进展。随着中国互联网应用的高速发展，国内对于超级计算资源的需求越来越旺盛，从而带动了该技术顺利引入国内，并得到了国内商业和学术领域的双重关注，近十年的专利申请量增长速度已远远超过美国等其他国家。同时，由于我国的实际国情，关于此领域的研究更趋向于以国外的研究为基础，申请的发明专利中技术改进的方向也更偏向于应用层面而非底层系统，由于操作系统底层改进的研究周期一般远远长于应用层面改进的研发周期，这也是国内申请量能够实现短时间突增，而国外专利申请量却增长比较平稳的原因之一。

（二）优先权国家和地区分析

专利申请人就其发明创造第一次在某国家或地区提出专利申请后，在法定期限内，又就相同主题的发明创造提出专利申请的，以第一次专利申请的日期作为其申请日，专利申请人所获得的这种权利即为专利优先权。目前来看，一个专利族的优先权国家或地区与该专利发明人所属国家或地区在很大程度上是相同的，因此，为便于统计，以专利优先权字段（德温特世界专利索引数据库中的 PI 字段）为统计对象，分析虚拟机资源分配领域专利在各国申请和分布情况。这一数据在一定程度上反映了该国家的技术创新能力和活跃程度。

通过统计分析，得出专利优先权所属国家和地区分布，如图 2-2 所示。从图中可以看出，拥有基本专利数量排名前两位的国家分别为美国、中国。在其他部分中，所占比例比较大的国家和地区为欧洲、日本和韩国（未在图 2-2 中标识）。其中，美国拥有的基本专利申请约占全球总量的 48%，这主要归因于美国拥有亚马逊、微软、IBM、红帽等虚拟化技术的开创企业或者领军企业，它们多年来一直致力于计算机系统结构领域的研究和商业运作，并且其中不少企业在专利布局、使用和保护方面都做了很多工作，从而成就了美国在本领域的优势地位。相应地，虽然中国居第二位（约占 34%），但是基于我国企业、科研院所进入计算机系统结构领域研究发展的时间较晚这一客观事实，取得如此成就已实属不易。我国在该领域发展势头如此迅猛还要归因于政府一直以来对新兴产业，特别是新一代信息技术的关注和扶持。上述数据在一定程度上说明美国依然是服务器虚拟化技术、云计算技术最强的技术原创国，中国排名仅次于美国表明该领域的申请人对中国市场的重视。相对地，欧洲、日本和韩国在该领域虽起步较晚，但是它们拥有大量电子、电信、通信领域公司，因此也拥有一定数量的优质专利。

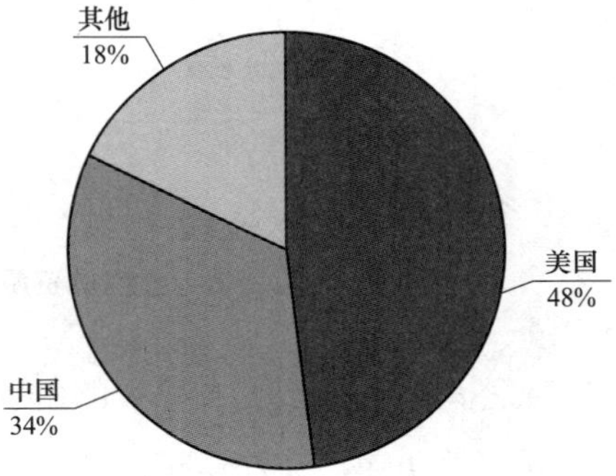

图 2-2　虚拟机资源分配专利优先权国家和地区分布

（三）全球主要申请人排名

前文已经统计分析了优先权所属国家和地区的分布情况，美国以绝对的优势暂居首位。这也反映出美国拥有一批科技实力强大的申请人，这些申请人掌握着全球相当大比例的发明专利，在专利保护和运作上具有明显的话语权。全球排名前 19 的高产量申请人排名如图 2-3 所示，这些申请人的数量占全球专利申请人数量的 0.47%，其专利申请量却可以占据全球专利申请总量的约 20%。极少数申请人的申请量占据了该领域发明专利申请的 1/5，表明该领域市场由少数大公司所垄断。这些申请人分别来自美国、中国、日本和韩国，这些国家恰好也是优先权分布较多的几个国家。

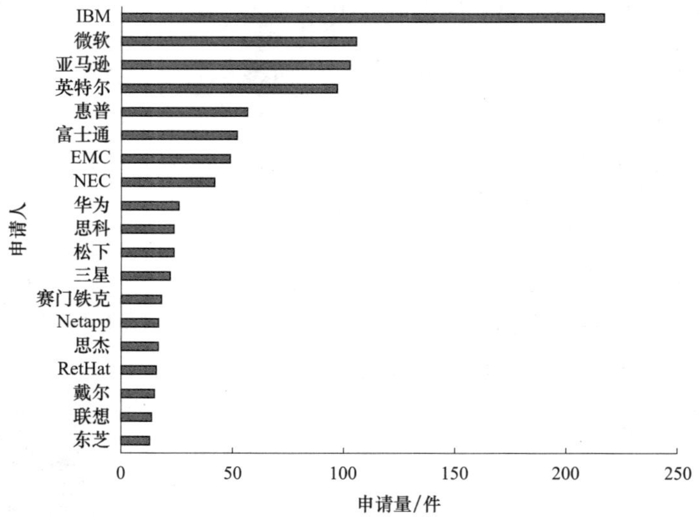

图 2-3　虚拟机资源分配全球前 19 位专利申请人排名

IBM 公司在该领域具有强大的研发实力，尤其是 2006 年后，X86 处理器可以硬件支持虚拟化后，IBM 公司在该领域的申请量开始急剧攀升，这不仅说明 IBM 公司看到了虚拟化的前景，也说明其在该领域已耕耘多年，比其他企业有着更多的经验和技术优势，能够快速地在该领域进行专利布局。亚马逊公司在 2006 年发布了弹性计算云服务（Elastic Compute Cloud，EC2），该服务提供了对计算资源的完全控制，是一个极其成功的商业云平台系统，基于该系统布局的发明专利量不容小觑。EMC 公司收购威睿公司，早期专利申请量并不大，但是这些发明专利都是该公司的基础专利或核心专利，其技术改进方向主要针对其所有虚拟化产品的优化，包括虚拟机布局和配置、虚拟机的负载优化、内存和 I/O 外设性能优化等方面。从 2010 年开始，该公司转向数据中心领域，推出软件定义数据中心的概念后，再一次进入发明专利申请高峰。英特尔公司在其处理器支持虚拟化前两三年就开始对虚拟化技术进行了专利布局，同时微软公司在英特尔处理器支持虚拟化后也开始对虚拟化技术进行专利布局，并于 2008 年发布 Hyper-V。2010 年后云计算概念兴起，IBM、EMC、华为、亚马逊等公司随之进入相对的申请量快速增长期。另一方面，思杰公司一直默默深耕虚拟桌面领域，掌握着一定数量的有价值虚拟桌面的发明专利。

（四）国内主要专利申请人排名

由于政府的大力扶持，国内的专利申请在近几年也是相当活跃，各大中小企业和科研院所都参与其中。国内在该领域的研究更大层面上是基于国外研究成果的本土化发展，因此，在统计国内研究人员情况时选择了专利权人这样一个标准，从而可以更为准确地反映在本领域哪些企业最具有研发实力。表 2-1 示出了国内拥有专利权最多的前十位申请人。特别值得注意的是，这 10 位专利权人中没有科研院所，全部是企业，并且出现了一批新兴公司和国有企业。出现上述现象的主要原因为：科研院所的研究方向主要集中在针对虚拟化技术的改进，通过底层技术性能的改进，从本质上提高云计算平台的服务能力；为了从事这方面的研究，出于研究成本等实际问题的考量，科研机构所采用的虚拟化系统多选择开源系统，通过研究这些开源系统，获得相关科技成果；而基于开源系统的研究工作通常研发周期较长，且多以发表论文的形式展现研究成果，从而导致专利权人统计中缺少科研院所。而企业方面，与美国的情况相反，国内企业参与此项技术革新更为积极，其中不乏新兴的中小企业，这也与国内的研发导向主要是涉及应用层面的原因有关。另外，新兴中小企业和国有企业对于发明专利申请的高度重视，也从另一方面表明了我国在云计算领域研发的决心和信心。

表 2-1　虚拟机资源分配中国专利申请量前十位申请人排名

排名	专利权人
1	华为技术有限公司
2	浪潮集团有限公司
3	国云科技股份有限公司
4	中兴通讯股份有限公司
5	阿里巴巴网络技术有限公司
6	北京奇虎科技有限公司
7	郑州云海信息技术有限公司
8	金山软件股份有限公司
9	中国电信股份有限公司
10	杭州华三通信技术有限公司

（五）技术实力角度的国家和地区分析

专利质量是衡量市场主体的竞争力和综合实力的重要指标。被引证次数高的专利可被视为质量高的专利。高引证专利的数量反映着市场主体的技术创新竞争力。本文以合

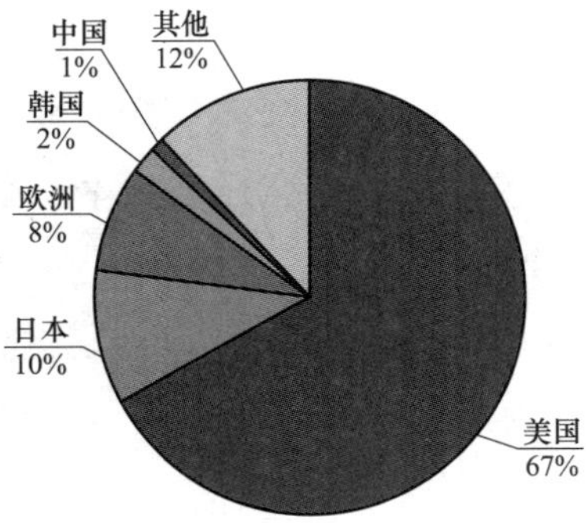

图 2-4　虚拟机资源分配高质量专利归属国家和地区分布

并同族专利后，专利被引证次数在 5 次及以上作为高质量专利的评判标准。本节旨在对高质量专利归属情况进行分析。

图 2-4 显示了高质量专利归属国家和地区分布。可以看出，美国、日本、欧洲是拥有高质量专利较多的国家或地区。美国占有全部高质量专利的 67%，雄踞第一位，日本和欧洲分别居于第二位和第三位。由此可见，美国在此领域具有绝对竞争优势，而我国在这方面还有比较长的路要走。

三、专利技术分析

（一）技术分支

基于发明专利中所记载的技术内容，经由理解分析、归纳统计后得出，云计算模型可以被视为传统网格计算模型的商业实现，但两者又存在诸多不同，因此基于虚拟机的资源调度策略具有较强的自身特色，具体如下：

最优跨度：用户任务在最短时间内完成。云计算平台下，当用户提交的任务是实时任务时，如何让任务在最短的时间内完成并成功反馈给用户，是此类云服务的核心要求。其资源分配策略的最大难度在于如何去预判资源分配量和任务完成时间之间的映射关系，尽可能在完成此类任务的前提下，不去干扰其他类型任务的执行。

服务质量（QoS）：保证用户服务性能的 QoS 和用户经济的 QoS。基于服务质量的资源分配策略的设计重点在于如何去平衡在整个执行任务过程中，热点时期的资源需求量和整体平均资源需求量的关系，不仅要考虑用户任务执行的性能要求也要考虑用户购买服务所产生的成本。

负载均衡：负载均衡一直是最具有挑战性的问题。负载均衡策略是各类计算平台的核心问题，它使整个平台的运行负荷分布均匀，有助于平台的稳定工作。在云计算平台下，凭借虚拟化的热迁移技术，负载均衡策略的解决思路得到了前所未有的延展。

经济原则：节能绿色，节省用电量。数据中心运营的主要成本之一来自于数据中心大量服务器散热而产生的高昂电费。为了解决能耗问题，在云计算平台上如何通过优化资源配置的方式，以降低整个云计算平台的电量消耗，也是广大发明人的研究热点之一。

以性能为中心一直是虚拟机资源调度研究[3-5]的重点，包括任务的最早完成时间、最优跨度等。目前研究和使用比较广泛的算法包括 Min-Min 算法、Max-Min 算法、遗传算法、蚁群算法、贪婪算法和模拟退火算法等。IBM 云计算平台采用的就是以性能为优先的调度策略。同时，由于云计算属于商业运作模型，保障用户的 QoS 也是十分重要的。基于 QoS 的调度往往不仅要以最小完成时间或最优跨度为目标，还需要考虑服务成本等问题。关于 QoS 的调度策略，最常见的处理方式就是引入用户的 QoS 属性。除此以外，基于负载均衡的资源调度本质上也是以性能为中心的调度，但同时，它也可以涉及经济原则，即通过虚拟化技术实现服务器整合，最大限度缩减数据中心中物理机使用的个数，降低数据中心的能耗。在实际的商业运作中，商业云平台多采用复合型资源调度策略方式，综合考量整个数据中心的各方面诉求，其中最具有代表性的就是亚马逊公司的弹性计算云平台。

（二）技术改进方向

虚拟机资源调度的实现，从某种角度上来说就是基于各种目标所制定的虚拟机迁移策略，以及对虚拟机迁移算法本身进行改进的策略的融合实现。因此，本节所关注的技术改进方向也将从以上两个大方面出发，详细分析如下：

1. 虚拟机迁移算法的改进

加快内存迁移速度：内存迁移的痛点是数据数量大且内容时刻变化。整个迁移过程中，Push 阶段所占用的时间基本决定了整个内存迁移过程所需的时间。Push 阶段所完成的工作内容是将被迁移虚拟机的所有内存页面进行传递，传递完成后，进行有限次数的迭代，迭代传递内容为内存数据变化所形成的脏页面。由此，影响虚拟机迁移时间的核心因素是传递数据的速度和内存脏数据量的大小。加快内存迁移速度实质上是提高传递数据的速度，迁移速度的提升可以有效保障用户的 QoS，同时也提升了虚拟数据中心的资源分配效率和对外服务能力。

减少内存脏数据量，从而减少内存迁移迭代次数：内存脏数据量决定着迁移过程中 Push 阶段有限次迭代的具体次数。次数越多，自然就拉长了整个迁移的过程，并且虚拟机对外服务停止的时间也会延长。因此，最大限度减少需要传送的脏内存页对于虚拟机迁移算法有着非常重要的意义。对于脏页面数据的产生及传送步骤的研究和改进也成为工业界和学术界的研发热点。

存储的迁移：虚拟机的迁移不仅涉及内存，还涉及存储的迁移。随着用户需求的增多，虚拟机迁移的范围也逐步增加。由此将带来一系列的问题，其中包括，迁移过程中涉及的源物理机与目的物理机不具备共享存储的条件，即除了需要迁移内存数据，还需要迁移虚拟机的镜像数据。该问题的引入大大增加了虚拟机迁移过程中的复杂度，但同时也真正意义上兑现了对用户的承诺，即无论任何地方均能享有虚拟资源服务。

迁移过程中的安全问题：云计算可以为各类用户提供服务，其中对于安全敏感型用户而言，更倾向于建立私有云，将自身的数据与其他用户的数据进行分离，从而起到安全隔离的作用。为了保障私有云中数据的安全性，产生了虚拟机在迁移过程中的安全问题，该问题可以细化为：如何选择一台洁净的物理机作为迁移的目标物理机；发生若干次迁移后，如何定位虚拟机的位置；如何保证在迁移过程中的数据安全等。

2. 基于特定功效的调度策略的制定

以提高资源利用率为目标的迁移策略：电子商务和各类网络服务应用已成为当下新兴的产业方向。与传统的科学计算类型的应用相比，新兴商业应用的显著特征是强交互性和资源需求弹性化。在虚拟化平台下，为满足强交互性应用严苛的性能要求，服务提供商需加大对虚拟机的资源供给。随着此类应用访问量的增多，虚拟化平台中 CPU 资源的浪费现象日益严重。在平台对外服务期间，部分 CPU 资源处于闲置状态，严重影响了平台 CPU 资源利用率。因此，如何准确评估用户的资源需求量并且及时释放闲置的资源成为企业和学术界研究重点。

以负载均衡为目标的迁移策略：虚拟机的资源分配更加准确后，即虚拟机不再拥有冗余资源，同时大量工作任务频繁地提交给云计算平台，虚拟机工作负载强度处于弹性变化模式，最终可导致物理机之间出现串联式超载（为了缓解某物理机超载制定的虚拟机迁移计划，致使迁移目的物理机随后也出现了超载问题）的概率会明显增高。为了处理首次或二次热点，更多虚拟机将被迁移。频繁的迁移带来的消耗（比如迁移对源和目的物理机上其他虚拟机的影响，以及 CPU 调度时间更多用来处理迁移操作）可能会抵消虚拟化带来的优越性。因此，负载均衡策略一直是虚拟化平台下资源调度问题的研究核心之一。

以节能环保为目标的虚拟机整合策略：服务器整合是将多个虚拟机尽可能放到一个物理机上，减少物理机的使用数量，节省电能源开支。当不同性能要求的虚拟机部署到同一个物理机上时，为了维护物理机和所有虚拟机的总体性能需求，应对服务器整合的密度（一台物理机上部署虚拟机的数量）进行控制。

以保障用户 QoS 为目标的迁移策略：无论采用何种目的的虚拟机调度策略，都应保障用户的 QoS。为了达到用户提出的 QoS 的要求，应对用户的该属性进行精确的描述，并能融入其他的调度策略中，从而在维护云平台性能的前提下也能满足用户的 QoS 请求。

（三）主流技术手段

优化硬件：虚拟机发生迁移时，优化相关硬件可以加快数据的整个传输速度，从而减少虚拟机的迁移时间，比如采用高性能网络互联设备广泛支持的远程直接内存访问模式传输数据，又或者使用桥接生成的网卡进行数据交互等。最大限度提高数据迁移的速度，从而达到既能稳定实现虚拟机迁移，又让用户感觉不到虚拟机服务的中断；既保障用户的QoS，又提高平台的资源利用率。此技术手段的研发周期较长，需要较强的研发实力的积累。

压缩内存：为了在虚拟机迁移过程中实现对外服务不中断的目标，需要不断去迭代传输用户访问内存时所产生的脏数据。可见，脏数据量的大小与虚拟机迁移所耗费时间形成了一个明确的正比例关系。为了缩短迁移时间，可以从减少脏数据的角度着手，从而衍生出一系列针对各类应用类型的内存压缩算法，通过此类压缩算法，减少迁移过程中需要传输的脏数据量。

采用增量方式管理镜像：迁移过程中，除了需要对内存进行迁移，还可能需要对存储进行迁移，而存储设备的迁移可以理解为镜像的迁移。迁移数据量庞大的镜像会耗费大量的时间和网络资源，所以现有解决方法之一就是采用网络文件系统，实现数据共享，即把镜像存放在一个服务器上，并设置共享。当虚拟机启动时，通过挂载方式访问。但是当无法实现共享存储时，也可将镜像分为后端镜像和虚拟机单独的增量镜像，执行分离传输。通过上述分离方式，后端镜像将被一次性传输到目的物理机上，而此后只需要传输与之对应时间点的增量镜像即可。

建立安全模块，加密数据：私有云中，用户对于安全性的要求极高。因此，对于源物理机、目的物理机及迁移过程中的数据的安全都须十分关注。为了保障数据的安全性，一方面可将物理机进行安全级别划分，建立相应的迁移限制条件，确保被迁移数据的安全；另一方面，将需要传输的数据进行加密，确保传输过程中的安全。

动态配置虚拟机资源：在云计算平台下，用户资源需求的最大特色就是弹性化。如果按照资源需求上限执行静态分配，就可能出现资源闲置的现象，使平台的资源利用率大大降低；反之，如果按照资源需求下限执行静态分配，就会影响任务的执行速度，甚至无法满足用户提出的QoS。因此，现有的资源配置方式多以动态方式进行，通过建立各种数学模型去监测各类应用的资源使用特征，从而预测不同类应用的资源使用情况，并基于预测结果执行更为合理的资源分配策略。

引入算法实现虚拟机放置策略：在云计算环境中还存在另一个大家关注的焦点，即数据中心的能耗问题。由于云计算平台涉及大量的服务器，其运转和散热都需要耗费大量的电能。因此，在不影响用户体验的前提下，应尽量减少物理服务器的开放，使虚拟机更加集中地放置于部分物理服务器上；在降低电能消耗的同时，还提升了平台的资源利用率和性能。

（四）技术功效分析

如图 3-1 可知，基于虚拟机的资源分配技术从技术效果层面主要关注的是迁移技术本身的改进和基于各种目标所制定的虚拟机迁移方案的改进。迁移技术改进的实现主要依赖于优化硬件、压缩内存、使用增量镜像和加密数据这四个技术手段，且上述手段与技术效果的对应关系十分明确，迁移技术的改进研究已经达到了十分稳定成熟的阶段。另外，关于虚拟机迁移方案的改进，为了达到各种不同目标，可以制定不同的迁移方案，而这些迁移方案的制定，从根本上都是基于资源动态配置和虚拟机放置算法这两类技术手段展开。由此，不难预想，在未来的研究方向上，如何更好地动态配置虚拟机资源和如何放置虚拟机将继续成为研究的热点。

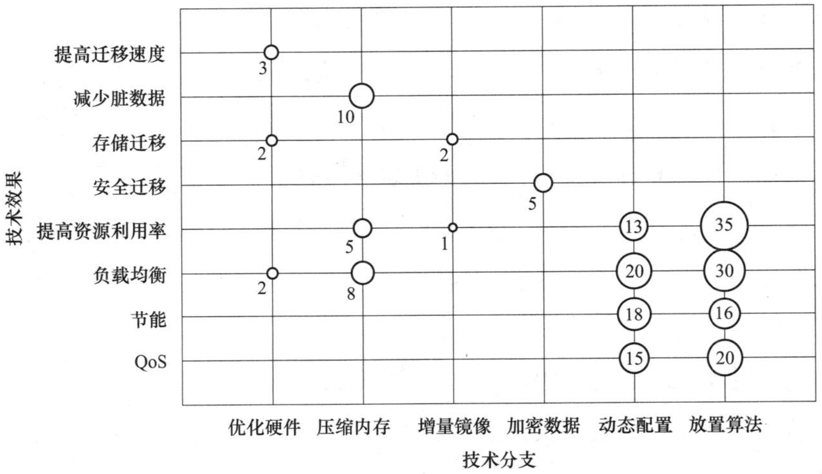

图 3-1 虚拟机资源分配专利技术功效分析

注：图中数字表示申请量，单位为项。

（五）技术演进

虚拟机资源调度技术，实质是虚拟机（动态）迁移技术、虚拟机容错和备份、虚拟机安全技术等多方面的集合。对于资源的调度，内存调度是重要的组成部分，其中经典的技术方案就是内存的气球驱动器（Ballon Driver）技术（参见 US2010241785A1），该技术要求在虚拟机的操作系统中安装气球驱动器，由气球驱动器将虚拟机操作系统中的空闲内存识别出来，让虚拟机监视器进行回收，达到优化资源分配之目的。

虚拟机迁移技术本身的改进一直也是资源调度的研究热点。IBM 公司提出虚拟机迁移方法（US2005268298A1），将源虚拟机的操作系统和应用拷贝到共享存储器，从共享存储器拷贝到目的虚拟机的专用存储器，目的虚拟机重新开始工作。威睿公司 2002 年申请的基于 Pre-Copy 算法的虚拟机迁移策略（US7484208B1），该算法的提出奠定了虚拟机迁移算法的基石，基于此项算法的研究也随之孕育而生。由于该算法主要公开了关于虚拟机内存的迁移，提出了内存脏数据与迁移的关系，因此，后续关于内存迁移的研究更多是围绕在内存脏数据页的角度进行。比如红帽公司在 2011 年申请的专利 US20120180043A1 中提出了脏数据对数据迁移的影响等。关于此方面的研究，也在近几年毫无疑义地成为国内研究迁移问题的热点，比如浪潮公司在 2016 年申请的专利 CN106020946A，其核心技术方案为在源主机内压缩内存数据，然后传输给目的物理机；在传输过程中，源主机通过压缩算法将内存数据压缩，传输完毕后，目的物理机则通过对应的解压缩算法解压，完成数据的整个迁移过程。除了直接用压缩方式减少需要传输的内存数据以外，也可依据 Pre-Copy 算法中所设定的步骤，依据每一个步骤的特征，对内存的传输进行不同的安排。比如 2016 年西安电子科技大学提出了关于内存改写概率的技术方案（CN106101211A），即预测所有待传输内存页的内存页改写概率，将内存页改写概率超过改写概率门限值的待传输内存页放到停机迁移阶段进行传输，将内存页改写概率不超过改写概率门限值的待传输内存页放到本轮迭代进行传输，从而有效减少迁移过程中虚拟机内存页面的冗余迭代拷贝，最终减少了总迁移时间、迁移停机时间和传输数据量。另外，微软公司也在虚拟机迁移算法上做了很多贡献，比如专利申请 CN101669106B 和 CN1013620551A。

除去迁移算法本身的改进以外，迁移过程中的安全问题就是另一个研究热点。因为不同用户有不同的 QoS 期许，基于不同的期许就需要云计算平台提供不同级别的安全保障，此方向在 2015~2017 年成为一个研究热点分支，其中浪潮公司在这个领域做了较多的工作。2015 年浪潮公司的发明专利（CN105589746A）提出了运维人员很难去定位经过多次迁移的虚拟机的具体工作位置的技术问题；随后在 2016 年，该公司还继续申请了发明专利 CN105718301A，其技术方案就是通过虚拟机证书去记录整个虚拟机迁移的路径，从而达到准确定位虚拟机的目的。

当虚拟机迁移技术研究进入比较成熟的阶段，该领域的研究重心也就逐步转移到对于云计算平台这一整体对象的研究上，即如何去规划虚拟机的放置方案，去达到某一个目标或者是多个目标。赛门铁克公司提出在物理主机上有若干虚拟机（US7203944B1），当某物理主机过载时，就将其上所有或部分虚拟机迁移到另一个物理主机上。关于节能方面的研究，科研院所提出了很多非常有意义的技术思路，比如 2016 年南京邮电大学申请的发明专利 CN105955795A 提出了如何对虚拟机进行有序聚集，避免因为某些节点计算任务过重或者散热性能较差而造成局部过热。同时，企业方面也布局了很多较高价值的发明专利，比如 IBM 公司申请的专利 CN101739113B 是对虚拟集群系统中的能效进行管理；浪潮公司专注于对虚拟机进行监控，并尝试去预测该虚拟机是否会进入闲置状态，并将进入闲置状态的虚拟机执行挂起或关闭，从而尽量减少物理机的使用数量。另外，郑州云海公司提出在数据中心内部为虚拟机动态地分配物理主机，使整个数据中心中的每一个物理主机的资源利用率趋于正常范围，有效地避免物理主机负载过多或负载不足的问题；将负载不足的物理主机切换到休眠状态还可降低系统整体能耗。

虚拟机资源调度的技术支撑是虚拟化底层技术。2006 年之前，由于 X86 体系架构在硬件上并不支持虚拟化，因此只能通过软件设计来解决这个问题。在 1998 年，威睿公司的创始人提出了一种新的虚拟化 X86 体系架构的方法，这种方法将虚拟机监视器直接设置在硬件之上，虚拟机运行在虚拟机监视器上。通过上述方式（全虚拟化）实现了处理器的虚拟化，客户机操作系统无须修改，也意识不到虚拟化层的存在。该技术方案是威睿公司发展虚拟化技术的基础，因此其针对该技术申请了发明专利 US6397242B1，并以该发明专利为基础，申请了一系列针对二进制转换的发明专利，包括 US6704925B1、US7516453B1、US6711672B1、US6961806B1、US7260815B1、US7290253B1。以此技术为基础，威睿公司推出了其软件虚拟化商用产品 GSX 1.0。

为了支持多个操作系统的运行，除了实现处理器虚拟化，还需要实现内存虚拟化。内存虚拟化所要解决的问题是共享物理内存和动态分配物理内存给每一个虚拟机操作系统。除此以外，内存虚拟化的另一个目标是实现同一物理机上多个虚拟机之间内存空间的隔离，使每个虚拟机都认为自己拥有整个内存地址，并且内存访问效率也能接近物理机的访问效率。全虚拟化对于内存通常采用影子页表（Shadow Page Table）的方式，即为每个虚拟机维护一个“影子页表”，在这个表中写入虚拟化之后的内存地址映射关系，而虚拟操作系统的页表则无须变动，最后，虚拟机监视器将影子页表交给内存管理单元进行地址转换；相关的发明专利包括 US6397242B1、US6785886B1、US7069413B1、US7111145B1、US7409487B1。

另外，虚拟机上的操作系统还需要访问底层的输入输出设备，虚拟机监视器需要对底层输入输出设备进行管理，其目的是让虚拟机操作系统能够顺利访问它们所需要的 I/O 资源，还能保障 I/O 资源间的隔离，更重要的是减轻由于 I/O 虚拟化所带来的开销。在全虚拟化架构中，对于客户机操作系统，它看到的就是一组统一的输入输出设备，其每次 I/O 操作都会陷入虚拟机监视器中，并由其负责执行；相关专利包括 US6789156B1、US6725289B1、US7082598B1、US7620955B1。

2005 年末英特尔公司和 AMD 公司先后开发了新的支持虚拟化的处理器，以拥抱虚拟化技术和简化虚拟化技术的开发，被称为硬件辅助的虚拟化技术，如英特尔的虚拟化技术 VT-x 和 AMD 的 AMD-V。它们同时采用了新的 CPU 执行模式来应对 X86 的特权指令问题，为此英特尔申请了发明专利 US7191440B2、WO02052404A2、US2006130060A1。在支持硬件虚拟化的同时，英特尔同时提供了扩展页表（Extended Page Table），通过使用硬件技术，使其能在原有页表的基础上增加一个扩展页表，通过这个页表能够将虚拟机的地址直接翻译为物理主机能够识别的物理地址，从而减低整个内存虚拟化所需要的成本；相关的发明专利有 US6907600B2、US7020738B2。对于输入输出设备的管理，英特尔 VT-d 核心思想是让虚拟机能直接使用物理设备，但是这会牵涉到 I/O 地址访问和 DMA 的问题，而 VT-d 通过采用 DMA 重映射（Remapping）和 I/O 页表来解决这两个问题，从而让虚拟机能直接访问物理设备；相关的专利有 US7272831B2、US7020738B2。

2008 年伴随着 Windows Server 2008，微软公司同时发布了其基于硬件辅助虚拟化的虚拟化架构 Hyper-V。Hyper-V 本质上是个虚拟机监视器，为了实现对物理设备的访问，其提供了虚拟服务提供者（Virutual Services Providers，VSP）、虚拟服务客户端（Virtual Services Client，VSC）和 VSP/VSC 架构。这种架构的好处是可以兼容大量驱动程序，而不必为虚拟机开发专用的驱动程序。但是由于其 VSP/VSC 架构需要依赖于客户端的支持，因此大大限制了客户端操作系统的选择，相关专利包括 US20050112234A1、US2006242229A1、WO2007027739A1、US2012272015A1。

上述操作系统底层架构的提出，奠定了整个虚拟化技术的底层框架，也为云计算的产生提供了物质保障。综上所述，关于虚拟化产品技术路线和专利技术路线的演进如图 3-2 所示。

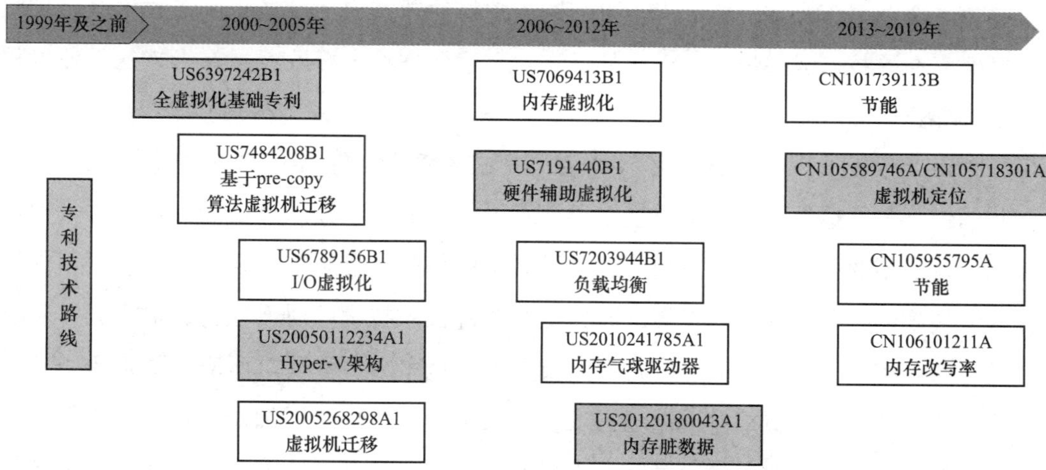

图 3-2　虚拟化产品专利技术路线演进

四、结论

通过以上分析可知，虽然基于虚拟机的资源分配技术在国内的研究起步比较晚，但是国内良好的经济形势和浓厚的学术氛围使这个领域的研究迅速发展起来。国内的企业和高校充分学习并领悟了国外已有的发展成果，将其很好地应用在了我国现有的互联网平台之上。这也是继国外亚马逊公司的EC2、Google公司的GAE云平台之后，国内也逐步兴起各具特征的云计算平台的原因，比如阿里巴巴公司的阿里云。伴随着虚拟化技术在工业界和科学界的蓬勃发展，为了满足各种应用场景需求（比如实时应用、强交互性的商业应用、科学计算应用等），服务提供商需要不断改进虚拟机资源管理方法。云计算平台下各种电子商务和网络服务请求访问量日益增多，强交互性商业应用导致虚拟机资源需求呈现弹性波动趋势。面对这种新型资源需求趋势，现有的资源配置模式需加以调整，防止闲置资源的产生。作为云计算平台资源管理流程的开端，资源配置方式的调整将激发后续的虚拟机布局管理策略（比如负载均衡策略、服务器整合策略）也做出相应改变。这些都会成为未来基于虚拟机资源分配技术的新发展方向。

另外，虽然我国在云计算领域的发展已经获得可喜成果，但是也暴露出一定的问题。专利申请质量落后于欧美发达国家，专利申请的方向也更多地集中在应用层面，缺乏对于底层核心技术的创新思考。广大科技企业之间，以及国内的科研院所和广大企业之间缺乏深层次合作，从而导致联合技术研发的意识还不够深刻。科研院所的研发重点更偏向于原型系统，没有更快地走入市场需求中，可能导致后续的研究成果缺乏更优质的生命力。企业由于存在资本压力，更倾向于选择快速产出研发结果的工作方式，即将国外已经存在的技术成果进行本土化的运作。上述问题将会导致我国在未来的行业发展中缺乏核心竞争力。

综合以上分析不难发现，云计算作为高新技术产业，是促进产业转型升级的助推器。我国经济欠发达地区更应该重视以云计算为代表的高新技术产业的发展，加大对高新技术产业的招商引资。无论是企业还是科研院所都应该继续加大云计算自主创新能力的投入，实施云计算自主创新发展战略，提升关键核心技术的研发能力，加强云计算领域的核心专利布局，从而提高自身在国际市场上的竞争力。科研院所应该更加重视培养云计算专业人才，使其更加符合市场需求。各大企业应该继续增加研发投入，积极探索底层系统的研发工作并对未来前沿技术进行深入挖掘，只有如此才有机会实现对大数据分析和人工智能等前沿技术的支撑。

参考文献

[1] 金海．计算系统虚拟化：原理与应用［M］．北京：清华大学出版社，2008.

[2] 英特尔开源软件技术中心，复旦大学并行处理研究所．系统虚拟化：原理与实现［M］．北京：清华大学出版社，2009.

[3] LV H, DONG Y, DUAN J, et al. Virtualization challenges: a view from server consolidation perspective [EB/OL]. [2020-03-06]. http://www.cs.binghamton.edu/~huilu/pubs/vee12.pdf.
[4] DI S, KONDO D, CIRNE W. Characterization and comparison of cloud versus grid workloads [EB/OL]. [2020-03-06]. http://mescal.imag.fr/membres/derrick.kondo/pubs/google-vs-grid-Cluster2012.pdf.
[5] 张彬彬，罗英伟，汪小林，等. 虚拟机全系统在线迁移 [J]. 电子学报，2009，37 (4)：894-899.

新一代宽带移动通信网大规模资源管理及数据处理专利技术综述*

李　萍　张　媛　庄俊贤　冯月华　鲁小丽
王　奇　亢　飞　郭岚晞

摘　要　本文主要以中国专利文摘数据库（CNABS）以及德温特世界专利索引数据库（DWPI）中的检索结果为分析样本，通过人工标引技术分支，从技术的视角对应用于新一代宽带移动通信网大规模资源管理及数据处理中的新一代多址接入技术专利申请进行了统计分析，总结了新一代多址接入技术专利申请的国内外申请态势、主要申请人分布、各国布局情况等，并梳理了新一代多址接入技术四个关键技术分支的技术演进路线。

关键词　非正交　多址　NOMA　SCMA　PDMA　MUSA

一、概述

（一）新一代多址接入技术简介

第五代移动通信（5G）技术创新关注点在于无线技术和网络技术。在无线技术领域，接入5G网络的终端数量将呈现爆发性增长。为了满足5G在频谱效率和连接数等方面的需求，如何利用有限的资源获得更高的频谱效率以满足大规模资源管理一直是研究重点。5G三大应用场景包括：增强移动宽带（eMBB）、大连接低功耗（mMTC）、低延时和高可靠（URLLC）。[1]在我国的5G标准中考虑人口因素还增加了高密度覆盖场景。针对5G提出的新一代多址接入技术正是解决数据流量急剧增长，频谱资源开始日益缺乏，能源消耗也在不断加大的问题的关键技术。

新一代多址接入技术通过采用共享现有频段的方式来自适应地满足未来复杂多样的数据业务，即实现过载系统，为海量的各类用户终端设备提供其所需的服务。新一代多

---

* 作者单位：国家知识产权局专利局专利审查协作北京中心福建分中心。

址接入技术的引入，来源于器件的进步和非线性检测技术的发展。理论上，基于串行干扰抵消的非线性多用户检测，无论在上行还是下行，都能够达到香农容量的极限。与传统基于调度的正交多址接入系统不同，在新一代多址接入系统中需要低延时的小数据包可与大数据包共享相同的时频资源联合传输，从而减小时延和开销，并且提高无线频谱资源的利用效率和系统容量。[2]

（二）新一代多址接入技术的技术分支

业内普遍关注的新一代多址接入的方案主要分为两类，一是基于功率域的非正交多址接入（Non-orthogonal Multiple Access，NOMA），由日本 NTT 公司提出，研究成果十分成熟；二是基于扩频码域的非正交多址接入，这类也是目前的主流技术，主要包括华为的稀疏码多址接入（Sparse Code Multiple Access，SCMA）、大唐电信的图样分割多址接入（Pattern Division Multiple Access，PDMA）及中兴的多用户共享多址接入（Multi-user Shared Access，MUSA）等方案。[3][4]下面对四个主要的分支 NOMA、SCMA、PDMA 以及 MUSA 进行简单的介绍：

1. NOMA

NOMA 最早由 NTT 公司在 2010 年提出，它引入了一个新的维度-功率域，通过叠加编码的思想来发送信号，使得信道条件不同的用户可共享相同的频谱资源，比如时域、频域、编码域等正交资源。通过在功率域的用户复用，达到系统过载和系统容量的提升。在发送端，对同一子信道上的不同用户采用功率复用技术进行发送，不同用户的信号功率按照相关的算法进行分配，这样接收端接收到的每个用户的信号功率都不一样。用户进行信号分离时，利用不同用户间的功率区别，再应用串行干扰消除（SIC）技术提取到有用信号。NOMA 不同于传统的正交传输，发送端在功率域进行非正交地叠加传输，主动引入干扰信息，同时接收端通过 SIC 技术实现正确解调。与传统正交传输方式相比，接收机复杂度有明显提升，但同时能够获得更高的频谱效率。在远近效应场景和广覆盖多节点接入的场景中，特别是在上行密集场景中，采用功率复用的非正交多址接入方式较传统的正交接入有明显的性能优势，更适合未来系统的部署。

2. SCMA

SCMA 是华为于 2012 年提出的一种的基于码域的非正交多址接入技术，其本质是一种基于多维码本的非正交扩频技术，可视为低密度扩频（Low Density Spreading，LDS）正交频分复用技术（Orthogonal Frequency Division Multiplering，OFDM）的扩展。通过码域的多址实现了频谱效率的提升，SCMA 将通过低密度扩频技术和多维调制技术相结合，为用户选择最优的码本集合，通过码域扩频和非正交叠加在同一时频资源单元中发送，从而可实现系统过载，提高系统频谱效率。SCMA 是在 LDS 基础上的演进技术，不同的是 SCMA 发射机没有传统的调制和扩频过程，而是通过设计新的稀疏码本来合并这两个过程；而在接收端，SCMA 仍然使用基于软消息输入和输出的 MPA 算法。从性能上来说，SCMA 是基于不同用户不同码本，与 LDS 基于不同用户不同签名序列相比有更大用户区分度和用户性能增益。[5]

3. PDMA

PDMA 由大唐电信在 2014 年提出，是基于非正交特征图样的多址方案和基于稀疏扩频的非正交多址方案，基本资源单位为 RE（Resource Element）。在发送端，在相同的时域、频域资源内，将多个用户信号进行功率域、空间域、编码域的单独或联合编码传输；在接收端，采用 SIC 接收机算法进行多用户检测，逼近多用户通信的信道容量域。PDMA 的接收端分为两个部分，分别是前端检测模块和基于 SIC 的检测模块。其中，前端检测模块包含特征图样模式配置解析模块、功率域图样提取模块、编码域图样提取模块和空间域图样提取模块。在特征图样模式配置解析模块通过控制信令控制不同图样提取模块。PDMA 进行编码域、空间域和功率域联合优化，采用易于 SIC 算法的特征图样区分不同信号域。

4. MUSA

MUSA 由中兴在 2015 年提出，是一种典型的基于扩频码域的非正交多址方案。从概念上来说，每个用户调制后的符号通过一个专门设计的序列进行扩频。这个序列与传统的 DS-CDMA（Direct-Sequence CDMA）序列相比能够增强 SIC 算法的鲁棒性。每个用户的扩频符号都在相同的时频资源上传输，这也就是“Shared Access”的来由，本质上是多用户重叠传输的过程。在接收端，通过使用基于 SIC 的检测算法可从重叠信号中逐个解码分离出不同用户的信号。MUSA 技术具有实现难度较低、系统复杂度可控、支持大量用户接入、原则上不需同步和提升终端电池寿命等 5G 系统需求的特点，比较适合物联网应用。

（三）新一代多址接入技术研究方法

1. 数据检索介绍

为了研究国内外新一代多址接入技术专利申请的现状，在专利检索与服务系统（Patent Search and Service System，以下简称“S 系统”）的中国专利文摘数据库（CNABS）和德温特世界专利索引数据库（DWPI）进行检索，公开时间截至 2019 年 5 月 1 日，获得新一代多址相关专利申请 873 项。通过对检索结果进行人工标引，分析其专利申请趋势、专利申请布局、关键技术演进路线、国内外主要申请人以及 IPC 分类号分布。

2. 数据范围

本文专利数据检索截止时间均为 2019 年 5 月 1 日，检索文献涵盖了公开日或公告日在 2019 年 5 月 1 日之前的全球发明和实用新型专利申请。由于专利审查制度的设置，专利申请从申请日到公开日需要一定的时间，所以 2018~2019 年的样本会存在不完整的问题。

3. 术语约定

本文中对相关的技术术语约定如下。

（1）同族专利

同一项发明在多个国家申请专利而产生的一组内容相同或基本相同的专利文献出版物，称为一个专利族或同族专利。从技术角度看，属于同一专利族的多件专利申请被视为同一项技术。在本文中，对同族专利进行了合并统计（单位为项）。

（2）申请日约定

在全球专利申请数据分析时，以最早优先权日确定；在中国专利申请数据分析时，采用了 CNABS 导出的申请日字段确定。

二、专利申请现状

新一代多址专利申请以及相关的技术主题专利申请各年度的申请量如图 1 所示（其中以每个同族中最早优先权日期视为该申请的申请日，一系列同族申请视为一项申请）。

（一）新一代多址接入技术专利申请趋势

从图 1 中可以看出，在全球范围内，新一代多址接入技术属于近几年才兴起的技术，在 2011~2012 年相关专利发展比较缓慢，申请量很少，也就是在 2012 年欧盟启动了 5G 研发项目 METIS，旨在为建立 5G 产业技术和标准奠定基础，迈出了 5G 研发第一步，此时新一代多址接入技术正处于技术的积累阶段，因此申请量还未明显增长；从

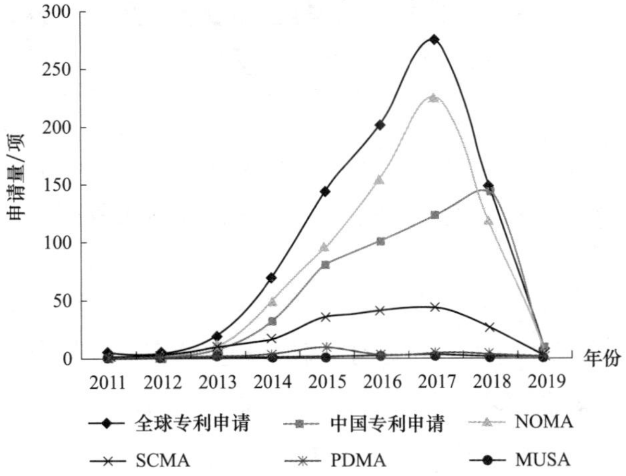

图 1　新一代多址接入技术全球及国内专利申请趋势

2013 年开始相关专利申请量呈现快速增长趋势，到 2017 年达到最高峰，这是因为中韩两国在 2013 年分别成立了 IMT-2020（5G）推进组及 5G 技术论坛，以推进 5G 技术标准的研发，2015 年在 3GPP 服务工作会议上确定版本 14（Release-14）标准工作项目对 5G 需求进行明确规范（同年，国际电信联盟无线通信部（ITU-R）明确了未来 5G 三大典型应用场景）。国内外对 5G 中的关键技术进行了大量的研究，从而使得新一代多址接入技术的相关专利申请呈现大幅增长。

中国国内的新一代多址接入技术的发展趋势与全球发展趋势基本一致，但由图 1 中可以看出，在 2017 年全球范围内申请了大量关于新一代多址接入技术主题的申请，而此时国内关于新一代多址接入技术主题的申请还相对较少，直到 2018 年该主题的申请才明显增多。本文专利数据检索截止时间为 2019 年 5 月 1 日，检索文献涵盖了公开日或公告日在 2019 年 5 月 1 日之前的全球发明和实用新型专利申请。由于专利审查制度的设置，专利申请从申请日到公开日需要一定的时间，所以 2018~2019 年的样本会存在不完整的问题。

（二）新一代多址接入技术专利申请布局

图 2 表示的是新一代多址接入技术在全球专利申请的布局情况。从图中可以看出，在中国的申请量排名第一，领先传统通信、互联网强国或区域美、韩、欧、日等，这得益于中国企业在移动通信领域的快速发展，尤其是华为、大唐电信两大移动通信设备企业在全球位于较为领先的地位，使得中国作为 5G 通信技术的主要研发国家和主要市场国家，走在了世界的前列。

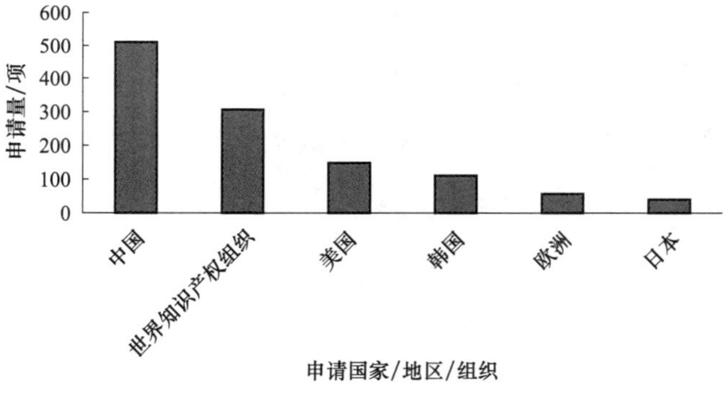

图 2　新一代多址接入技术专利申请布局

从图 2 中还可以看出在世界知识产权组织的申请量位列第二，这是由于 5G 作为新一代移动通信技术，从一开始提出就受到了整个产业的广泛关注；而新一代多址接入技术作为 5G 通信技术中的关键技术，一直是人们研究的热点，各国申请人在积极部署标准建立的过程中也非常重视相关专利的全球布局，积极争取占据国际市场，通过提交 PCT 申请的途径寻求在各个国家获得专利权的保护。

（三）新一代多址接入技术关键技术分支分布

图 3 示出了新一代多址接入技术关键技术分支分布。从图 3 中可以看出，与 NOMA 相关的专利申请有 664 项，占据了大部分；与 SCMA 相关的专利申请有 172 项，占比居第二位；与 PDMA 相关的专利申请有 21 项；与 MUMA 相关的专利申请只有 5 项。由此可见，NOMA 作为基于功率域的非正交多址接入技术，一直引起了业内广泛的关注，而 SCMA 作为基于编码域复用的非正交多址接入技术，也已经成为研究热点。华为作为 SCMA 最早的提出者，也一直在推动 SCMA 成为 5G 候选的空口技术。

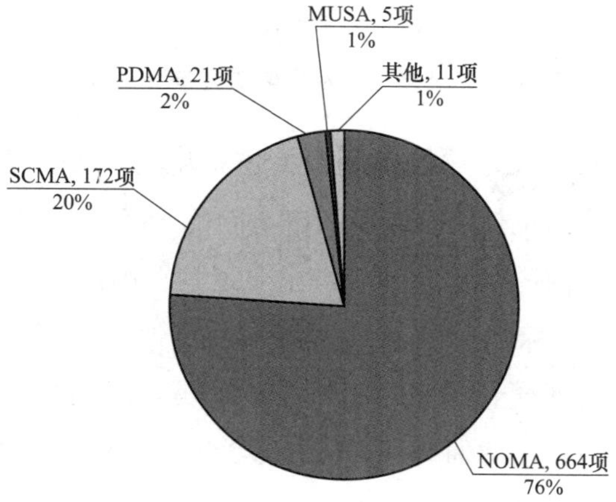

图 3　新一代多址接入技术关键技术分支分布

（四）新一代多址接入技术主要申请人分布

图 4 为新一代多址接入技术全球主要申请人的申请分布情况。从图 4 可以看出，针对该技术的全球专利申请主要集中在 LG 电子、华为、三星、大唐电信等传统硬件设备厂商以及国内的部分高校。其中，LG 电子高居榜首，原因在于 LG 电子从 2013 年 8 月开始在新一代多址接入技术领域进行专利布局，并且其全球申请的布局较为广泛。而随着移动终端的更新换代，国内硬件设备厂商和运营商在 5G 标准化进程中不断加力。以华为为主的国内通信厂商开始投入 5G 技术的角逐场，并使得我国在新一代多址接入技术方面的技术积累快速增加，其中华为新一代多址接入技术的全球申请量紧随 LG 电子之后。值得注意的是，LG 电子的申请以 NOMA 技术主题为主；而华为的申请涉及 SCMA 和 NOMA 两个主题，但是以 SCMA 为主。另外，伴随着我国对知识产权保护的重视以及国内创新主体对于知识产权保护意识的加深，国内的南京邮电大学等科研院校也都积极地展开了对于该技术的研发创新和专利布局，提升了中国在新一代多址接入技术领域的竞争力。

进一步地，本文针对这些专利申请中的国内专利申请的申请人进行了统计分析，通过数据对目前国内新一代多址接入技术领域中的专利申请主体进行呈现。

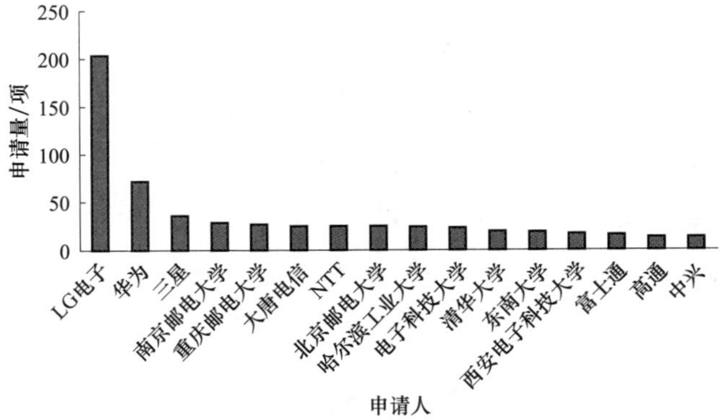

图 4　新一代多址接入技术全球主要申请人申请量分布

图 5 为新一代多址接入技术中国专利申请主要申请人专利申请数量的排名分布情况。从申请人来看，前五名也处于全球范围申请的前十名。其中，华为在该技术的国内专利布局上遥遥领先于国内的其他申请人，主要是其在国内对 5G 技术的研究和布局较早，使得其成为 5G 技术、标准、产业、应用的引领者之一。从图 5 中还可以看出，国内相关专利申请量较多的还包括南京邮电大学、重庆邮电大学、北京邮电大学等高校，这是由于上述高校涉及通信领域的科研人员较多，具备足够深厚的技术基础，因此在新一代多址接入技术发展过程中都起到了举足轻重的作用。但是，图 5 中目前国内申请量靠前的申请人全部都是国内企业或高校，而全球申请量排名靠前的 LG 电子、三星等国外公司在该次排名统计中出现了较大的滑落。鉴于此，针对检索结果中全球申请量靠前的非国内申请人的专利申请进行了排查，发现 LG 电子等公司在 2013 年之后提交了大量的 PCT 申请以及本国申请，由此推测，LG 电子、三星等公司是有针对性地在中国进行专利布局，也不排除未来这几家公司会涌现较多的关于新一代多址接入技术的中国专利申请。

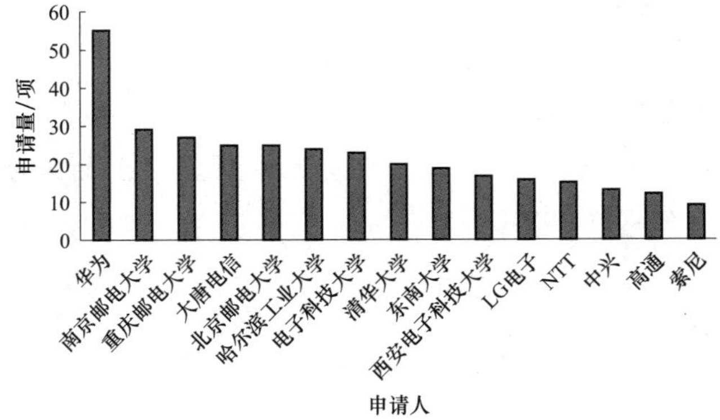

图 5　新一代多址接入技术中国专利申请主要申请人申请量分布

（五）新一代多址接入技术主要 IPC 分布

表 1 示出了 873 项专利中排名前 15 位的相关 IPC 分类号的分布情况。从表 1 可以看出，新一代多址接入技术的全球申请的前三个主要分类号有：①H04W 72/04 无线资源分配，包括基于无线资源的等级标准、基于质量标准以及基于优先权标准等多种分配方式；②H04L 5/00 为传输通道提供多用途的装置，包括利用不同信号形式（幅度、极性、频率、相位）表征的多种信道、使用相同形式的信号的双向信道、多路复用等场景；③H04L 1/00 检测或防止收到信息中的差错的装置，从检测手段划分有应用分集接收、重发、返回信道、信号质量检测器多个分支，从解决手段划分有使用冗余装置、校正操作等分支。

表 1　新一代多址接入技术专利申请主要 IPC 分布

IPC 分类号	所占比例/%
H04W 72/04	20
H04L 5/00	15
H04L 1/00	14
H04L 27/26	7
H04W 72/12	6
H04B 7/06	5
H04W 72/08	5
H04J 11/00	4
H04W 52/24	4
H04W 74/08	4
H04B 7/0456	4
H04L 25/03	3
H04W 52/34	3
H04J 99/00	3
H04L 27/34	3

其中涉及 H04W 72/04 的申请最多，涉及 263 项，这主要与新一代多址接入技术的技术本身有关：新一代多址接入技术的提出就是为了解决在应对 5G 技术关于更高频率效率、更快速率、更大容量的需求所产生的频谱资源短缺时，如何优化资源配置以实现海量终端同时可靠接入这首要的技术问题。而其余分类号的占比也直接地反映了新一代多址接入技术的现有布局点分布，包括多频编码调制、无线业务量调度、分集传输、正交多路复用、传输功率控制、随机接入、预编码矩阵或码本的选择等。

三、新一代多址接入技术专利技术分析

（一）概述

为了满足5G高频谱效率和高连接数目的需求，可以考虑采用多个用户在相同资源上重叠发送，即采用新一代多址接入方式。近年来，新一代多址接入技术的专利申请日渐增多，主要集中在于NOMA、SCMA、PDMA和MUSA。通过查阅国内外相关文献可以发现，NOMA技术相关的文献大多涉及功率分配和干扰消除的改进和创新；SCMA技术的数据传输、最优码本设计、低复杂度检测也一直受到研究者的关注。接下来基于图6表示的技术分支来对新一代多址接入技术的技术演进进行梳理和分析。

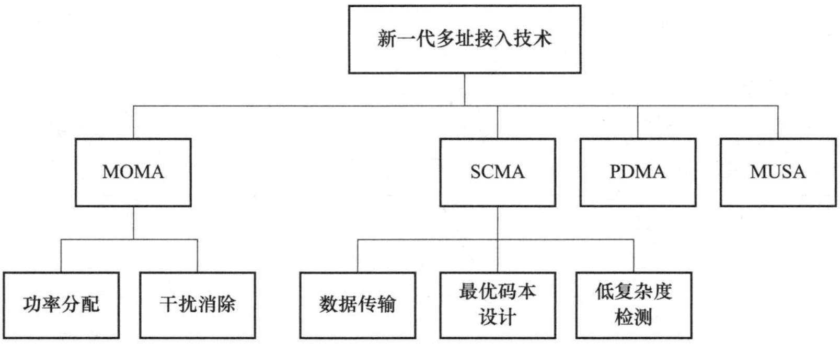

图6　新一代多址接入技术的技术分支

（二）NOMA技术

1. NOMA技术概述

NOMA技术作为未来5G多址接入技术的候选方案，能够满足5G提出的速率更快、频谱效率更高、系统容量更大等目标要求，其一开始被提出的主要目的是为高密度信号覆盖小区的部署提供理论基础。NOMA系统包括两大关键技术：功率分配技术与SIC技术，具体来说，功率分配技术用于在发射端对占用相同时频资源的不同用户分配不同的功率，其是有效提高系统吞吐量和通过SIC技术消除干扰信号的基础和前提；而SIC技术则用于在接收端对干扰信号进行逐级消除，保证了能够对不同用户的信号进行准确解调。为了对NOMA技术的发展状况有一个全面的了解，下面从发展历程和技术演进路线两个维度对NOMA技术进行分析和梳理。

2. NOMA技术的发展历程

从NOMA技术的历年申请量来看，可以看出NOMA技术的发展历程大致可以划分为三个阶段：2011~2013年为NOMA技术的萌芽期，2014~2015年为缓慢发展期，2016~2018年为快速发展期。接下来针对NOMA技术分别在上述三个发展时期中的技术要点进行梳理。

（1）萌芽期（2011~2013 年）

5G 移动通信技术在峰值速率、设备连接量、终端移动性以及网络传输时延等方面都提出了比 4G 移动通信技术更高的要求，但目前可用的频谱资源却越来越紧张，因此 5G 移动通信必须寻找更先进的技术来解决这些问题。NOMA 技术正是在这一背景下应运而生。非正交多址接入技术中的多个用户在相同的时频资源进行功率分配，一方面可以大大提高系统的吞吐量和频谱效率，另一方面可以在现有紧张的频谱资源下成倍提高用户的网络接入量，突破了正交接入技术面临的频谱效率的限制。NOMA 技术在萌芽期的专利申请主要涉及在使现有的硬件基础能够应用新提出的非正交多址接入技术的同时，如何保证较好的适用性和经济性。

（2）缓慢发展期（2014~2015 年）

在缓慢发展期，通信行业就非正交多址接入技术是满足 5G 目标需求的最佳解决方案达成了更深层次的共识。在这个时期多种类型的非正交多址接入技术相继被提出并得到不断发展，其中 NOMA 技术被关注和研究的最多，各大通信运营商和各大高校都提出了相关的专利申请，主要涉及如何提高和完善功率分配技术和 SIC 技术。

（3）快速发展期（2016~2018 年）

经过前两个时期的发展与完善，NOMA 技术的基础技术已相对成熟。在快速发展期，各大高校对 NOMA 技术的研究相对各大企业来说更为活跃，关注的点也较为发散，申请量也相对较高。这一时期的专利申请主要涉及如何平衡效率与公平，如何实现复杂情况的干扰消除以准确解调，以及如何实现资源的有效利用从而实现绿色通信。

3. NOMA 技术的技术演进路线

作为未来 5G 多址接入技术的候选方案，NOMA 系统中的两大关键技术是功率分配与 SIC 技术。在发送端，NOMA 系统的基站在相同的时频资源上叠加用户的信号，并对各个用户的功率进行分配，由于基站在每个时频资源上的发射功率有限，因此，功率的分配是否合理不但影响着系统的吞吐量，同时也对用户终端是否能正确解调有着很大的影响。在接收端，用户需要先利用 SIC 技术来删除其他用户的干扰，然后再解调自己的数据，因此，干扰消除是 NOMA 系统能够正常通信的重要保障。图 7 为 NOMA 技术演进路线，接下来分别针对功率分配和干扰消除两个维度对 NOMA 技术的发展演变进行分析和梳理。

（1）功率分配

在功率分配方面，专利申请主要涉及如何对功率分配方案进行优化和降低功率分配算法的计算复杂度。

在优化功率分配方案方面，NTT 公司在 2011 年 10 月 14 日的专利申请 JP2011227137 中提出了一种无线通信方法，该方法中根据用户距基站的距离和用户的信道状况来对用

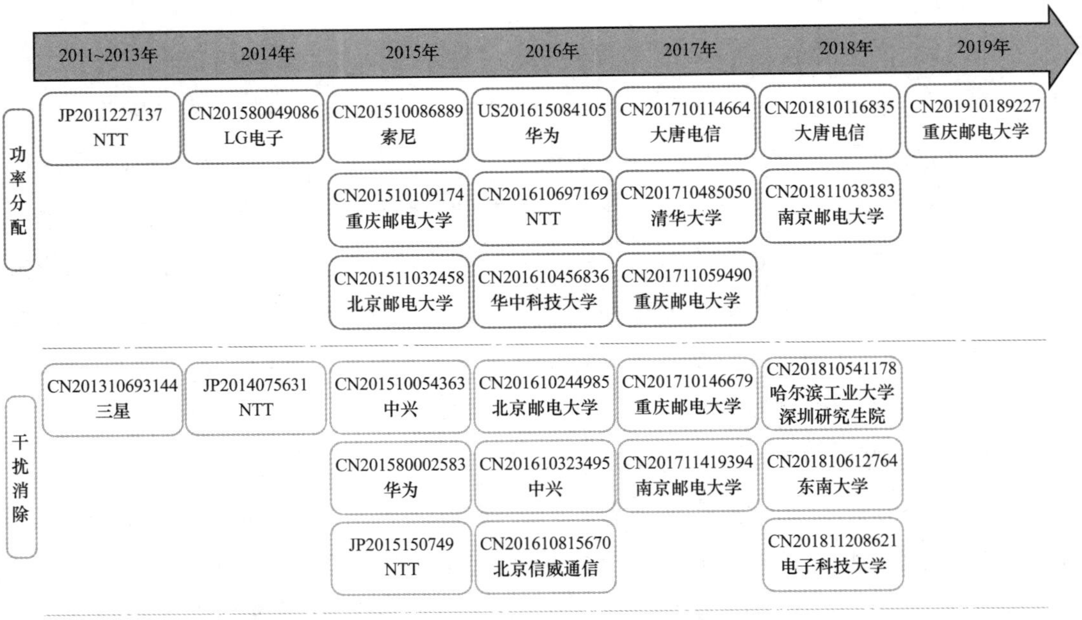

图 7　NOMA 技术专利申请演进路线

户进行功率分配：距离基站越近、路径损耗越小的用户分配的功率越小，距离基站越远、路径损耗越大的用户分配的功率越大，各用户终端通过信号处理从接收到的非正交信号中删除发往比自身终端路径损耗大的用户终端的信号，然后解调。索尼在 2015 年 2 月 17 日提出的专利申请 CN201510086889 中指出现有的非正交多址通信系统仅涉及用户级的功率分配方案，而更深一层的子载波级的功率分配问题则未见研究；基于此，该申请提出了一种在非正交多址通信系统中实现的子载波功率动态调整的技术方案，能够实现对子载波功率的动态分配，从而进一步提升了通信系统的信道容量。华为在 2016 年 3 月 29 日提出的专利申请 US201615084105 中，基站向一个或多个用户设备发送包含提示所述一个或多个 UE 以较低的发送功率电平基于较低的功率控制目标在路径损耗较高的无线链路上发送非正交信号等控制信息的下行信号，从而实现在非正交上行传输中进行功率的分配。大唐电信在 2017 年 2 月 28 日提出的专利申请 CN201710114664 指出，经典的全搜索功率分配算法通过遍历所有的功率分配方案来获得功率分配的最优解的方法复杂度太高；针对这一问题提出将蚁群算法进行优化后应用于 NOMA 的功率分配优化，从而显著提高了功率分配优化的速度，满足终端移动性较强的对功率分配优化速度的要求。重庆邮电大学在 2019 年 3 月 13 日提出的专利申请 CN201910189227 指出现有技术都是假设每个子载波只分配给两个或较少的用户使用，并且仅仅考虑单个用户或者少部分用户达到最小速率要求，不满足实际应用的要求；基于此，提出一种基于多用户的非正交多址接入技术的功率分配方法，以确保在满足子载波各用户的最小速率要求的同时能够达到最大的系统容量，兼顾了系统容量和用户公平性。

在降低功率分配算法的计算复杂度方面，重庆邮电大学在 2015 年 3 月 12 日提出的专利申请 CN201510109174 为了在不影响系统容量的同时减小功率分配算法的复杂度，提出一种频率和功率联合分配的技术方案，将频率和功率的联合分配分解成两个子算法，先进行频率分配，再进行最优化功率分配。北京邮电大学在 2015 年 12 月 31 日提出的专利申请 CN201511032458 同样针对现有功率分配算法的计算复杂度较高这一问题，提出了一种功率分配算法复杂度较低的非正交多址功率分配方法：该方法没有遍历所有用户分组，而是先根据预设的判定准则，配对出所有的适合非正交多址接入的一个或多个第一用户组，然后再对一个或多个第一用户分组进行处理，确定出最优用户分组，最后将功率分配给最优用户分组，在功率分配时利用 KKT 条件先求解上行功率分配，然后通过上下行对偶求得下行功率分配，将非凸问题转化为凸问题，从而降低了计算的复杂度。南京邮电大学在 2018 年 9 月 6 日提出的专利申请 CN201811038383 为了降低现有功率分配算法的计算复杂度，引入遗传算法，提出一种基于遗传算法的 NOMA 功率分配方法，在目标函数的处理过程中引入遗传算法解决约束条件下的最优化问题，提高了系统的总传输速率的性能指标。

（2）干扰消除

在干扰消除方面，NTT 在 2014 年 4 月 1 日提出的专利申请 JP2014075631 针对在用户装置对信号的解调精度低的情况下，接收功率高的干扰信号的解调精度低且期望信号的解调精度也低，而导致用户装置难以高精度地解调发往该用户装置的期望信号这一问题，提供了一种执行用户装置容易高精度地解调发往该用户装置的期望信号的非正交多址的基站。NTT 在 2015 年 7 月 30 日提出的专利申请 JP2015150749 为了降低接收机的复杂度，提出一种能够以新的方式调制用于多个 UE 的编码信号，使得在接收机侧解码用于位于小区中心的 UE 的信号时不需要进行干扰消除操作的发送方法。北京邮电大学在 2016 年 4 月 19 日提出的专利申请 CN201610244985 指出在现有非正交多址接入数据传输技术中近用户 DCI 中携带的信息较多，开销较大；基于此，提供一种非正交多址接入数据传输方法，该方法无需在近用户的 DCI 信息中携带远用户的 DCI，从而实现减少近用户的 DCI 开销。

中兴在 2016 年 5 月 13 日提出的专利申请 CN201610323495 指出当前实际通信系统（例如 LTE 系统）中存在使用非正交多址接入技术的基站能识别的 DCI 不能用于指示两用户做叠加传输，以及使用非正交多址接入技术的基站能识别的 DCI 不能用于指示用户做 SIC 消除的问题；基于此，提供了一种信息传输方法，以解决上述问题。北京信威通信在 2016 年 9 月 10 日提出的专利申请 CN201610815670 指出，现有的 NOMA 传输方案仅仅考虑了单个小区的情况，而忽略了在多小区场景中，不同小区的边缘用户之间可能会造成较为严重的小区间干扰，从而降低小区边缘用户的性能；针对这一问题，提出了一种传输的方法，能够实现在提高小区吞吐量的同时，消除协作小区之间的干扰。重庆邮电大学在2017年3月13日提出的专利申请CN201710146679指出现有的非正交系统在接收机的SIC的方式较为简单，当信道情况较差时，干扰消除的性能会受到极大的影响，导致解调出信号的质量不理想；针对这一问题，该申请在传统的SIC接收机基础上增加选择开关单元、用户译码单元和用户编码单元，利用译码和编码的纠错能力，可以减少每级信号的错误率，提高信号的正确性和可靠性，同时为了在计算延时和系统性能之间达到一个更优的平衡，会自适应地对消除模块的译码编码模块进行增加或减少。哈尔滨工业大学深圳研究生院在2018年5月30日提出的专利申请CN201810541178则指出大规模MIMO-NOMA在提高系统容量和频谱效率的同时也具有较复杂的应用环境，海量的信道状态信息难以及时精确地获取和共享，容易导致用户端的SIC译码错误从而导致误差传播，加剧簇内用户干扰；针对这一问题，提出一种基于斜投影的大规模MIMO-NOMA下行干扰消除方法，其利用基于斜投影的预编码技术和基于空间相关性的线性预编码技术，能够实现消除来自交叉极化用户信号的干扰，减小传统大规模MIMO-NOMA系统的反馈开销，缩短降低了误差传播概率，提高了系统传输效率。

（三）SCMA技术

1. SCMA技术概述

多址接入技术使基站能区分并同时服务于多个终端。SCMA技术是一种全新的码域非正交多址接入技术，通过低密度扩频和高维/多维调制技术这两个关键技术，进行稀疏码本设计，各个码字之间存在稀疏性，不同用户使用不同的码本，将来自一个或多个用户的多个数据层的比特数据流直接映射为对应码本中的高维稀疏码字，将用户的信息非正交叠加在同一时频资源上进行传输。通过多用户在码域的多址接入，使得在相同频谱资源的情况下，大大提升频谱资源利用效率。

2. SCMA技术的发展历程

从SCMA技术相关的历年专利申请量可以看出，其在2012年处于萌芽时期，开始有相关的技术被提出；在2013~2014年，专利申请量开始缓慢增长；在2015~2018年处于一个快速发展的时期。接下来从这三个时期来对SCMA技术进行分析。

（1）萌芽期（2012年）

在这个阶段，为了满足下一代无线网络不断增长的需求，实现更高的编码速率，华为申请了一系列的专利，系统地提出SCMA技术的码本设计、数据传输、接收数据的方法，具体涉及为每个复用层分配不同的包括稀疏码字的码本来降低接收器的基带处理复杂度和将SCMA与MIMO相结合来提高频谱效率等。

（2）缓慢增长期（2013~2014年）

在缓慢增长期，为了支持第五代移动通信系统的高容量需求和新应用，华为提出了一系列相关的专利，主要涉及链路自适应、多维星座、协同多点（CoMP）传输和开环的多用户 SCMA、用于低峰均功率比多址接入的方法以及如何减轻在相邻资源区域中的异步 SCMA 传输产生的干扰。

（3）快速发展期（2015~2018 年）

这个时期的申请量的快速增加主要集中于各高校，如电子科技大学、哈尔滨工业大学、重庆邮电大学、电子科技大学等；主要涉及如何解决 SCMA 系统存在的高 PAPR、使误码率下降、降低检测和解码复杂度以及提高译码性能等问题。

3. SCMA 技术的演进路线

图 8 所示为 SCMA 技术专利申请演进路线，接下来从数据传输、最优码本设计和低复杂度检测这三个方面进行具体的分析。

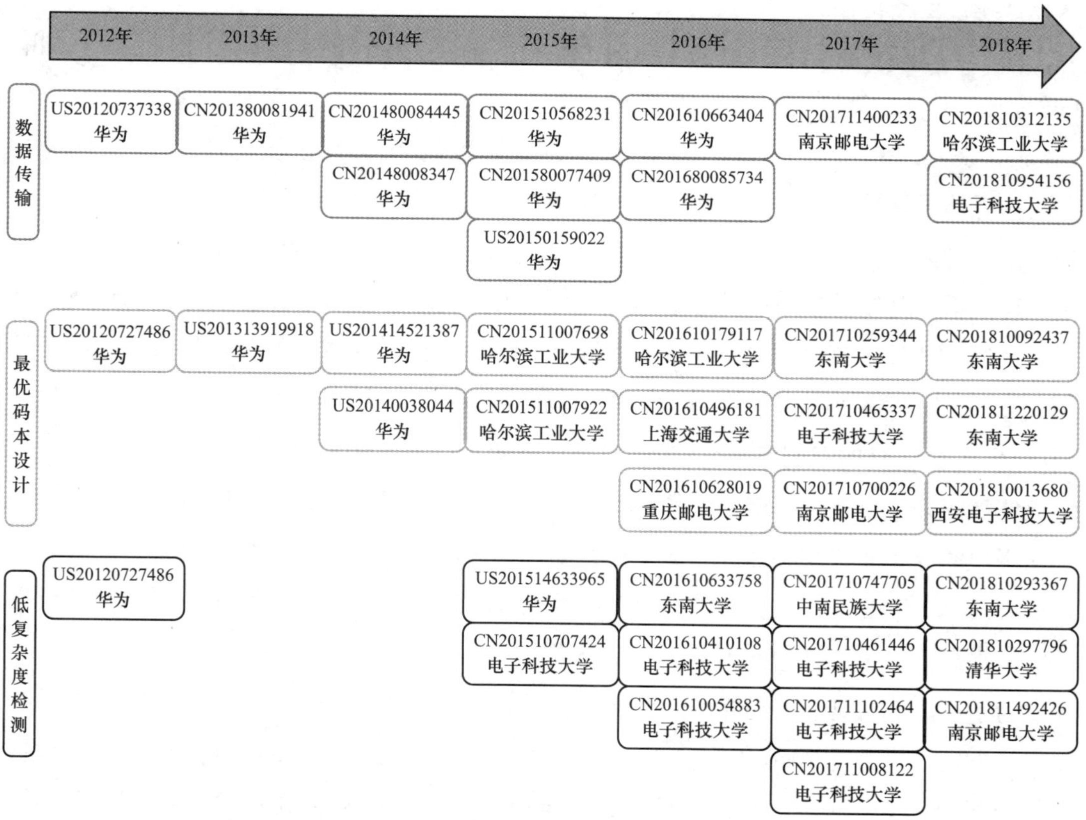

图 8　SCMA 技术专利申请演进路线

（1）数据传输

为了能够支持更高的数据速率以及节省传输资源，华为在 2012 年 12 月 14 日的专利申请 US20120737338 中提出将 SCMA 和 MIMO 相结合，从而提高频谱效率；华为在 2013 年 12 月 13 日的专利申请 CN201380081941 中提出了一种上行解调参考信号传输方法，根据用户设备使用的SCMA码本，将上行的解调参考信号承载在一个第二正交频分复用的N个第二子载波上，并将其发送给基站，从而基站可以实现根据承载N个第二子载波上的上行解调参考信号解调该用户设备根据SCMA码本传输的数据，降低上行解调参考信号的传输功率；华为在2014年12月31日的专利申请CN201480084445中提出一种数据传输方法，中继节点可以发送SCMA码本映射的网络编码信号，因此使得中继节点和源节点可以在同一个时频资源发送信号，增加系统传输的效率；华为在2016年5月17日的专利申请CN201680085734中提出了适用于多比特符号的多个流同时传输的多址接入传输方法。南京邮电大学在2017年12月22日的专利申请CN201711400233中采用了基于SCMA多址接入机制的基站频谱带宽分配方法，通过分配用户码本使得SCMA上行链路的系统吞吐量最大，同时通过在基站端为SCMA上行链路系统子载波分配频谱带宽来保证用户业务传输速率要求。

在下行链路中，终端设备可以计算出当前的信道质量指示（Channel Quality Indication，CQI）值，从而网络设备可以根据该CQI值调整该用户的调制编码阶数（Modulation and Coding Scheme，MCS）。在SCMA中，该CQI值仅能反馈多用户复用的时频资源总体干扰情况，因此，华为在2014年11月21日的专利申请CN201480083479中提出了一种能够适用于复用相同的时频资源进行数据传输的终端设备的MCS的调整方法，通过根据终端设备的数量对基于信道的信噪比确定的CQI进行处理，并能够使经过处理后的CQI反映该终端设备在数据传输过程中的干扰噪声情况，并调整该终端设备的MCS，能够使调整后的MCS与该第一终端设备的干扰噪声情况相适应。电子科技大学在2018年8月21日的专利申请CN201810954156提出了基于稀疏结构的非正交导频设计及信道估计的方法，通过一组正交的导频序列估计出多个用户的初始信道信息，然后采用不同用户的导频非正交叠加的方式，更新不同用户的信道信息；每个子载波上没有不同发射天线的导频叠加，只有不同发射天线的数据和导频重叠，这样在保证系统频谱效率的同时提高了信道估计的准确性。

为了满足低时延、高可靠的业务传输，提高传输数据的速率，华为提出了上行免授权传输方案。华为在2016年8月12日的专利申请CN201610663404中将N个码本数据映射到不同非零物理RE上，从而保证N组码本映射后的数据在传输过程中的码本分集，在无额外时延开销的基础上，避免待发送的用户数据信息相互干扰的同时，最大限度利用码本分集，提升通信可靠性。哈尔滨工业大学在2018年4月9日的专利申请CN201810312135中通过建立上行链路系统模型，利用异步接收信号的结构，在同步SCMA检测算法MPA的基础上，提出了针对异步SCMA的多用户检测算法EGC-BP-MPA，将接收信号根据用户时延分段处理，以较低的复杂度的增加实现SCMA上行链路系统的可靠传输。

（2）最优码本设计

在 SCMA 编码中，每个用户都有其专用的码本，编码比特直接映射到 SCMA 码本中的一个多维码字上，替代了原始码分多址中的调制和扩频，且多个用户的码字在资源块上叠加传输，可以成倍增加用户数量；码字的稀疏性使得系统可过载，从而更好地提升系统整体容量。SCMA 技术中，码本设计直接关系到接收端译码的复杂度和 SCMA 系统的性能。SCMA 系统需要通过多个资源上的码本进行联合解码得到信息，因此若想取得较好的性能，相应地在发射端 SCMA 系统也需要对多个资源上的码本进行联合设计，设计复杂度高、难度大，如何基于低复杂度设计出性能更好的码本成为 SCMA 的关键点。

华为在 2014 年 8 月 15 日的专利申请 US20140038044 提出了一种生成在各复数维上有少量投影的码本的方法，以降低解码复杂度。哈尔滨工业大学在 2015 年 12 月 28 日的专利申请 CN201511007698 和 CN201511007922 提出了采用低阶星座点旋转映射模型，同时对多个资源上的码本进行了联合设计，实现操作简单的基于最大化最小乘积距离准则的 64 点码本设计和 16 点 SCMA 码本设计方案，直接通过低阶星座点旋转映射模型即可以得到高阶的星座图，并且得出的结果既考虑了汉明距离，又通过旋转角度的确定考虑了乘积距离。重庆邮电大学在 2016 年 8 月 3 日的专利申请 CN201610628019 中提出了一种基于最大化星座点和距离的 SCMA 码本设计方法，经过两次优化计算，分别最大化了每个用户 4 个星座点间的和距离和每个资源块上叠加的 3 个用户的星座间点的和距离，从而提升了系统误比特率性能。东南大学在 2017 年 4 月 20 日的专利申请 CN201710259344 提出了一种基于正六边形星座图的 12 点 SCMA 码本设计方法，所有星座点的相位皆为 30°的整数倍，在总的星座图上共有 12 个星座点，可以用于 6 用户 4 载波的 SCMA 系统中，将总星座图拆分成多个子星座图，具有复杂度低、高信噪比下误码率低、便于硬件实现的优点；与华为提供的一种 16 点码本用于 6 用户 4 载波的 SCMA 系统相比，复杂度降低了 1/4，且在信噪比较高的时候，系统误码率性能更好。电子科技大学在 2017 年 6 月 19 日的专利申请 CN201710465337 中对母星座图以最小乘积距离为目标函数进行最优化，得到最优旋转角度，将母星座图分解为 3 个子向量，以得到的最优旋转角度对 3 个子向量进行旋转，得到母星座图的旋转子向量，对旋转子向量进行坐标重排，得到适用于 6 个用户的 SCMA 编码本，通过旋转星座图获得良好的误码率性能，同时按照层级划分的 SCMA 编码本设计方法使得整个 SCMA 编码本的生成过程简化。

对于基于最小欧氏距离最大化的准则来设计码本的方法，当用户数增长时，运算的复杂度将随之呈指数增长，且码本搜寻的最优性能也不能得到保证。而为了达到 5G 海量连接的需求，SCMA 的大规模扩展是必须的，高容量 SCMA 码本设计是 SCMA 系统中亟须解决的问题。上海交通大学在 2016 年 6 月 29 日的专利申请 CN201610496181 中提出了一种基于容量最大化的 SCMA 码本设计方法，将叠加编码的思想引入到 SCMA 码本设计中，以单个资源块容量最大为目标，并能够保持 N 维码字的功率差异特性。采用高阶调制时，将用户对应的星座点限制在一条直线上，会降低星座点间的欧氏距离，误码率也相对较高。南京邮电大学在 2017 年 8 月 16 日的专利申请 CN201710700226 中提出了 SCMA 上行多址接入系统过载特性的优化方法，通过不同过载率条件下的误比特率比较提出优化设计方法，采用网格编码调制中子集分割方式设计码本，在高过载率下，系统误比特率性能表现良好。西安电子科技大学在 2018 年 1 月 8 日的专利申请 CN201810013680 提出了一种基于遗传算法的 MIMO-SCMA 系统码本设计方法，对下行多输入多输出稀疏码分多址 MIMO-SCMA 系统的发送端两个天线上的所有用户的码本进行设计，然后建立接收端用户检测的误码率模型，其中以发送端各个用户的码本中的参数作为模型中的参数，最后利用遗传算法求解该模型，以接收端用户检测的误码率最低作为设计准则得到所设计的码本，从而解决发送端两个天线上的用户使用相同的码本，造成接收端用户在检测接收信号时码字间存在较大干扰，从而导致接收端用户检测的误码率较高的问题，以及在码本的设计计算复杂度会随着系统中用户数的增加而指数增长的问题。

（3）低复杂度检测

在 SCMA 技术中，高效的多用户检测算法是 5G 无线空口技术的重要组成部分，接收端利用稀疏性进行低复杂度的多用户联合检测。

华为在 2012 年 11 月 16 日的专利申请 US20120727486 提出了一种基于并行策略的 MPA 检测方法，计算复杂度主要来源于资源节点的消息更新过程，虽然能有效提高正确译码的概率，但其计算复杂度很高，随着码本中码字个数的增多以及用户数目的增加，通信系统的硬件计算复杂度也会越来越高。为了更好地满足 5G 技术对高速、高效、低时延的需求，电子科技大学在 2016 年 6 月 13 日的专利申请 CN201610410108 提出一种基于高斯近似以及均值与方差反馈原理的 SCMA 通信系统多用户检测方法，通过高斯近似与反馈方法后，SCMA 因子图资源节点的有效度数 d 得到了合理的降低，使得在 BER 性能损失不大的情况下，极大程度地降低了计算复杂度。电子科技大学在 2017 年 10 月 25 日的专利申请 CN201711008122 提出一种由自适应压缩感知辅助的 SCMA 通信系统多用户检测方法，使用较少次数的 MPA 迭代作为初检测值，再利用压缩感知算法进行二次检测，并且由于压缩感知算法的计算复杂度相比于 MPA 迭代算法而言较低，可以节约一大半由 MPA 迭代所带来的极大的计算复杂度，使得在 SER 性能几乎没有损失的情况下降低了整体算法的计算复杂度，提高了 SCMA 多用户检测算法的计算效率。

基于并行策略的 MPA，在算法的每轮迭代过程中，所有资源节点先同时进行消息更新，然后所有用户节点同时进行消息更新。这种策略的多用户检测方法，更新的消息只能等到下轮迭代过程才能传递出去，消息传递的收敛性并非最佳。基于串行策略的

MPA，算法以资源节点为序，按串行方式依次进行消息更新与传递，保证更新的消息能够立即进入当前迭代过程，改善了消息传递的收敛速度，但这些方法的复杂度依旧可以进一步优化。中南民族大学在 2017 年 8 月 28 日的专利申请 CN201710747705 利用 SCMA 编解码的结构特点，在执行过程中边迭代边检测出一部分用户，而不是在算法达到最大迭代次数后才将所有用户统一检测出；首先在迭代前计算出各用户的译码优势，依据译码优势对用户进行排序，然后在每一轮迭代后，对译码优势排序靠前的用户直接进行译码并剔除，使其不用再参与后续的迭代运算；由此每一轮迭代过后，剩下的未译码用户相应减少，所以随着迭代次数的增加，此算法每一轮迭代的复杂度也会随着降低。

在 SCMA 系统中，高效的多用户检测是 SCMA 系统成功的重要组成部分。最优的多用户检测方案是最大后验概率（Maximum A Posteriori Probability，MAP）算法，其复杂度太高不容易实现，且对信道估计的精确度有着极高的要求。东南大学在 2018 年 4 月 4 日的专利申请 CN201810293367 中提出了一种基于图像处理的 SCMA 盲检测方法，利用二维图像中像素点之间的丰富关联性强化滤波降噪效果，降低传统检测方法对信道估计的依赖程度，提高在存在信道误差时检测的误码率，吞吐率较高，并针对盲检测算法的硬件架构作出时序和资源复用上的系列优化，得到具有较高通用性的检测器架构。而 MPA 作为次优的多用户检测，其利用码字稀疏特点可以获得接近 MAP 的误码率 BER 性能并且极大地降低复杂度。但随着用户数和码本大小的增加，MPA 算法的译码复杂度是呈指数增长的，所以降低 MPA 算法的复杂度依然具有重大的意义。东南大学在 2016 年 8 月 4 日的专利申请 CN201610633758 利用 MPA 解码原理在稀疏系统中低复杂度的性质提出 DMPA 算法，从而降低 SCMA 系统译码复杂度。电子科技大学在 2017 年 11 月 10 日的专利申请 CN201711102464 中利用接收信号与发送信号之间的距离低于高斯门限区域内的 SCPs，舍弃高斯门限区域外的 SCPs，实现大幅度降低 MPA 算法复杂度，并且保证 BER 性能基本没有损失，大幅度降低 SCMA 系统译码复杂度。南京邮电大学在 2018 年 12 月 7 日的专利申请 CN201811492426 中提出了一种基于欧式门限值的消息传递解码算法，在 MPA 算法进行迭代以前对于要参与迭代的 SCP 点进行优化，在不影响解码的 BER 性能基础上，大大降低了解码端运算复杂度。

针对 MIMO-SCMA 系统，典型的算法分为两类：一类是最大似然（Maximum Likelihood，ML）检测算法，属于联合检测算法，需要联合搜索多个用户所有可能发送的码字，其优点是具有最佳的误码率性能，但是其复杂度随着用户个数、发射天线数和码字数呈指数增长，因此极高的复杂度限制了 ML 算法在实际通信系统中的应用；另一类是 ZF-MPA/MMSE-MPA 算法，即将 ZF/MMSE 检测与消息传递 MPA 检测结合的方式，即其优点是复杂度低，但是检测性能较差，为此，电子科技大学在 2017 年 6 月 16 日的专利申请 CN201710461446 提出一种用于 MIMO-SCMA 系统的低复杂度检测方法，在误码率性能上相较于MMSE-PMA检测算法有明显优势，相较于ML算法具有低复杂度的优势。

在MAP和MPA相关技术中，依然需要牺牲解码准确度等性能来换取复杂度降低，其最主要复杂度源于其需要对与之连接的节点进行所有可能的码字组合进行穷搜。清华大学在2018年4月3日的专利申请CN201810297796提出了一种基于量子计算的低复杂度SCMA解码方法，利用量子计算进行MPA算法的迭代，提出量子信息传递算法；在量子信息传递算法的基础上，设计SCMA的量子解码器，可以保证性能不下降的前提下完成解码，且解码复杂度大为降低，从而有效提高SCMA解码的实用性，降低解码复杂度的同时保持解码性能不受影响。

（四）PDMA技术

1. PDMA技术概述

PDMA技术，中文简称图分多址接入技术，是基于多用户通信系统整体优化，通过发送端和接收端联合处理的技术。国内的大唐电信是其主要研发者。

PDMA技术的理论基础是考虑发送端和接收端的联合设计。在发送端，基于多个信号域（例如功率域、编码域、空域、频域和时域）的非正交特征图样来区分用户；在接收端，基于用户图样的特征结构，采用广义SIC接收机算法来实现多用户检测，实现上行和下行的非正交传输，逼近多用户信道的容量边界。这样，可以实现多用户在已有无线传输资源的进一步复用，从而解决正交方式只能达到多用户容量界的内界、造成无线资源利用率比较低的问题。

2. PDMA技术的发展历程

在技术发展的萌芽阶段，相关专利申请主要涉及信号检测、用户配对的解决方案。由于正交方式只能达到多用户容量界的内界，造成无线资源利用率比较低，有鉴于此，电信科学技术研究院在2014年7月2日的专利申请CN201410312309提出了基于多用户通信系统整体优化观点的解决方案，采用发送端和接收端的联合处理的PDMA技术，使得一个或多个用户设备的信号在无线资源进行非正交的叠加，实现了非正交多址接入传输，从而提高了无线资源利用率。由于传统的接收机基于正交系统来设计，难以实现针对非正交多址接入的用户设备的信号进行有效检测。电信科学技术研究院在2014年7月15日的专利申请CN201410336709提出了针对PDMA的多用户信号检测解决方案，通过接收端对收到的对应于多个用户设备的信号进行非正交特征图样检测，从而提高了非正交多址接入的性能。

2015年至今，出现较多的相关专利申请涉及多用户信号检测、数据传输的解决方案。电信科学技术研究院在2015年4月7日的专利申请CN201510161138中提出了根据各层数据调制符号对应的调制星座旋转因子，对经过原始调制星座图调制得到的各层数据调制符号进行调整，从而避免 PDMA 的编码矩阵的每一列对应一层数据流的场景下造成的多层数据调制符号发生重叠，不利于接收端的信号检测的现象，进一步提高了系统性能。由于 PDMA 存在系统功率分配复杂度高的问题，存在高吞吐量的需求，重庆邮电大学在 2017 年 3 月 28 日的专利申请 CN201710192602 中提出了一种基于历史信息的 PDMA 系统功率分配方法，采用优化功率分配系数，构建单个资源块上的功率分配系数值序列，进而构建多资源块复用用户功率图样矩阵，提高复用用户功率分配灵活性与公平性。

（五）MUSA 技术

1. MUSA 技术概述

MUSA 技术是一种对 OFDM 系统兼容的多用户接入技术，特点在于在相同的 OFDM 信道资源上同时进行多用户传输，有利于实现低成本、低功耗 5G 海量连接。各接入用户利用基于 SIC 接收机的、具有低相关性的复数域多元码序列将其调制符号进行扩展，扩展后的符号可以在相同的时频资源里发送。接收侧使用线性处理和码块级 SIC 来分离各用户的信息。扩展序列会直接影响 MUSA 的性能和接收机复杂度，是 MUSA 的关键部分。

2. MUSA 技术的发展历程

MUSA 技术最早由中兴于 2015 年 7 月 1 日提出，其在专利申请 CN201510381361 中为 UE 分配唯一的 MUSA 号码，UE 可以根据 MUSA 号码确定是否重传已经发送的 MUSA 数据包，从而新的数据确认指示方法可以在 LTE 系统中顺利完成多用户共享接入中的重传控制，克服传统 LTE 系统中 PHICH 信道的 ACK 指示数目有限且和资源位置有对应关系的影响。

大唐电信在 2015 年 7 月 31 日的专利申请 CN201510463349 中，提出在非正交多址接入基本传输单元中发送使用一个解调导频资源的解调导频信号，增加发送上行解调导频资源的方式，给出非正交多址接入基本传输单元与上行解调导频资源的对应关系，从而解决了在高负荷的多用户数据以非正交方式复用时频资源的情况下对上行解调导频资源增长的需求。由于 MUSA 所使用的二元信道编码的编码性能受限，中兴在 2017 年 1 月 12 日的专利申请 CN201710023222 中，提出信道编码使用二元域/多元域信道编码，从而取得比二元域信道编码更好的编码性能；而且使用二元域/多元域序列扩频，当多元域扩频与多元域信道编码结合时可以取得额外的分集调制增益，大大提升非正交多址的整体性能。

在 SIC、PIC 检测方面，重庆邮电大学在 2016 年 5 月 27 日提出的专利申请 CN201610368610 中，提出针对用户 SINR 强弱进行排序，在第一级 PIC 检测时，优先将较强用户的信息解调并输出，然后再处理剩下的较弱信号，从而在不降低系统符号错误率的情况下，有效降低检测方法的复杂度。为了解决现有 MMSE-SIC 检测算法计算复杂度高、处理时延大和 MMSE-PIC 检测算法检测性能差的问题，哈尔滨工业大学在 2017 年 10 月 23 日的专利申请 CN201710993712、CN201710995504 中，提出了 MUSA 技术上行链路的先并后串多用户检测和先串后并多用户检测："先并后串"多用户检测算法为 SINR 设定判决门限值，每次计算用户 SINR 后，大于门限值的用户均进行并行检测降低算法复杂度，减小算法的处理时延；"先串后并"多用户检测算法提出 SINR 大于等于门限值的用户均进行 SIC 检测，SINR 小于门限值的用户均进行 PIC 检测，从而消除信号较强用户的数据，减小 MUSA 上行链路接收端接收信号的用户间多址干扰，改进 PIC 检测中信号较弱用户的检测性能，大幅提升系统检测性能。

四、总结

本文以 DWPI 和 CNABS 数据库收录的与新一代多址接入技术相关的专利申请为样本，首先分析了新一代多址接入技术及各关键技术分支的专利申请态势、各关键技术占比、专利布局情况、重点申请人等，然后通过对新一代多址接入技术相关专利申请的分析标引，梳理出比重较大的 NOMA 以及 SCMA 的关键技术的技术演进路线，其中 NOMA 进一步细化到功率分配以及干扰消除，SCMA 进一步细化到数据传输、最优码本设计以及低复杂度检测，同时对 PDMA 以及 MUSA 的发展历程进行梳理。

通过上述分析可知，由于国内通信技术发展迅速，在新一代多址接入技术的专利申请中，排名靠前的申请人以国内申请人居多，足见在新一代多址接入技术方面国内研发水平的先进性以及重要性。通过梳理技术演进路线可知，对于 NOMA，提出重点专利申请的包含日本 NTT、韩国 LG 电子以及国内各高校等重要申请人，其在全球范围均为研究热点，申请人分布没有明显的国内外差异，且为了满足 5G 高频谱效率和高连接数目的需求，高效即功率分配以及可靠即干扰消除仍将是研究重点。而对于 SCMA，提出重点专利申请的申请人则基本集中在国内，其中以华为申请居多，各高校也占据重要地位，区域分布明显。SCMA 灵活性高，适用场景广泛，但码本优化问题在未来研发中仍是关注重点。PDMA 过于复杂不易实现，MUSA 技术较为简单，但用户干扰较大且无法承载更多用户。NOMA、SCMA、PDMA 和 MUSA 各有优势，但对于选择 5G 多址接入的技术还是因需而异，并且侧重点还是应该放在传统的频域和时域承载资源上面。

本文对新一代多址接入技术的专利申请趋势和关键技术发展脉络进行统计分析，希望有助于我国研究人员对该领域的了解，帮助其利用专利信息把握该领域所处的发展阶段、跟踪国际技术发展趋势、调整技术研究方向、规避潜在的知识产权风险，从而提高在该领域自主知识产权的创造、运用、保护能力。

参考文献

[1] YUAN Y F, ZHU L M. Application scenarios and enabling technologies of 5G [J]. China Communications, 2014, 11 (11): 69.

[2] BOCCARDI F, HEATH W R, LOZANO A, et al. Five disruptive technology directions for 5G [J]. IEEE Communications Magazine, 2014, 52 (2): 74-80.

[3] TAO Y Z, LIU L, LIU S, et al. A survey: several technologies of non-orthogonal transmission for 5G [J]. China Communications, 2015, 12 (10): 1-15.

[4] 欧栓. 论述5G无线通信场景需求与技术演进 [J]. 中国新通信, 2017, 19 (9): 4-5.

[5] NIKOPOUR H, YI E, BAYESTEH A, et al. SCMA for downlink multiple access of 5G wireless networks [C] // IEEE. 2014 IEEE Global Communications Conference. Piscataway: IEEE Press, 2014: 3940-3945.

云计算环境下的资源分配专利技术综述*

李欢欢　魏留强**　凡保磊**　秦　涛**

摘　要　当前，随着云计算技术的发展，在云计算环境下资源分配过程中，如何进一步满足用户需求、优化资源配置以及提升资源利用率成为各国创新主体发展的重点。首先，本文从中国以及全球的视角，基于专利申请态势和专利申请人两个方面进行了较为全面的专利分析，反映出云计算环境下资源分配技术的整体的发展趋势，以及重点的技术布局态势。其次，本文根据各创新主体对云计算环境下的资源分配的重点技术进行了技术分支划分，并对各分支的技术内容进行了详细的梳理和比较。最后，本文对重要创新主体的专利进行了深入的发掘和比较研究，得到其技术发展脉络，进一步探索云计算环境下的资源分配技术未来的发展方向。

关键词　云计算　资源分配　资源请求　负载均衡　能耗

一、概述

（一）云计算定义

云计算作为一种新型的IT资源供应模式，是分布式计算、网格计算、并行计算和互联网技术的延伸与发展。它的主要吸引力在于能够为用户提供按需的、灵活的、弹性的、可靠的和廉价的资源服务，可以减少用户在信息化建设过程中前期的软硬件投入和后期的运维成本。

对于云计算，美国国家标准与技术研究院（National Institute of Standards and Technology，NIST）将其定义为一种用户能够随时随地、按需访问的共享资源池，包括网络、服务器、存储、应用和其他服务等资源。该共享资源池能以最少的管理开销及最少的与供应商的交互，迅速配置、提供或释放资源，旨在为用户提供可靠、定制和可度量的服务。[1]

---

* 作者单位：国家知识产权局专利局专利审查协作河南中心。

** 等同于第一作者。

（二）云计算历史[2]

第一阶段（1969~1977 年）：

1969 年，在冷战思维的背景下，美国国防部委托开发的 ARPANET 诞生了，成功完成了两台计算机之间的数据传输试验，这就是今天互联网的雏形。

第二阶段（1978~2005 年）：

随着互联网的发展，以及从 20 世纪 90 年代开始虚拟计算机逐渐流行，从而推动了云计算基础设施的发展。甲骨文（Oracle）创始人拉里·埃里森在 1995 年宣布个人电脑（Personal Computer，PC）已死，取而代之的将是互联网电脑（Network Computer，NC）。这种互联网电脑没有硬盘，软件在网络上运行，无须下载软件，所有数据和程序存储在远端服务器的数据库中，价格也比当时的 PC 便宜 2/3。关键是，它不需要安装操作系统。这个互联网电脑其实就是云计算的另一个雏形。当时的网速慢，且网络不普及，根本无法支撑线上操作；同时，云端并没有提供微软办公软件一类的普遍应用；加之后来 PC 降价，互联网电脑经过两年试验后，最终宣告失败。

第三阶段（2006~2018 年）：

谷歌（Google）、亚马逊（Amazon）和国际商业机器（IBM）先后提出了云端应用，才使得云计算的概念重回人们视野。

亚马逊：电子商务公司转型为 IT 基础服务提供商。其 2006 年推出 EC2（Elastic Compute Cloud）云服务。另外，作为电商，亚马逊还为小商家们提供网站代管、线上商店管理等，因此建立了更多数据中心。

IBM：计算机巨头转型为企业整体解决方案供应商。1993 年，IBM 宣布转型，逐渐从硬件制造商转型为企业级的软硬件整体解决方案供应商（Total Solution Provider）。转型后，IBM 的销售对象仍是企业级客户，旗下拥有相当全面的云计算产品线——包括服务器、管理软件、应用软件等。云计算的三个层次——基础设施即服务（Infrastructure as a Service，IaaS）、软件即服务（Software as a Service，SaaS）和平台即服务（Platfirm Platform as a Service，PaaS），全部都能在 IBM Cloud 上面找到相应的解决方案。2007 年，IBM 推出 Blue Cloud 服务，是 IBM 最早推出，也是最成熟的云计算解决方案。

谷歌：搜索引擎公司转型为线上应用软件提供商。云计算作为一个新的理念、新的融合技术、新的网络应用模式，是由谷歌于 2006 年首次提出的。谷歌开始在网上提供一套办公软件，其中包括电子邮件、文件处理和日历等和微软办公软件相类似的功能，并吸取了甲骨文的 NC 概念，多年后还推出了 Chromebook——其以云端操作系统 Chrome OS 替代本地操作系统。

亚马逊、国际商业机器和谷歌都是早期进入云计算领域的企业，但早期它们在云计算的发展方向上因各自利益取向而不同，有的强调企业，有的强调终端用户，但综合起来，就是云计算发展到目前最为普遍的几种商业模式。

微软（Microsoft）：从 PC 端转型为企业用户+云端服务。为了顺应时代潮流，2008 年微软在其开发者大会上发布了一个全新的云计算平台——Windows Azure Platform。这是一个基于微软数据中心的平台即服务平台，提供了 Windows 系统的线上开发、存储和服务代管的开发环境，对于使用 C# 和 SQL Server 的开发者来说非常亲民。同时微软也提供了一套基于 Visual Studio 的 Azure 工具，可供开发者在 PC 上开发和测试 Azure 平台上的应用程序。

发展到今天，云计算市场如火如荼。在国内云市场，百度、腾讯、阿里巴巴、三大运营商（电信、移动、联通）、华为、浪潮、金山、网易、360 等各路信息与通信技术巨头纷纷涌入，可谓是英豪齐聚战鼓擂。[2]

（三）云计算环境下的资源分配

从云计算的定义可以看出，对共享资源池的管理，即管理大规模的、异构的、动态变化的资源，使资源能够被合理、高效地分配和使用，具有重要意义。资源管理主要包括资源发现、资源监测和资源分配三个功能模块。[3]其中，云计算环境下的资源分配的实质是将总体有限的共享资源池中的资源合理地分配给用户的各个任务，满足用户的任务需求，提高用户满意度，最大化资源利用率，以保证云提供商的经济效益。

（四）资源分配的目标

总的来说，云计算环境下的资源分配有三个必需实现的目标：第一，满足用户个性化、多样性的资源需求，同时避免分配的资源超过用户的需求造成资源浪费，或者分配的资源少于用户的需求从而无法满足用户的服务质量要求；第二，高效利用共享资源池中的资源，保证计算任务和计算资源负载之间的均衡；第三，通过构建合理的资源分配机制减少云计算系统整体能耗，降低云计算服务商的运营成本和云计算用户的花费。

（五）技术分支的划分

对于云计算环境而言，资源分配是一个 NP-hard 问题[4]，随着用户的增多，大规模的任务调度具有很高的复杂性和不确定性，如果资源分配不合理，可能会造成任务执行时间和执行成本都变大，不但不能满足用户的需求，而且还可能造成资源的浪费，因此如何对用户任务进行合理的资源分配以及保证资源负载均衡是研究的关键[4]。首先，由于云计算“按需付费”的商业特点，要求云计算环境下的资源分配具有通用性和灵活性，来满足用户多样性需求和用户服务质量，使得云计算环境下的资源分配更加复杂。其次，为了保证共享资源池中的资源被充分利用，资源负载均衡的控制也显得更加关键。最后，在云计算环境下，由于电子信息以及制造技术的飞速发展，使得数据中心服务器数量猛增，同时数据中心消耗的能耗随着其规模飞速增长，造成数据中心能耗以及设备故障率逐年上升。

针对上述问题，本文对云计算环境下资源分配领域的全球专利和中国专利进行了统计分析，并以国际商业机器、微软、浪潮等重要申请人入手，梳理了基于用户需求的资源分配、基于负载均衡的资源分配和基于能量消耗的资源分配三个技术分支下的技术演进、发展脉络。详见表 1。

表 1　云计算资源分配技术分解

技术分支 1	基于用户请求的云计算资源分配
技术分支 2	基于负载均衡的云计算资源分配
技术分支 3	基于能耗管理的云计算资源分配

二、专利申请总体情况

（一）数据来源及检索要素

本文采用中国专利文摘数据库（CNABS）、德温特世界专利索引数据库（DWPI）和世界专利文摘数据库（SIPOABS）。其中，CNABS 用于中文专利检索；利用 DWPI 以及 SIPOABS 两者的结合完成英文专利的检索。数据检索截止日期为 2019 年 7 月 30 日，其中由于专利文献在提出申请后并不会立即公开，而是要满 18 个月才会向公众公开，因此，2018 年及 2019 年的专利申请数据会有不完整的问题。所以，以下分析图中有关 2018 年和 2019 年申请量的下降趋势不排除是由于样本数据量的不完整而造成的。本文的数据检索采用关键词与分类号相结合的方式进行，共检索到 2196 项专利申请。

（二）全球专利分析

1. 专利申请态势分析

图 1 展示了云计算资源分配专利申请态势。根据检索结果，我们将云计算资源分配技术划分为下述几个阶段。

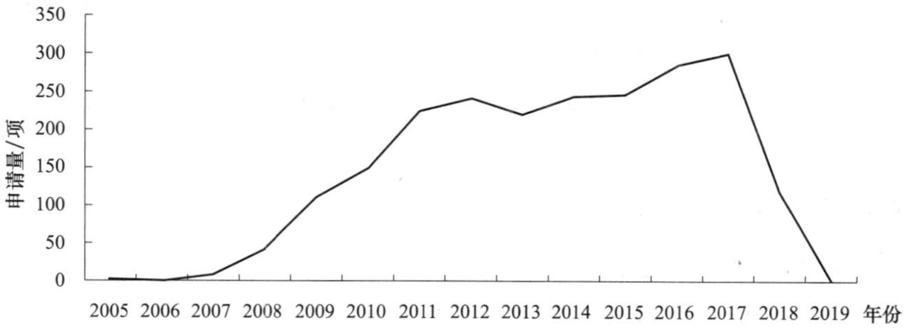

图 1　云计算资源分配专利申请态势

（1）萌芽时期（1996~2006年）

2006年之前是全球云计算资源分配技术专利申请的起步阶段，每年的申请量不超过10项，因此图中未显示2005年之前的数据。

最早关于云计算资源分配技术的专利申请是太阳微系统公司在1996年提出的，在该申请中提及了网络云概念，分布式处理系统包括三个独立和异构的平台，这些平台由网络云表示的网络配置连接。

其后，在2001年，SURGIENT在专利申请中提出了服务云管理器，将逻辑服务器与物理服务器完全分离，从而使物理资源和逻辑资源之间不存在永久联系，从而允许物理资源充当支持逻辑服务器的池，可以将逻辑服务器重新分配到不同的物理服务器而无需用户体验访问方法的任何变化，即使在重新分配期间也是如此。这就是最早期的虚拟机和虚拟机迁移。

2002年SURGIENT提出了服务云管理器的动态状态管理器，用于根据需求、利用率、优先级和成本信息来应用行为规则，以最大化资源利用率；确保资源的可用性，以满足最高优先级的需求。

（2）缓慢增长期（2007~2008年）

2007~2008年，专利申请量缓慢增长，每年专利申请量未超过百项。

云计算作为一个新的理念、新的融合技术、新的网络应用模式，是由谷歌于2006年首次提出的。最初，谷歌将大量的廉价服务器集合起来，开发云计算平台，是为了支撑其庞大的搜索业务。2003年，微软宣布进军网络搜寻市场。谷歌当然不会拱手相让，于是开始打造超级数据中心，将微软在个人计算机端的软件服务搬到线上，反抢微软的个人计算机端市场。[2]

红帽、IBM、英特尔、亚马逊、微软等计算机业界的巨头们也都相继提出了自己的云计算，联手拉开了云计算蓬勃发展的序幕。

（3）快速增长期（2009~2012年）

2008年之后，云计算资源分配专利申请进入快速增长期，专利申请量开始大幅度攀升。这是由于云计算应用的扩展使得业界对云计算资源分配技术的关注度逐步提高，很多企业都加强了云计算技术领域的专利布局。而且在2009~2012年，各大主流IT企业和互联网企业纷纷加入云计算平台的建设，并建立了自己的云计算平台产品。亚马逊开发了EC2，可以给用户带来不同的CPU、内存、存储容量等配置选择；微软发布了其公共云计算平台Windows Azure Platform，由此拉开了微软的云计算大幕；阿里软件建立了首个“电子商务云计算中心”；中国移动云计算“大云”计划启动。这几年是各大IT企业和互联网企业着力建设自身云计算平台的关键时期，因此也伴随着专利申请的高速增长。

（4）稳步调整期（2013~2017 年）

从图 1 中可以看出，专利申请量从 2013 年开始呈现震荡增长趋势，这说明在经过了 4 年的快速增长期之后，云计算资源分配技术的专利申请也达到了一个相对稳定的增长速度，保持着每年 200~300 项的专利申请量。

2018~2019 年的申请数据出现了下降，这与专利申请的延时公开政策和数据库的收录延时有关。

2. 专利申请人分析

如图 2 所示，排名前 15 位的申请人中，有 9 家美国企业，分别是 IBM、微软、戴尔、甲骨文、惠普、红帽、英特尔、思科、埃森哲。美国是云计算技术发展最早的国家，最早提出云计算概念的谷歌就是美国企业。美国申请人凭借其在信息和通信技术领域发展的优势，在技术上处于领先地位，牢牢占据了霸主地位，走在了世界的前列，是主要的技术来源国。这与云计算的龙头企业大多在美国有关。亚马逊、谷歌、微软、IBM 等龙头企业在云计算领域保持领先地位。在全球排名前 100 名的云计算企业中，美国占据了 84 席；其他国家受制于信息和通信技术的落后，在云计算领域依然处于落后地位。

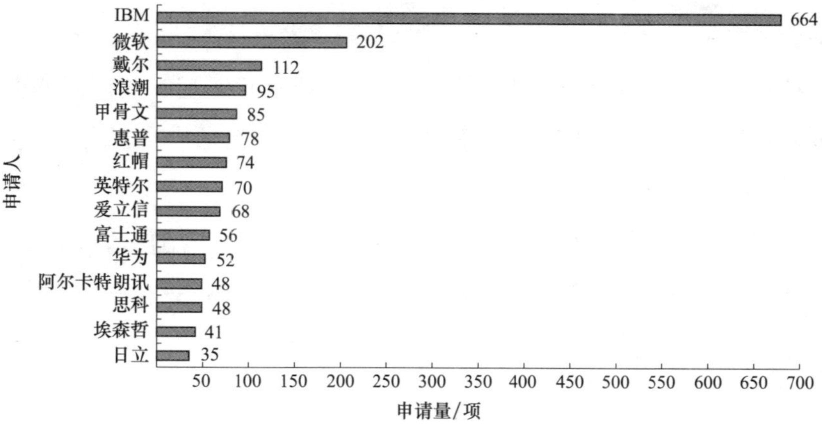

图 2　云计算资源分配全球专利申请人排名

排名前 15 位的申请人中，有 2 家中国企业，分别为浪潮和华为。虽然近年来中国市场主体也积极涉足云计算领域，但中国企业在信息和通信技术领域处于技术追随者的地位，因此，在云计算的资源分配领域仍然处于追随者的地位。从检索的数据来看，中国的申请人在云计算资源分配领域的起步较晚，从 2009 年才开始有了自己的专利布局。而且，中国的企业仍然以国内市场为主，专利申请集中在国内，除了华为之外，极少向中国之外的国家和地区提交专利申请，没有形成全球专利布局。

三、专利技术分支及其发展路线

（一）基于用户请求的云计算资源分配

云计算作为一种新兴的能够动态伸缩虚拟化资源的计算模式，其用户以租赁的方式通过互联网接入获取云计算服务且无需承担管理与维护云计算基础设施的费用。云计算是分布式计算（Distributed Computing）、并行计算（Parallel Computing）和网格计算（Grid Computing）的发展，也是以上三种计算机概念的商业实现。

云计算的特点是将原先集中在本地计算机或者远程主机上的计算任务分布在大量的分布式的计算机之上，这样可以使用户与企业灵活地将资源切换到需要的应用之上，根据自身不同的需求定制不同的云计算服务，访问云计算提供的资源，并将这些资源封装成可对外发布的服务；用户以租赁的形式，通过互联网接入访问云计算平台提供的服务内容。

Amazon AWS 等基础设施云可以为用户提供直接操作硬件资源的服务。基础设施云为用户提供了底层的、接近于直接操作物理硬件资源的服务接口。用户可以通过调用这样以服务形式发布的物理接口，非常灵活自由地获取云计算平台底层的资源。Google App Engine 等平台云可以作为用户应用的托管平台，用户可以将自己研发的和运营的应用托管到平台云之中。

这些云计算平台的使用和部署均需要与用户的请求相匹配。如何能够准确、高效、智能地根据用户请求分配用户所需的计算资源是云计算平台所需要解决的重要问题。

1. 专利申请态势分析

由于按需部署是云计算向用户提供服务的基本要求，基于用户请求的云计算资源分配技术的专利申请态势与云计算资源分配技术的专利申请态势基本一致，详见图 3。

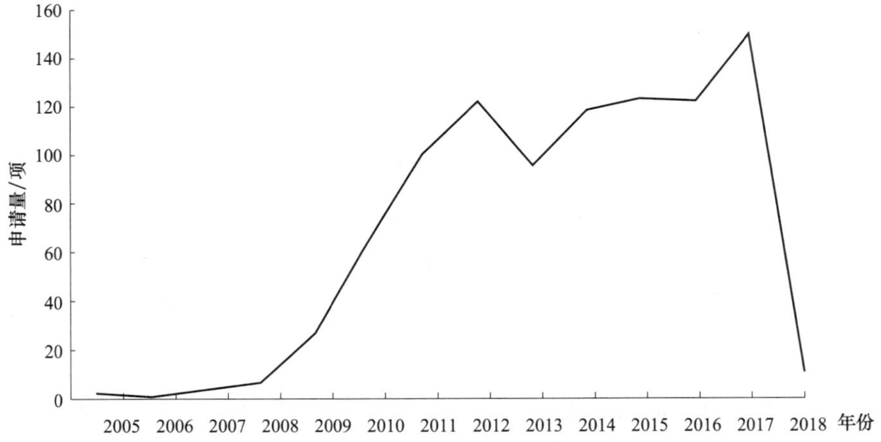

图 3　基于用户请求的云计算资源分配专利申请态势

从图3中可以看出，自云计算概念提出之后，经过两年的技术缓冲期，从2008年开始，基于用户请求的云计算相关技术得到了迅猛发展，迎来了技术爆发期，申请量增长速度较快，从2008年的7项快速增长到2012年的顶峰122项。2008~2012年，各大主流IT企业和互联网企业纷纷加入云计算平台的建设，并建立了自己的云计算平台产品：亚马逊开发了EC2，可以给用户带来不同的CPU、内存、存储容量等配置选择；微软发布了其公共云计算平台Windows Azure Platform，由此拉开了微软的云计算大幕；阿里软件建立了首个“电子商务云计算中心”；中国移动云计算“大云”计划启动。这几年是各大IT企业和互联网企业着力建设自身云计算平台的关键时期，因此也伴随着专利申请的高速增长。

2013年的专利申请量略微下降，从2012年的122项降低到95项，这与云计算技术已经发展较为成熟，来自传统计算平台的资源分配技术已经在云计算资源分配管理中转换完毕有关。新的技术需要根据云计算平台的特点进行研发，因此，研发的脚步有所放缓，然而依然维持在一个相对高的水平。

2017~2019年的申请数据出现了下降，这与专利申请的延时公开政策和数据库的收录延时有关。

2. 技术活跃度分析

图4为基于用户请求的云计算资源分配相关技术的申请人的数量的变化情况。从中可以看出，基于用户请求的资源分配作为云计算平台的基本特征，与云计算技术的发展保持一致。2008~2011年，是云计算相关技术发展最为活跃的时期，其间申请人数量从10位增加到了142位，每年新增申请人数量也从10位增加到了61位，表明申请人数量和新增申请人数量都有较大规模的增长。可见，云计算相关技术已经成为计算机和互联网相关企业开始重点布局的对象；除了主流的云计算厂商之外，业内其他企业也在积极布局云计算相关业务。2011~2014年，申请人数量和新增申请人数量均保持较为平稳的走势，可见，在2011年后，关于云计算的基础研究已经较为成熟，云计算技术进入了平稳发展期，各大企业对云计算平台的优化以及迭代工作依然在积极参与。

从2015年开始，基于用户请求的资源分配相关技术的活跃度开始下降，这一方面是由于云计算的发展已经较为成熟，度过了技术爆炸阶段；另一方面是由于根据用户请求进行资源分配是云计算技术的基础技术，所以，对该技术的研究为云计算早期研究内容，在早期完成对该技术的重点研究工作之后，该技术已经较为成熟。

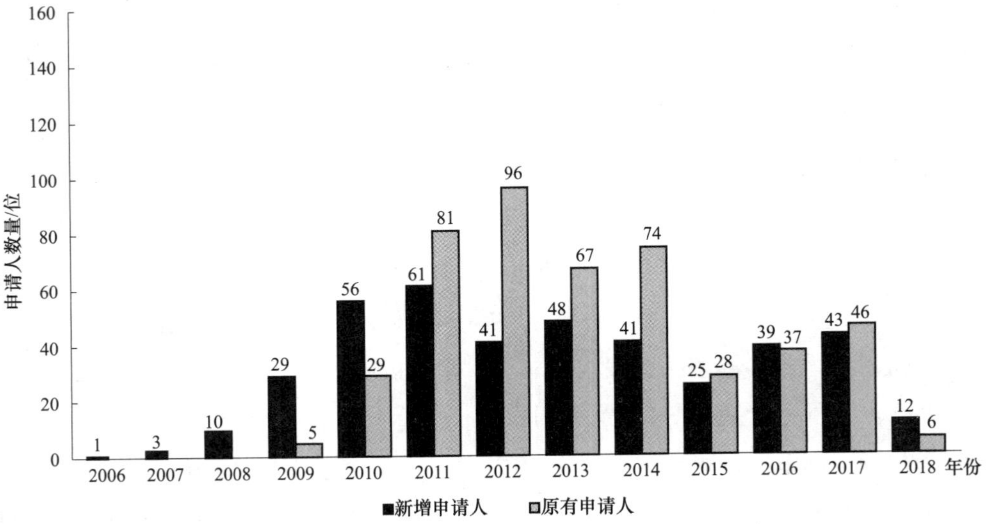

图 4　基于用户请求的云计算资源分配技术活跃度

3. 专利申请布局分析

从图 5 可以看出，在基于用户请求的云计算资源分配技术领域，美国在该技术领域依然占有绝对优势，其是专利技术第一来源国，也是第一目标国，均占据了全球相关专利申请总量的一半以上。这表明美国依然在云计算技术领域起到了主导作用，其庞大的专利申请量与云计算的主流大型企业均是美国企业这一事实是密切相关的，如谷歌、亚马逊、微软、IBM 等。中国和欧洲作为申请来源国家和地区的专利申请比例均小于其作为申请目标的申请比例，而美国作为申请来源国的专利申请比例大于其作为申请目标的申请比例，表明美国云计算企业已经在中国和欧洲开始布局，利用其庞大的专利申请数量开始在中国和欧洲市场参与竞争。韩国和日本的申请量均占较小的比例，并且无论是其作为申请来源国还是作为申请目标国，其申请量均低于美国和中国，在云计算基础技术的竞争中均处于弱势地位。

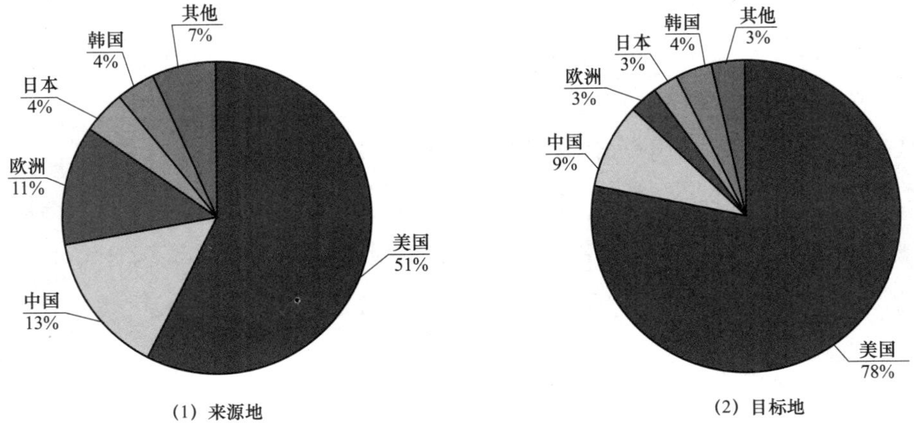

图 5　基于用户请求的云计算资源分配专利申请来源地和目标地分布

4. 专利申请人分析

图 6 为基于用户请求的云计算资源分配技术领域全球专利申请人排名。从图 6 中可以看出，专利申请量排名前四的 IBM、微软、威睿、英特尔都是美国的申请人，且它们的申请量远远超过其后的申请人，特别是 IBM 以 278 项的申请量处于绝对领先地位。图 6 中的申请人中，除爱立信、浪潮、华为之外，其他申请人均为美国公司。可以看出，美国在该技术中处于绝对的垄断地位。

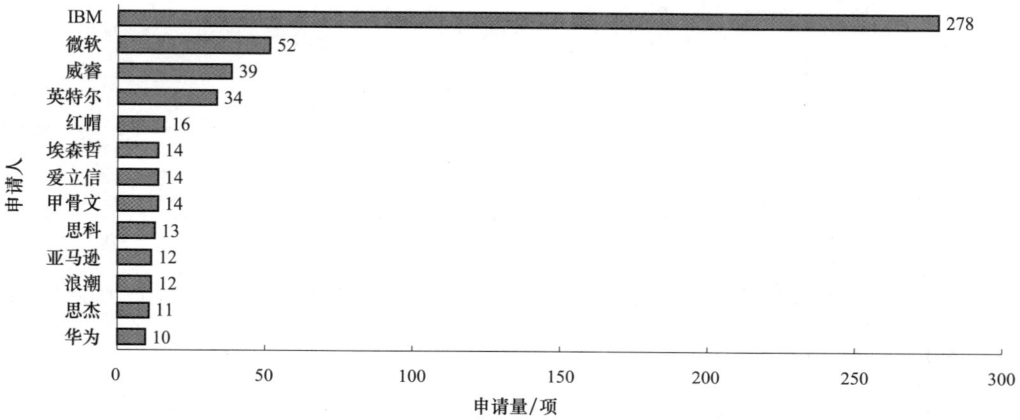

图 6 基于用户请求的云计算资源分配全球专利申请人排名

图 6 中的申请人中，中国申请人仅占了两席，分别为浪潮和华为，且排名均靠后，申请量分别为 12 项和 10 项，远不及 IBM、微软、威睿、英特尔等美国巨头。由于基于用户请求的云计算资源分配技术是云计算中的基础技术，可见，中国在云计算的基础技术研究中存在不足。虽然，浪潮、华为等企业已经开始在云计算中发力，但云计算的基础技术把控在美国企业手中。

图 7 为基于用户请求的云计算资源分配技术领域在华专利申请人排名，其中微软以 22 项的申请量超越 IBM 成为在华第一申请人，表明微软更重视在华专利申请，也凸显了其对中国市场的重视。IBM 在华申请量与其在美国的申请的遥遥领先形成明显差别，表明 IBM 在中国市场布局不足。

在华申请人中依然以美国申请人较多，也表明美国云计算企业对中国巨大市场的重视。中国申请人浪潮、华为、中兴等企业开始在国内布局云计算市场。云计算的发展也引发中科院云计算中心等科研机构对云计算基础技术研究的重视。

5. 技术路线分析

云计算技术的不断发展，使得云计算能够灵活地、可扩展地、按需地为应用分配资源。从图 8 可以看出，2006~2008 年为云计算的基础建设阶段，各大公司纷纷建设了最基本的云计算商用模型，即根据用户需求简单地向用户分配硬件资源和软件资源。这是

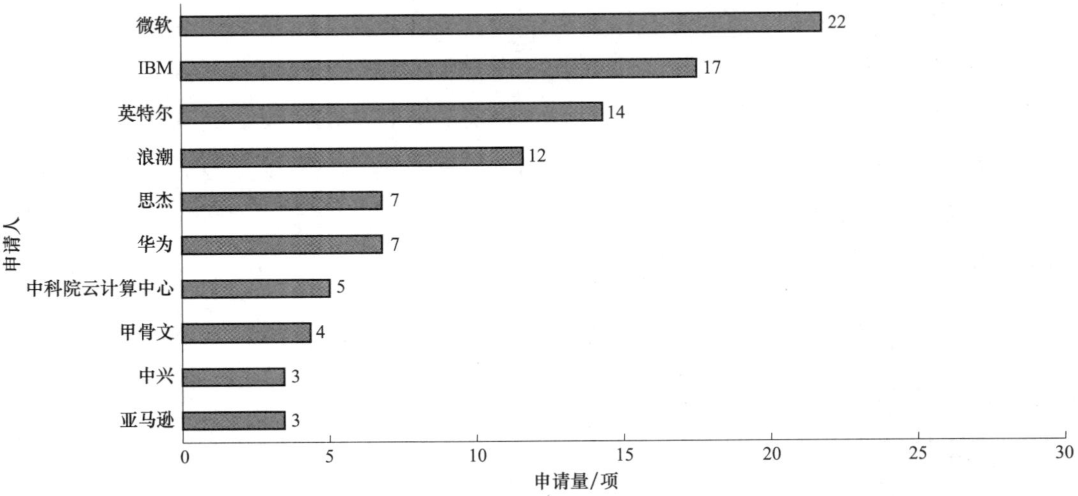

图 7　基于用户请求的云计算资源分配在华专利申请人排名

云计算系统所需要满足的基础服务功能，如红帽等公司提出的多种云计算基础服务形式。专利申请 US20080324621A 公开了云应用程序允许用户指定云可以访问的特定资源集，例如特定的硬件和软件资源；专利申请 US20080200281A 公开了当用户计算强度较大时，将数据请求和主题数据发送到云上的一组计算资源，并从云中返回计算结果；专利申请 US20080196459A 公开了用户向云市场系统发出请求，云市场系统被配置为确定云计算环境的资源和服务数据，并选择一组资源服务器，用于实例化基于虚拟机的虚拟机规范和实例化参数。上述申请代表了云计算的基本应用模型，即根据用户指定的要求而静态地为用户提供相应的计算资源、硬件资源或软件资源。

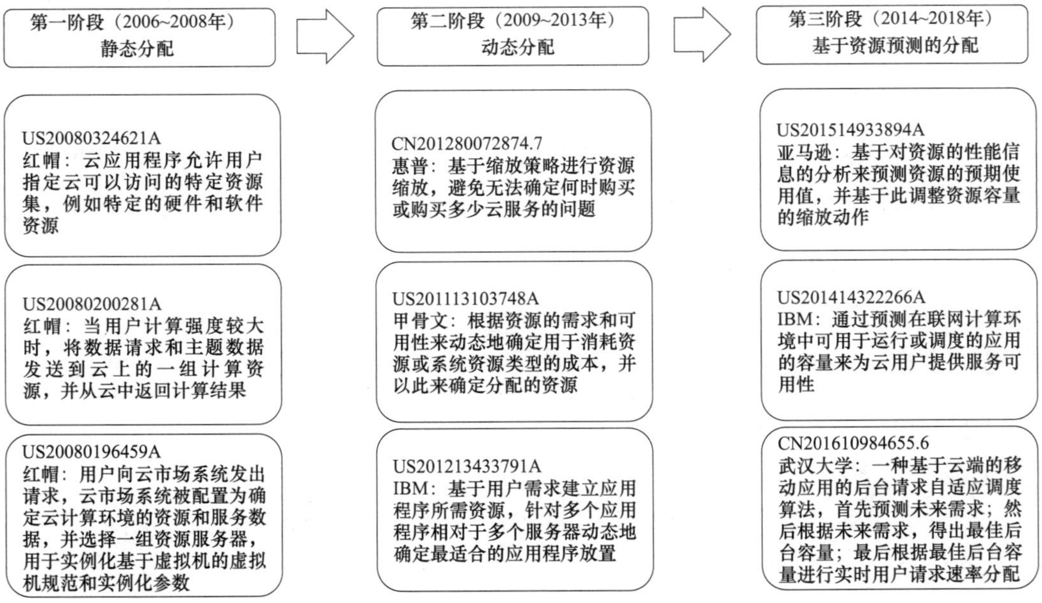

图 8　基于用户请求的云计算资源分配技术路线

随着云计算技术的继续发展，基于用户请求的静态的资源分配已经不能满足云系统资源利用率以及运行成本等方面的需求。因此，在云系统提供的基础服务的基础上，从2009年开始，各个公司开始对自身的云计算系统进行迭代和优化，建立多种方式的动态资源分配方式，以进一步有效管理云计算资源，实现资源利用率最大化，也进一步满足用户需求的弹性需求。如惠普、甲骨文、IBM的多项专利，其中专利申请CN201280072874.7公开了基于缩放策略进行资源缩放，避免无法确定何时购买或购买多少云服务的问题；专利申请US201113103748A公开了根据资源的需求和可用性来动态地确定用于消耗资源或系统资源类型的成本，并以此来确定分配的资源；专利申请US201213433791A公开了基于用户需求建立应用程序所需资源，针对多个应用程序相对于多个服务器动态地确定最适合的应用程序放置。从上述申请可以看出，各大企业已经不满足基础的云计算服务形式，提出了基于用户需求的动态变化而动态地对资源进行缩放或分配，以更精准地满足客户需求，提高资源利用率。

近年来，随着人工智能技术的发展，也带来了云计算技术的进一步深入发展。为了实现对虚拟资源的有效管理，预测技术被引入到云资源管理中，可以通过预测用户需求而使得资源分配更加合理化、智能化。各大企业也纷纷把目光投向智能化的云计算资源分配中，如亚马逊、IBM、武汉大学的多项专利。其中专利申请US201514933894A公开了基于对资源的性能信息的分析来预测资源的预期使用值，并基于此调整资源容量的缩放动作；专利申请US201414322266A公开了通过预测在联网计算环境中可用于运行或调度的应用的容量来为云用户提供服务可用性；专利申请CN201610984655.6公开了一种基于云端的移动应用的后台请求自适应调度算法，首先预测未来需求，然后根据未来需求得出最佳后台容量，最后根据最佳后台容量进行实时用户请求速率分配。上述申请均是根据对用户未来所需资源的预测来动态分配调度资源，这使得基于用户请求的资源分配更加合理化和智能化，也是未来的发展方向。

（二）基于负载均衡的云计算资源分配

1. 专利申请态势分析

图9示出了基于负载均衡的云计算资源分配的全球专利申请趋势状况。如何在资源分配的过程中进行负载均衡，是云计算资源分配自始至终都需要解决的问题，因此，基于负载均衡的云计算资源分配技术的专利申请态势与云计算资源分配技术的专利申请态势基本一致。

通过图9可以看出，基于负载均衡的资源分配领域最早的专利申请为2008年的5项，距离谷歌在2006年8月9日首次提出“云计算”（Cloud Computing）的概念不足两年的时间，且几乎没有萌芽期，一开始就以非常快速的态势突飞猛进：在2008~2011年的专利申请数量逐年倍增，并迅速在2016年申请量达到130项高峰。这说明云计算的技术改革与创新速度非常快。这与云计算的关键技术同样存在于网格计算、分布式计算等其他传统的计算平台有关，这样将传统计算平台的技术在云计算平台中重新赋予新的意义也更加容易实现。

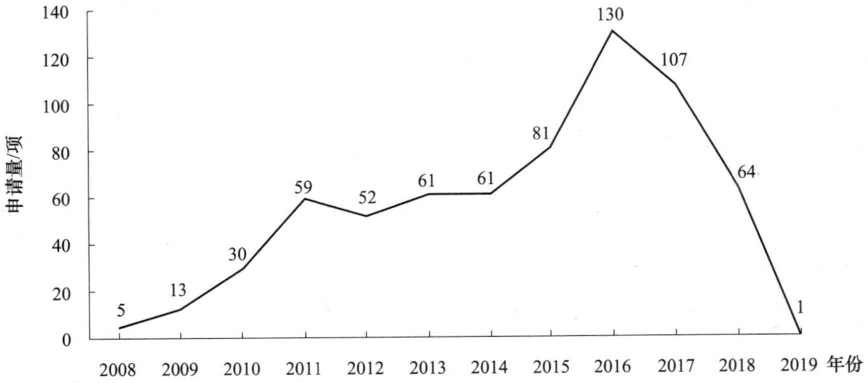

图9　基于负载均衡的云计算资源分配专利申请态势

2010~2011年专利申请量的激增与各国政府的刺激密切相关。2010~2011年，我国、美国、欧盟等纷纷出台云计算发展战略，鼓励发展云计算技术。在政府的鼓励下各企业纷纷发展云计算技术，导致2010~2011年专利申请量的激增，由2010年的30项发明专利申请增长至2011年59项发明专利申请。2012~2014年专利申请量增速相比2011年有所减缓，2012年的申请量甚至出现降低的趋势，达到52项，但是2013~2014年申请量开始保持稳定，每年都申请了61项专利，这与云计算技术已经发展较为成熟，来自传统计算平台的负载均衡技术已经在云计算资源分配管理中转换完毕有关。新的技术需要根据云计算平台的特点进行研发，因此，研发的脚步有所放缓，然而依然维持在一个相对高的水平。

2015~2016年的专利申请数据又一次出现了快速增长的趋势，由2014年的61项发明专利申请增长至2016年的130项发明专利申请。这与市场的刺激有关。由于云计算规模的扩大，云计算的负载均衡管理问题不仅是降低运营成本的问题，还是保证云计算平台稳定运行的问题。通过云计算平台中各负载资源的均衡技术，能够保证云平台中各个用户都能够得到优质、稳定的服务，并且降低云平台的资源消耗。

2017年资源负载均衡技术专利申请量首次呈现出负增长，较前一年减少18%。这是因为云平台中资源负载均衡技术已经成熟，其发展达到了瓶颈。

2018~2019年的申请数据出现了下降，这与专利申请的延时公开政策和数据库的收录延时有关。

2. 技术活跃度分析

图10显示了申请负载均衡的云计算资源分配的申请人的数量的变化情况。可以看出，从2006年提出云计算开始，至2008年不足两年的时间，申请人已经开始关注云平台的负载均衡问题，且一直到2010年，各个申请人踊跃加入负载均衡研究。通过负载均衡使云计算资源分配更加合理有效成为各个大公司和科研机构的研究热点。这与计算机业界巨头的强势推动有关：谷歌、亚马逊、IBM和微软等计算机业界的巨头们以前所未有的速度和规模推动着云计算技术的发展和云计算产品的普及，刺激了学术界的一些研究者们也迅速将云计算作为自己的研究课题。云计算技术是由其他传统平台的技术演进而来，而其他传统平台管理中的负载均衡管理也有相对成熟的技术，因此，计算机传统技术领域的申请人转而研究云计算技术相对容易，新增申请人的占比逐年攀升，并在2016年达到顶峰。

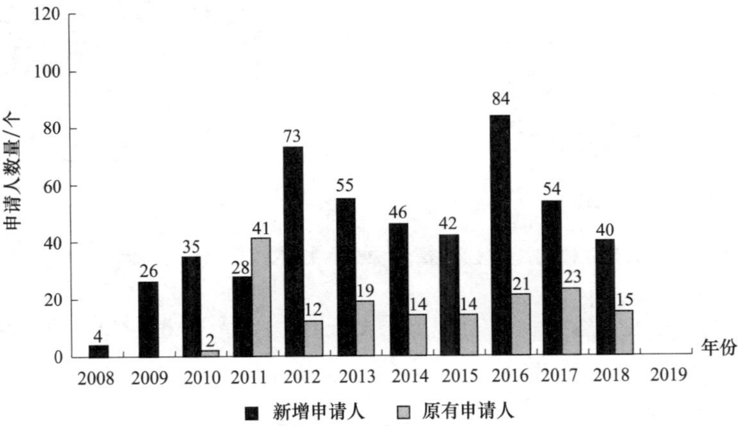

图10　基于负载均衡的云计算资源分配技术活跃度

2008~2012年，申请人数量快速增加，由最初的4个增长到2012年的85个。在这期间云计算作为一个新出现的领域，引起了各企业以及科研机构的关注，因此它们争相投入云计算进行研究。2013~2015年申请人的总量以及新增申请人的数量开始缓慢下降——总量由74个申请人下降到56个申请人，但是专利申请量并未下降，依然在逐年上涨。这是由于经过几年时间的研究，基于负载均衡的云计算资源分配技术由积累较多的企业申请专利，一些技术积累较少的申请人，无法持续投入资源进行研究，因此出现了申请人数量下降，但是申请量并未下降的现象。

经过前几年的技术积累以及资源投入，2016年专利申请人数量出现大幅度增加，达到105个，是历年专利申请人数量的峰值；但是此后的2017年以及2018年申请人的数量开始下降，在2018年降至55个，且新增申请人的占比也在下降，原有申请人数量也开始有了下降的趋势——由最多的84个降至40个。这说明云计算经过了几年的发展，参与云计算资源管理中负载均衡方向的研究者队伍也开始稳定。

2019 年的申请数据由于专利数据的延时公开特性，数据存在误差。

3. 专利申请布局分析

从图 11 可以看出，在基于负载均衡的云计算资源分配技术领域，中国和美国既是主要的技术来源国，也是重要的技术目标国，且来自中国和美国申请的专利布局占据了所有专利申请的绝大多数。这说明在基于负载均衡的云计算资源分配技术领域的技术创新，中国和美国已经站在了世界的顶峰。

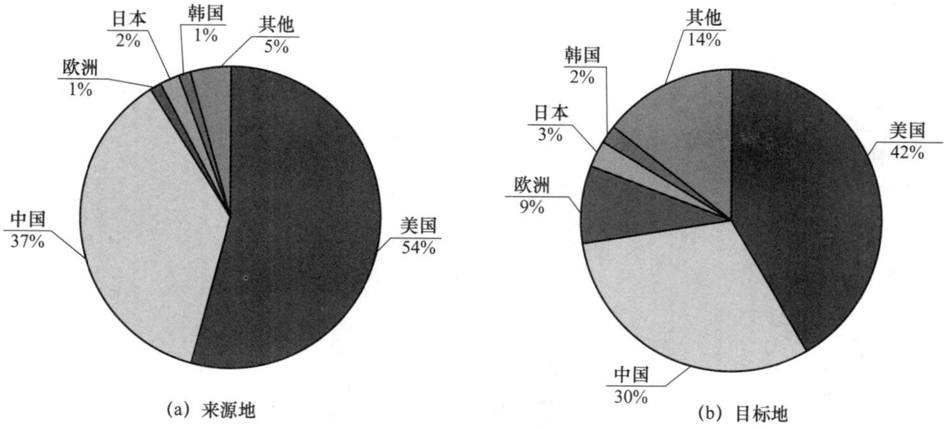

图 11 基于负载均衡的云计算资源分配技术来源地和目标地专利分布

而从各个国家和地区的专利分布可以看出，中国和美国仍然是专利申请的主要目标国家，这说明中国和美国的市场是云计算平台的主要分布市场。且从图中可以看出，来源于欧洲的专利申请占比较低，但是申请目标为欧洲的专利申请的数量占比相对较高，这说明其他国家和地区有在欧洲的市场进行竞争。

图 12 展示了基于负载均衡的云计算资源分配专利申请的来源地和目标地流向，从中可以看出，中国的专利申请绝大多数都是在中国本地进行的专利申请，达到 241 项，其次选择向美国和欧洲进行专利布局，对日本以及韩国的专利布局较少，其中，在日本的专利申请仅有 1 项。这说明中国申请人注重国内市场，对海外市场的专利布局重点在于美国和欧洲。

美国的申请扩张度极高。虽然美国在自己国内的专利申请同样占据了较高的比例，达到 349 项，但是美国的申请人非常注重在国外市场的拓展：中国和欧洲是美国的主要技术输出国家和地区，其在中国和欧洲分别申请了 42 项和 52 项专利，这说明中国市场和欧洲市场对于美国来说非常重要。美国虽然在日本和韩国也有进行专利布局，但是数量明显少于在中国和欧洲的专利布局数量，仅分别有 13 项和 7 项专利申请。

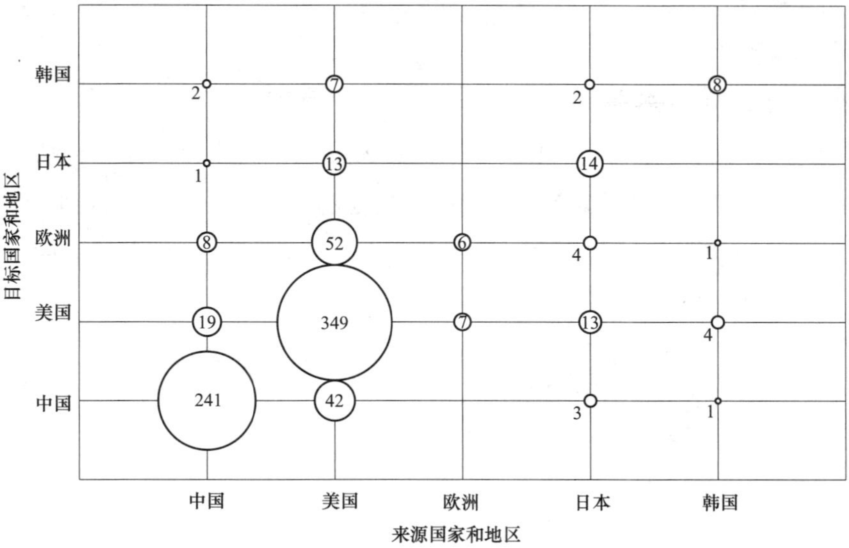

图 12　基于负载均衡的云计算资源分配专利申请来源地和目标地流向

注：图中数字表示申请量，单位为项。

欧洲的专利申请体量不大。其专利布局仅在美国以及欧洲，并且欧洲申请人在欧洲专利局的专利申请数量与其在美国进行专利申请的数量基本持平，这说明欧洲申请人非常重视美国市场。欧洲的专利申请人并未向中国、日本、韩国进行专利布局，这说明其对中国、日本以及韩国市场并不重视。

日本的申请人与欧洲的申请人相似，也十分重视美国市场，专利布局主要在本国以及美国，申请量分别为 14 项和 13 项。日本对中国、欧洲以及韩国仍有专利布局，虽然专利的申请量很少，仅分别有 3 项、4 项和 2 项。但是这说明日本申请人还是比较谨慎，对这几个国家和地区都进行了专利布局。

韩国的申请人也同样将在本国申请的专利申请的很大部分在美国进行了专利布局，其在本国和美国的专利申请量分别为 8 项和 4 项。韩国申请人对中国、欧洲都进行了少量的专利布局，但是并未对日本进行专利布局，这说明韩国不重视日本市场。

综上可以看出，美国在基于负载均衡的云平台资源分配领域专利申请量最大，并且在五局[1]中都进行了专利布局，技术输出态势非常明显。另外，除美国之外的其他 4 个国家和地区的申请人都向美国专利商标局进行了专利申请，但是申请的数量无法和美国相抗衡，这说明美国是各国家和地区争相布局的主要市场；并且在美国市场，美国在基于负载均衡的云计算资源分配技术领域依然处于霸主地位。中国专利申请量仅次于美国，但是在五局专利布局中，在国外主要布局在美国和欧洲，并且申请量较少，这说明

[1] 五局分别指中国国家知识产权局、美国专利商标局、日本特许厅、欧洲专利局和韩国知识产权局。

中国申请人大多数并未走出国门，在基于负载均衡的云平台资源分配领域的对外布局与美国比还有很大差距。

4. 专利申请人分析

图 13 为基于负载均衡的云计算资源分配技术领域专利申请人排名。从图中可以看出，专利申请量排名第一的是 IBM，其申请量远远超过其他申请人，达到 151 项，这也体现出 IBM 在云计算领域的技术统治地位。另外，专利申请量排名前五中的 IBM、微软、威睿、惠普都是美国的申请人。

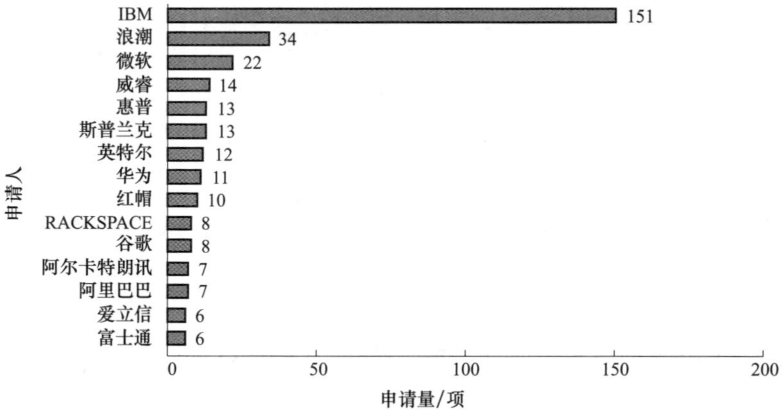

图 13　基于负载均衡的云计算资源分配全球专利申请人排名

排名前十的申请人中，中国的申请人仅有浪潮、华为两家企业，申请量分别为 34 项和 11 项，这说明中国的专利申请人在基于负载均衡的云计算资源分配技术领域的技术储备不足，存在很大的进步空间。

图 14 为基于负载均衡的云计算资源分配技术领域专利申请人排名，其中，浪潮排名第一，但是其专利布局仅限于国内，并未布局海外，因此浪潮的专利竞争性不足。另

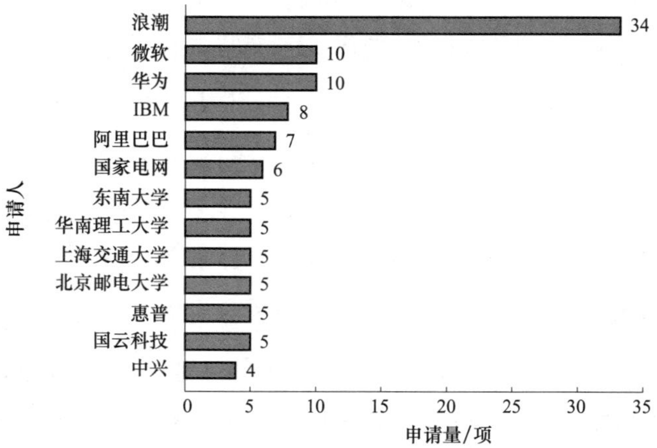

图 14　基于负载均衡的云计算资源分配在华专利申请人排名

外，在国内申请人的排名中，位于前十的中国申请人有浪潮、华为、阿里巴巴、国家电网、东南大学、北京邮电大学、华南理工大学、上海交通大学，其中有 4 个为大学申请人，说明我国在基于负载均衡的云计算资源分配技术领域的研究主要处于实验室的研究中。另外，前十的在华申请人中存在两个外国申请人微软和 IBM，均是美国的企业，这说明美国企业还是很重视中国市场的。

5. 技术路线分析

云计算是一种通过虚拟化技术将集群服务器的软硬件资源按用户的需求向用户提供服务的新型服务方式。在云计算提供服务时，各种服务实际还是运行在各个服务器上，由各个服务器协同提供服务。在服务器协同工作的过程中，不可避免地出现服务器间负载不均衡的状况，例如一些服务器节点上的任务很多或者存储数据多，负载比较重，而另一些服务器处于空闲状态或者存储数据少，负载比较轻，这将会导致整个集群系统的性能下降。因此如何在多台服务器之间合理地进行数据存储、分配任务、调度资源是一个迫切需要解决的问题，这就是所谓的负载均衡的问题。基于负载均衡的云计算资源分配技术领域的专利申请主要集中在负载均衡的判断、资源迁移、任务迁移、负载预测四个方面，如图 15 所示。

图 15　基于负载均衡的云计算资源分配技术路线

（1）负载均衡的判断

负载均衡的判断是云平台进行负载均衡资源分配的依据，如果负载均衡则进行云平台的资源的分配，以使云平台达到负载均衡的状态。最初的负载均衡的判断是根据云平台中服务器是否满足预设的负载平衡阈值条件，其中，负载均衡的阈值条件主要是服务水平协议，以及虚拟机的性能。专利申请 US201113213118 公开了在虚拟卷无法满足预设的服务水平目标时，对云平台的资源进行迁移调度。为了更好地满足用户的需求，出现了通过同时满足多个条件的阈值条件，这样更能满足用户负载均衡的需求。专利申请 WO2012EP59661 公开了基于虚拟机的性能与服务水平协议（SLA）对虚拟机进行重新配置。为了更好地实现云平台的负载均衡，需要对云平台的负载进行准确的测量，因此，出现了多种对不同类型资源的负载测量的改进。如专利申请 US201314083692 公开了判定虚拟机是否处于过度使用；专利申请 US201514609823 公开了计算每个虚拟机之间的 I/O 得分确定工作负载；专利申请 US201514667877 公开了通过软件定义描述工作负载以及工作负载对应的资源。

（2）资源迁移

资源迁移是云平台进行负载均衡资源分配的主要手段之一，其用于在云平台为保证负载均衡对云平台的资源进行分配。云平台对资源的分配最早是通过对节点的新增或删除实现的，如专利申请 US20100902298A 公开了通过检测节点使用量，新增或删除节点。然后，随着云平台的使用出现了很多资源浪费的现象，为了提高云平台整体资源的利用率，从而提高云平台整体的经济效率，出现了对空闲资源的处理的改进。如专利申请 US201113167322 公开了对空闲资源进行迁移，专利申请 CN201210445077. 0 公开了对用户长时间不用的资源进行回收。但是这些通过资源分配实现负载均衡的方法，无法实现对资源的灵活分配。接下来出现了对云平台资源动态分配以实现负载均衡的方式，如专利申请 US201615270975 公开了对资源进行动态监控，在资源不满足需求时，动态分配资源；专利申请 US201615172841 公开了提供任务调度器，实现对资源共享池中的计算资源的按需获取；专利申请 US201715806501 公开了对资源共享池中的资源，以最小的管理工作为单元，按需动态分配资源。

（3）任务迁移

任务迁移是云平台进行负载均衡资源分配的另一主要手段，其用于在云平台为保证负载均衡对云平台的虚拟机以及任务进行分配，以满足云平台中用户的服务需求。云平台中通过任务迁移实现负载均衡最初是将导致负载不均衡的任务迁移至资源较多、满足任务需求的节点上，迁移的对象为任务或虚拟机。如专利申请 US2011153824A1 公开了对任务的迁移，其中任务放置引擎根据云中每个服务器的负载执行策略分配任务至相应的服务器，在执行的过程中任务放置引擎判断当前计算任务所需的计算资源是否满足负载执行策略的要求；专利申请 US201414308418 公开了对虚拟机的迁移，其通过计算虚拟机的 I/O 操作确定工作负载，将工作负载超过阈值的虚拟机迁移至公共云。然后，这些任务迁移的方法无法实现对迁移对象的准确确定，因此，出现了对确定迁移对象的改进。如专利申请 US201615152734 公开了为多个虚拟机中的每一个生成分数，并进行排序，将分数超过阈值的虚拟机迁移至公共云。接下来，在任务迁移的过程中，迁移目标服务器的选择，即确定任务或虚拟机迁移到哪个节点或服务器，也直接影响云平台的整体负载均衡效果，因此，出现了确定迁移目标的改进。如专利申请 US201715826819 公开了确定从源服务器计算机系统迁移的候选工作负载单元，对候选目标服务器进行筛选，迁移虚拟机到目标服务器。

（4）负载预测

负载预测也是实现资源负载均衡的重要手段，其通过预测负载的变化，对云平台资源进行调整，保证云平台的负载均衡。基于负载预测的云平台资源负载均衡，最早是基于用户的历史使用信息确定用户所需的资源。如专利申请 US20100952930A 公开了基于用户历史使用的资源利用率，获得用户期望的资源。然而，上述方法获取的期望资源是固定的，这样将导致资源的浪费，因此，出现了基于历史数据对虚拟机以及资源进行动态处理的方法。专利申请 WO2011MY00089 公开了根据历史数据预测负载增加、减少，自动为负载增加或减少虚拟机；专利申请 US2012079097A1 公开了基于时间序列的工作负载趋势模型预测多个工作负载将来将产生的负载量，为工作负载提供特定云计算环境的至少一个资源。上述资源的分配粒度较大，无法实现对软件所需资源的动态分配，因此，云平台负载均衡技术出现了对软件所需资源的负载均衡。如专利申请 US201615343345 公开了监视指示软件应用程序正在使用的一个或多个计算资源随时间的工作负载的负载信息，确定监控的负载信息与监控的社交信息之间的估计相关性，处理器根据所监视的社交信息和用于相应地向软件应用程序提供计算资源的估计相关性，预测软件应用程序的计算资源的未来需求。

（三）基于能耗管理的云计算资源分配

在全球能源危机日益严重和环保节能意识不断提高的今天，大型数据中心对环境的影响也越来越不可忽视。在当前的环境制约下，节能环保、低碳和减排成为了科技发展的一个重要考虑因素，逐步优化的数据中心能耗管理系统必然给环保带来很客观的改善，因此迅速成为研究热点之一。数据中心的耗电量会随着服务器的数目呈现指数增长，如 2010 年谷歌在美国俄勒冈州的数据中心满载时，消耗的电能与 100 万人口家庭用电一样多，这就意味着优化数据中心的能耗管理系统带来的不仅是经济方面的，还有环境方面的效益。[4]

1. 专利申请态势分析

图 16 示出了基于能耗管理的云计算资源分配专利申请态势。能耗管理优化并非一开始就引起了重视，而是随着云数据中心规模的增大，成为云计算平台所面临的新问题。因此，基于能耗管理优化的云计算资源分配技术的起步要晚于云计算资源分配技术，但是之后的专利申请态势与云计算资源分配技术的专利申请态势基本一致。

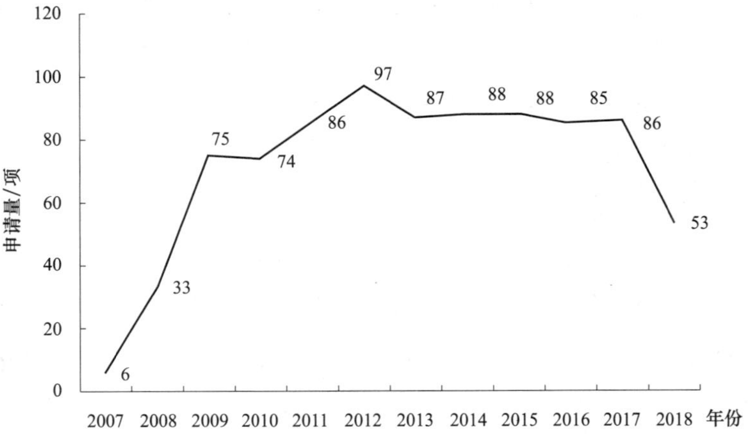

图 16　基于能耗管理的云计算资源分配专利申请态势

通过图 16 可以看出，基于能耗优化的资源分配专利申请最早的申请量仅有 6 项，2007~2009 年的专利申请数量逐年倍增，2009 年的专利申请量为 75 项。这说明云计算的技术改革与创新速度非常快。这与云计算的关键技术同样存在于网格计算、分布式计算等其他传统的计算平台有关，这样将传统计算平台的技术在云计算平台中重新赋予新的意义也更加容易实现。

2010 年专利申请量出现了稍稍下滑，相比 2009 年专利申请量少 1 项，这是由于受 2008 年金融危机的影响，经济不景气造成的，这在专利申请量的表现上稍显滞后。

2011 年云计算领域重新飞速增长，专利申请量的激增与市场的刺激密切相关。由于各种各样的应用建立在虚拟化数据中心上，伴随应用需求的增长，应用对数据中心提供资源的能力的要求也不断提高，因此刺激了云计算规模的不断扩大。即云数据中心的服务器数量需要高速增长以适应云计算的高速发展。国际数据公司（International Data Corporation，IDC）在 2012 年的报告显示信息容量的增长将每两年翻一番[5]。可见，云计算市场的蓬勃发展是云计算技术发展的源动力。

2013~2017 年专利申请量平稳，年平均专利申请量在 86 项左右，这与云计算技术已经发展较为成熟，来自传统计算平台的能耗管理优化技术已经在云计算资源分配管理中转换完毕有关。新的技术需要根据云计算平台的特点进行研发，因此，研发的脚步有所放缓，然而依然维持在一个相对高的水平。

2. 技术活跃度分析

图 17 显示了能耗管理优化的申请人的数量的变化情况。可以看出，从 2006 年提出云计算开始，各个申请人踊跃加入云计算领域，这与计算机业界巨头的强势推动有关。谷歌、亚马逊、IBM 和微软等计算机业界的巨头们以前所未有的速度和规模推动着云计算技术的发展和云计算产品的普及，刺激了学术界的一些研究者们也迅速将云计算作为自己的研究课题。因此，新增申请人的占比逐年攀升，并在 2012 年申请人的总数达到顶峰，有 107 个申请人新进入该领域，技术活跃度最高。

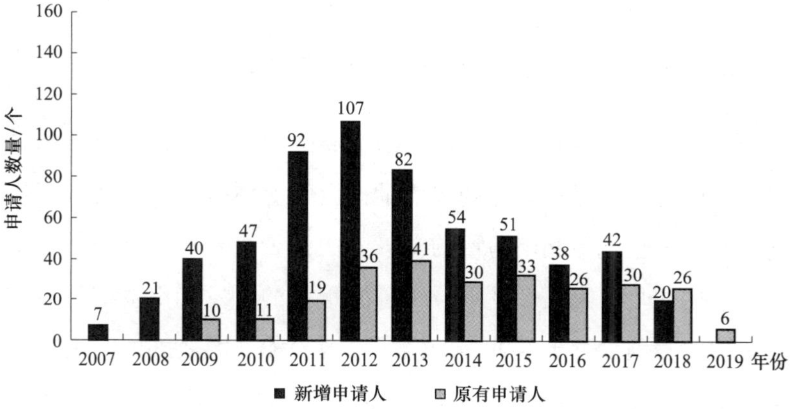

图 17 基于能耗管理的云计算资源分配技术活跃度

2013~2014 年，申请人的数量开始下降，且新增申请人的占比也在下降，原有申请人数量也在下降。这与两方面的原因有关，一方面，根据高德纳研究报告，云计算经过几年的高速发展，其增长速度从 2013 年开始稳定，云计算的空白市场已经被瓜分，进入了稳步增长期；另一方面，云计算领域行业“马太效应”明显，超大规模运营商的主要云服务市场份额逐年增长，行业集中度不断提高，进一步挤压了小运营商的生存空间。

2015~2017 年的申请人数量维持在一个相对稳定而略有下降的状态，不论是新增申请人的数量还是原有申请人的数量都相对稳定且略有下降，这进一步说明云计算领域的行业集中度进一步提高，市场份额进一步转移到超大规模运营商的手中。

3. 专利申请布局分析

从图 18 可以看出，在云计算的能耗管理优化领域，美国仍然占据了主导地位，美国申请人提出的专利申请量占全球专利申请量的 58%，走在了世界的前列；其是主要的技术来源国，凭借其在信息与通信技术（ICT）发展的优势，牢牢占据了霸主地位。中国申请人提出的专利申请量占全球专利申请量的 26%，排名第二，这说明中国的申请人也踊跃参与云计算的能耗管理优化的技术革新。

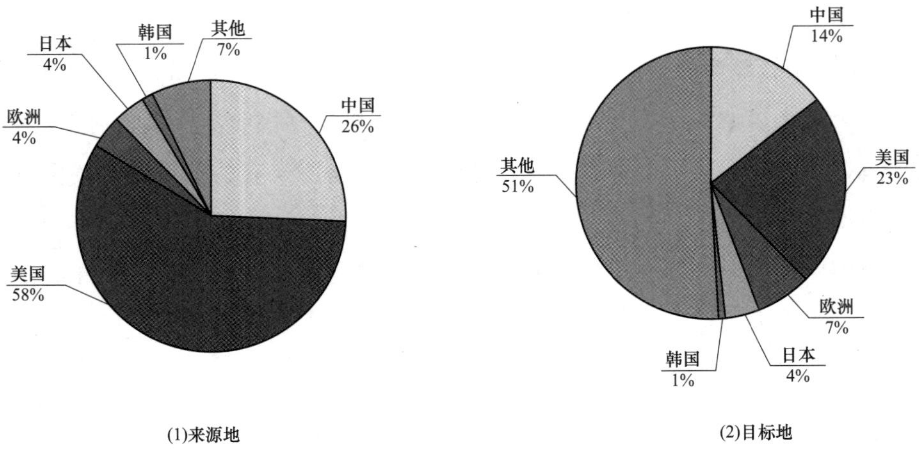

图 18　基于能耗管理的云计算资源分配专利来源地和目标地分布

而从各个国家和地区的专利分布可以看出，美国和中国是最重要的云计算技术专利保护区域：在美国申请专利保护的专利申请量占全球专利申请量的 23%，在中国申请专利保护的专利申请量占全球专利申请量的 14%，大量云平台和云服务相关的专利集中在中国和美国公开，这两个国家是云计算技术最为重要的研发和市场应用区域。且从图中可以看出，除中国、美国、日本、韩国和欧洲等国家和地区之外的其他国家和地区的申请人的专利申请量占全球专利申请量的 7%，但是在这些国家和地区的专利申请的总数量占全球专利申请量的 51%，这说明除中国、美国、日本、韩国和欧洲等国家和地区之外的其他国家和地区的市场被技术强国所占据。

图 19 展示了相关专利的五局流向。从图中可以看出，中国的专利申请数量仅次于美国，排名第二，这与中国申请人的积极参与有关；然而，绝大多数都是在中国本地进行的专利申请，达到 217 项，仅有 28 项专利申请选择了向美国、日本和欧洲地区进行专利布局，却未向韩国进行专利布局。这说明中国的专利布局仅考虑了国内市场的需求或研发需求，仅有少数申请由于业务需求进行了国外市场的专利布局。

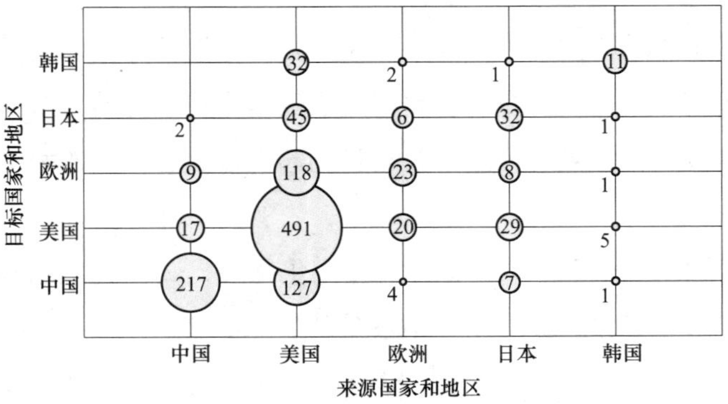

图 19　基于能耗管理的云计算资源分配专利申请五局流向

注：图中数字表示申请量，单位为项。

美国的申请扩张度极高，这与云计算的龙头企业基本都在美国有关。亚马逊、谷歌、微软、IBM 等龙头企业在云计算领域保持领先地位。在全球前 100 位的云计算企业中，美国占据了 84 席，其他国家受制于信息与通信技术发展落后，在云计算领域依然处于落后地位。虽然美国在自己国内的专利申请同样占据了较高的比例，数量上更是达到了 491 项专利，但是美国的申请人非常注重国外市场的拓展。中国和欧洲是美国的主要技术输出国家和地区，其在中国和欧洲分别申请了 127 项和 118 项专利申请，这说明中国市场和欧洲市场对于美国来说非常重要。美国虽然在日本和韩国也有进行专利布局，但是数量明显少于在中国和欧洲的专利布局数量，仅分别有 45 项和 32 项专利申请。

欧洲的专利申请体量不大，这与欧洲从事云计算领域的企业较少有关，在全球前 100 的云计算企业中，欧洲仅占据了 8 席，欧洲申请人在欧洲专利局的专利申请数量与其在美国进行专利申请的数量基本持平，这说明欧洲申请人非常重视美国市场。而欧洲申请人对中国、日本和韩国市场并不太重视，虽然有专利布局，但是数量都极少。

日本的申请人也同样具有很强的扩张意识，其在本国申请的专利大部分在美国进行了专利布局，在本国的专利申请量为 32 项，在美国的专利申请量为 29 项，这说明日本也对美国市场有很强的兴趣。但是日本对中国和欧洲进行专利布局的数量相对比较少，分别申请了 7 项和 8 项专利，这说明中国和欧洲市场对日本申请人来说并不是重点拓展区域。日本申请人在韩国进行专利布局的数量更少，仅申请了 1 项专利，这说明韩国并非日本的主要市场拓展对象。

韩国的申请人将在本国申请的专利的一部分在美国进行了专利布局——韩国申请人在本国申请专利 11 项，在美国申请专利 5 项，说明其也对美国市场有浓厚兴趣。韩国申请人对中国、欧洲和日本都进行了少量的专利布局，分别申请了 1 项专利。

综上可以看出，虽然从数量上看来中国是仅次于美国的专利申请国，但是在对于市场的布局方面，中国申请人大多数并未走出国门，而美国申请人在五局都进行了大量专利布局，技术输出态势非常明显。美国是云计算技术竞争的主要市场。除美国之外的其他四个国家和地区的申请人都向美国进行了专利申请，但是申请的数量无法和美国相抗衡，这说明在美国市场，美国在基于能耗优化管理的云计算资源分配技术领域依然处于霸主地位。

在欧洲、日本和韩国，美国申请人的专利申请量排名第一，这说明美国在这些国家和地区的市场已经取得了在基于能耗优化管理的云计算资源分配技术领域的绝对优势。

4. 专利申请人分析

图 20 为基于能耗优化管理的云计算资源分配技术领域专利申请人排名。从图中可以看出，专利申请量排名前三的 IBM、英特尔和微软都是美国的申请人，且它们的申请量远远超过其后的多数申请人，分别为 196 项、167 项和 56 项。这说明在基于能耗优化

管理的云计算资源分配技术领域，美国依然处于绝对优势地位。

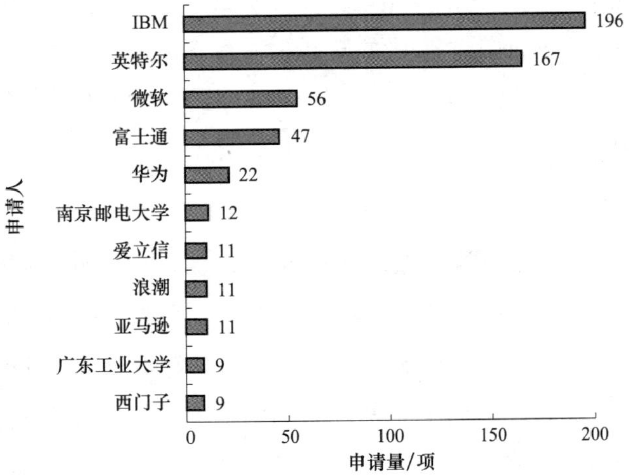

图 20　基于能耗管理的云计算资源分配全球专利申请人排名

排名前十的申请人中，中国的申请人有高校和企业，其中南京邮电大学、广东工业大学是国内高校，企业有华为、浪潮。除了华为有在国外进行专利布局之外，其余的申请人均未在国外进行专利布局。这是由于中国的专利申请人有一部分的研发动力来源于科研，而非市场驱动；市场所驱动的技术创新仅在华为和浪潮等企业主体上有体现，且这些市场创新主体与高校并不存在合作，意味着存在高校科研成果转化率低和企业创新度低的问题。

图 21 示出了中国专利申请人的申请量排行。从图中可以发现，在基于能耗优化管理的云计算资源分配技术领域，英特尔、IBM 和微软仍然占据了排名前三，且英特尔的

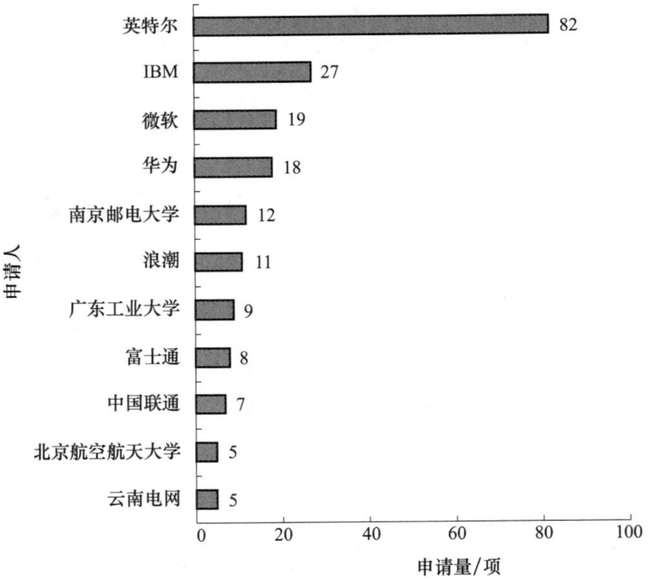

图 21　基于能耗管理的云计算资源分配在华专利申请人排名

申请量遥遥领先；中国的申请人中，高校申请人占据了近一半的席位，排名靠前的中国企业仅有华为、浪潮、中国联通和云南电网。这说明目前在进行能耗优化管理方面，高校等科研机构积极参与，而企业虽然也有研究，但是技术创新需求并不高。对于增长迅速的云服务业务而言，如何满足日益增长的云服务需求的优先级显然要高于降低经营成本。这也是国内企业对于能耗优化管理领域重视不足的原因所在。

5. 技术路线分析

从图 22 可以看出，云计算的特点是可以根据用户需求来提供可伸缩的资源平台，因此，基于能耗管理的资源分配方法，也与云计算的访问请求相关。

图 22　基于能耗管理的云计算资源分配技术路线

在 2009 年，日本的日本电气公司（NEC）在 JP2009233366A 中率先提出，通过停止服务器室和内部设备中的不必要设备来实现省电，将执行提供服务的虚拟机合并，将进程集中在服务器室中的一组机架中的预定机架中的服务器上，停止没有运行中的服务器的机架，以实现省电。该方法结合了云计算资源分配的特点，将不使用的硬件资源断电，从而达到省电的目的。

然而该类方法存在很多弊端，例如，如果在关闭部分资源节点，只有一部分资源节点处于活跃状态提供服务的情况下，系统突然遇到了峰值负载，即用户的任务请求达到了高峰期，这时，云数据中心的资源节点便无法及时为云用户提供服务，导致服务质量的下降，并可能导致部分用户的流失。为了能够在不使用硬件资源的时候将硬件资源的电源关闭，同时在需要使用硬件资源的时候给硬件资源开启电源，动态启停技术被提出。例如日本电信电话株式会社（NTT）在 2009 年的 JP2009072069A 中提出了通过留下快速恢复所需的最小资源来释放非活动实例的资源，从而在不需要使用资源时，通过保存最小资源来节约用电，而在需要使用资源时，可以通过保存的最小资源来快速恢复。

虽然动态启停的方法比静态启停的方法要节约电量，然而，如果在用户请求的资源是新的资源的情况下，也就是在突发新的大量资源请求的情况下，依然无法满足用户的需求。研究者提出了新的技术：通过预测用户请求来进行资源的开启或关闭，这样既能节约电量，也能保证用户服务质量。如 2010 年日本的东京首都大学和中国的山东中创先后提出了负荷预测技术，当预测到未来一段时间负载较高时，打开足够数量的服务器节点以满足用户的服务质量需求；当预测到未来一段时间负载较低时，关闭一定数量的活跃服务器节点来降低系统的能源成本。然而，该方法需要系统有较为精确的预测负载能力，因此，如何精确预测负载也成为了新的发展方向。

四、重点申请人分析

通过上述分析可以知道，IBM 是云计算资源分配技术领域专利申请量最大的企业。华为和浪潮是云计算资源分配技术领域专利申请量最大的两家中国企业。因此，下面选取 IBM、华为和浪潮 3 家企业作为重点申请人进行分析。

（一）IBM

根据市场研究机构国际数据公司公布的 2018 年全球云厂商市场份额数据显示，IBM 在全球云计算市场的份额在不断下滑，其排名在亚马逊、微软、阿里巴巴之后，处于第四位。IBM 在 2018 年 10 月收购了开源软件厂商红帽公司，希望在混合云市场有所作为，也表明了其在云计算市场的急切状态。传统硬件厂商在云计算领域的步履维艰，与硬件公司的企业文化和营销策略密切相关。然而，IBM 在云计算资源分配中的授权专利量处于绝对领先地位。因此，我们选择 IBM 进行分析，以获得云计算资源管理技术领域的专利技术发展和布局特点。

1. 专利数据分析

图 23 给出了 IBM 在云计算资源分配领域的专利申请态势特点。从图中可以看出，IBM 在 2008 年开始进行云计算资源分配领域的专利申请，IBM 的专利申请数据态势与云计算资源分配技术领域的专利申请态势一致。

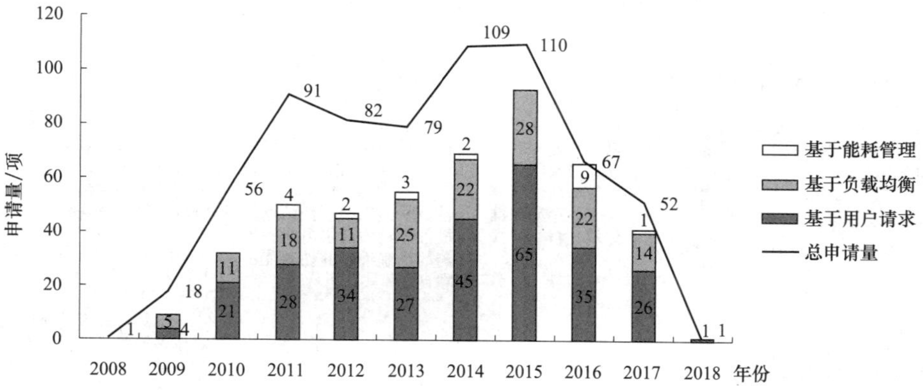

图 23 IBM 在云计算资源分配领域专利申请态势

虽然 IBM 开始专利布局的时间从 2008 年开始，略晚于云计算资源分配技术领域的专利布局，然而，其同样在 2008～2011 年保持了一个专利申请的快速增长期。在 2012 年和 2013 年的专利申请数量虽然略有下降，但仍然保持了每年约 80 项的专利申请，属于较高的专利申请发展速度。2014～2015 年 IBM 的专利申请又一次快速增加，每年的专利申请量为 100 项以上。2016～2018 年的专利申请数据呈现下降态势，这与数据的延迟公开有关。

而在基于用户请求的云计算资源分配、基于负载均衡的云计算资源分配和基于能耗管理的云计算资源分配三个技术分支，基于用户请求的云计算资源分配的专利申请占据大部分的专利申请，且保持着较稳定的增长趋势；负载均衡也是 IBM 从一开始就比较注重的技术，2008 年开始也保持着较稳定的增长；从 2011 年开始申请基于能耗管理的云计算资源分配专利，数据量占比最少。

2. 技术脉络分析

（1）基于用户请求的云计算资源分配

如图 24 所示，IBM 从 2009 年开始在基于用户请求的云计算资源分配技术分支进行专利布局。

2009～2010 年，IBM 进行基础性的专利布局，例如 IBM 在专利 JP2009251080A 中，提出了云计算服务被分为单独的工作，以满足合法审计要求，并提出分布式执行个人工作的计划。这是 IBM 的云计算资源分配领域的基础性专利。IBM 在 US20100832559A 中提出了多租户软件即服务系统的资源分配；在 CN201010139125 中提出向用户屏蔽物理和虚拟解决方案在结构上的差异以及物理和虚拟解决方案在部署流程上的差异。这些基础性专利主要在云计算实现的功能性上进行布局。

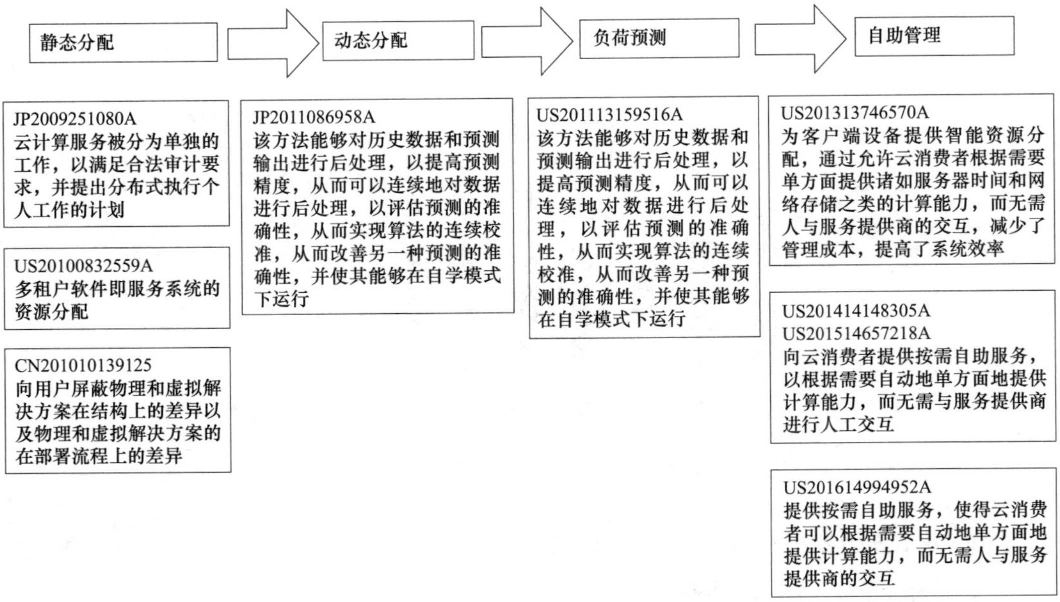

图 24　IBM 基于用户请求的云计算资源分配技术路线

这些基础性的功能实现之后，资源分配的复杂性显然无法满足云计算的性能要求，云计算的弹性服务期望有更加灵活的资源分配方式。因此，从 2011 年开始，IBM 也开始关注基于用户请求的云计算资源分配的动态分配技术，如，JP2011086958A 提出了启动组合中的不同准备状态中的实例以实现动态调度。

基于用户请求的云计算资源分配的动态分配的可靠性需要依赖对数据的准确预测，因此，IBM 在 US201113159516A 中提出了对历史数据和预测输出进行后处理，以提高预测精度。

在云计算的资源分配上实现了动态分配后，提高了云计算平台的资源利用率和运行速度，但是随着云计算规模的增大，云消费者和服务提供商之间的交互成为另一个制约云计算资源分配效率的问题。于是，从 2013 年开始，IBM 在 US201313746570A 中提出了为以有效方式访问由主计算机托管的应用程序的客户端设备提供智能资源分配，通过允许云消费者根据需要单方面提供诸如服务器时间和网络存储之类的计算能力，而无需人与服务提供商的交互，减少了管理成本，提高了系统效率。

由于无人参与的管理提高了云计算平台的缩放能力，使得云计算资源的分配和释放更加及时迅速，因此，迅速成为IBM的研究热点。从2013年开始至2017年，IBM围绕无人化自动管理申请了大量的专利，如US201414148305A中向云消费者提供按需自助服务，以根据需要自动地单方面地提供诸如服务器时间和网络存储之类的计算能力，而无须与服务提供商进行人工交互；US201514657218A中云消费者可以自动地、单方面提供诸如服务器时间和网络存储之类的计算能力，而无须与服务提供商进行人工交互；US201614994952A中提供按需自助服务，使得云消费者可以根据需要自动地、单方面地提供计算能力，而无须人与服务提供商的交互；US201715826890A允许根据需要单方面地提供计算能力，而无须人与服务提供者的交互。

（2）基于负载均衡的云计算资源分配

如图25所示，IBM在基于负载均衡的云计算资源分配技术的专利布局也是从2009年开始。

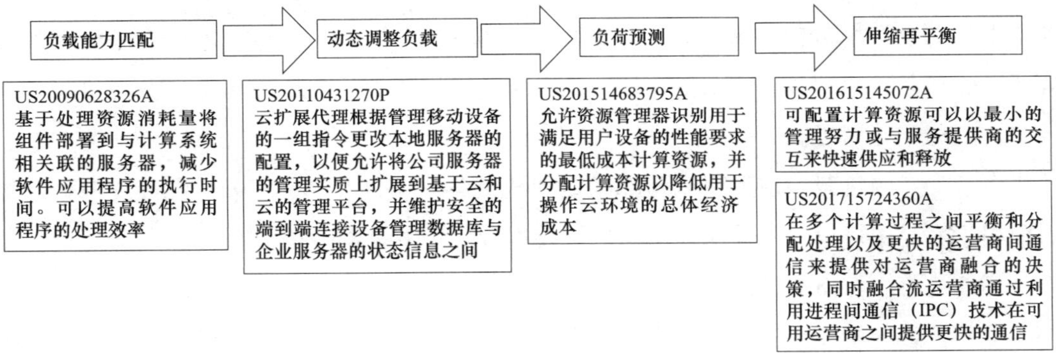

图25 IBM基于负载均衡的云计算资源分配技术路线

2009~2010年，IBM针对云计算需求和云提供者进行静态的能力分配，以达到相对负载均衡，提高系统的效率。如US20090628326A中基于处理资源消耗量将组件部署到与计算系统相关联的服务器，减少软件应用程序的执行时间，可以提高软件应用程序的处理效率；US20090630230A在云计算环境中提供云漫游服务的方法，涉及基于请求者的简档和云提供者集的能力确定提供所请求的云服务的云提供者的集合；US20100752762A中将一个虚拟机从云计算机移动到单独的云计算机，以便在云计算机上留下另一个虚拟机，从而有效地将提供有亲和性要求的虚拟机移动到云计算环境中的单独计算机——该方法使得能够将云计算识别为通过虚拟平台提供信息技术服务的成本效益，使得具有数百或数千个刀片服务器的云平台系统管理员能够构建高度定制的虚拟机以满足各种各样的最终用户需求。

然而，无论静态的负载能力匹配得多么完美，在实际的运行当中总是因为负载的不饱满而造成资源的浪费。2011年IBM在US20110431270P中提出了云扩展代理这一概念。云扩展代理根据管理移动设备的一组指令更改本地服务器的配置，以便允许将公司服务器的管理实质上扩展到基于云和云的管理平台，并维护安全的端到端连接设备管理数据库与企业服务器的状态信息之间。这是最早的可以根据命令进行的动态负载调整。

为了提高动态负载调整的性能，IBM 在 US201213690107A 中提出了在工作组中的处理器之间有效地迁移虚拟机的方法，由于更新了基于所接收的另一数据结构的表示的主数据结构，因此确保了客户不会受到虚拟机的资源变化的不利影响。

然而，基于命令来调整的负载均衡方式，虽然比静态的负载能力匹配有优势，但是带来了管理难度，譬如什么时候发布命令进行负载均衡调整这一问题。US201213589684A 提出了管理云计算环境中的虚拟机的资源利用的方法，涉及响应于索引超过阈值而由处理器减少虚拟机对资源的使用。CN201410156300A 提出了负载平衡中断逻辑可操作来基于至少一个资源利用率水平与至少一个阈值的比较，产生指示计算节点的至少一个负载平衡状态的至少一个负载平衡中断。CN201410676443 提出了标识运行在每个云组中的部署的工作负载，基于指派给运行在每个云组中的工作负载的计算资源集的方法进一步在云组之间分配计算资源。

由于动态的负载均衡管理需要准确地预测负载，US201514683795A 允许资源管理器识别用于满足用户设备的性能要求的最低成本计算资源，并分配计算资源以降低用于操作云环境的总体经济成本。

虽然负载均衡能够提高资源的利用率，但是负载均衡后的系统有可能都以低利用率的方式运行。为了避免这样造成的资源浪费，IBM 在 US201414465116A 中提出最大限度地利用私有云中释放的资源，同时通过准确确定潜在的公共云使用成本来优化混合云使用成本。

显然，既能提高资源的利用率，又能节约成本迅速成为 IBM 新的研究方向，其从 2014 年至 2017 年一直有专利申请围绕自助伸缩管理云计算资源而进行。如专利 US201514683795A 中允许资源管理器识别用于满足用户设备的性能要求的最低成本计算资源，并分配计算资源以降低用于操作云环境的总体经济成本。US201615145072A 中可配置计算资源可以以最小的管理努力或与服务提供商的交互来快速供应和释放。US201715724360A 中以在多个计算过程之间平衡和分配处理以及更快的运营商间通信来提供对运营商融合的决策，同时融合流运营商通过利用进程间通信技术在可用运营商之间提供更快的通信。

（3）基于能耗管理的云计算资源分配

从图 26 可以看出，IBM 从 2011 年开始在资源分配的时候考虑能耗管理。这是在提出了动态资源分配概念之后提出来的基于能耗管理的云计算资源分配。US201113247943A 可以以有效的方式降低云计算网络中的功耗和功率泄漏，而不会干扰客户端应用的功能。US201213345995A 中提出控制在计算系统之间分配的工作负载以管理由计算系统消散的热量，以最小化控制其中一个计算系统运行的热环境所需的功率，并且最小化在由散热的位置到加热的位置处的加热需求。可见，云计算资源分配的动态化资源分配使得进行能耗管理以降低云服务的成本成为可能。

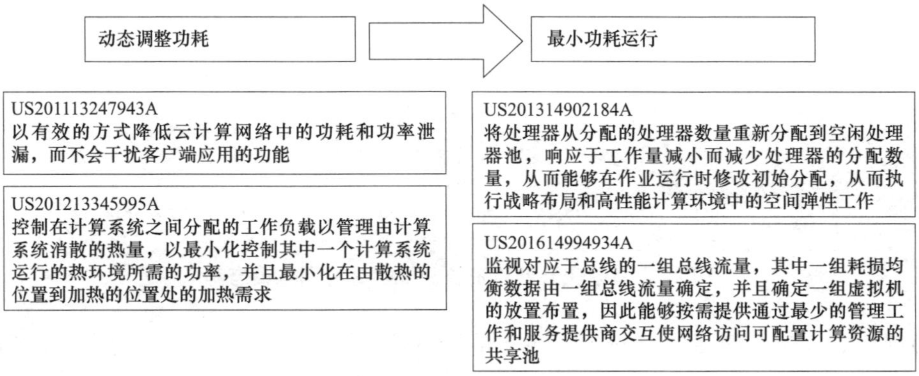

图 26　IBM 基于能耗管理的云计算资源分配技术路线

而随着云计算平台的自动化动态技术的进一步发展，基于能耗管理的云计算资源分配技术也进一步随之而提出。如专利 US201314902184A 中通过将处理器从分配的处理器数量重新分配到空闲处理器池，响应于工作量减小而减少处理器的分配数量，从而能够在作业运行时修改初始分配，从而执行战略布局和高性能计算环境中的空间弹性工作。US201414198716A 为可配置的计算资源提供按需网络访问，该可配置的计算资源可以以最小的管理努力或以有效的方式与服务提供商的交互来快速供应和释放，进一步减少不必要能耗的产生。US201614994934A 监视对应于总线的一组总线流量，其中一组耗损均衡数据由一组总线流量确定，并且确定一组虚拟机的放置布置，因此能够按需提供通过最少的管理工作和服务提供商交互使网络访问可配置计算资源的共享池。

（二）浪潮

浪潮是中国本土综合实力强大的互联网技术企业之一。根据互联网数据中心发布的《中国政务云服务运营商市场份额，2017》报告，浪潮以市场份额占比 18.7% 的成绩，居 2017 年中国政务云服务运营商市场占有率第一位。浪潮也是在云计算资源分配技术领域中专利申请量最多的中国企业。

1. 专利数据分析

从图 27 可以看出，浪潮在云计算资源分配技术领域的专利申请从 2011 年开始，相比云计算资源分配技术领域的专利申请晚了近5年。这与浪潮开始进军云计算的起步时间晚有关。浪潮在2011年4月投资建设软件即服务平台。

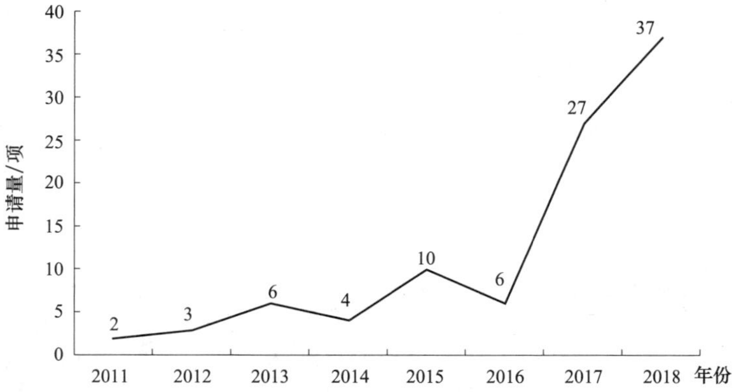

图27　浪潮在云计算资源分配领域专利申请态势

2011~2016年为缓慢发展阶段，每年的专利申请量不超过10件，发展速度缓慢。在该阶段，2013年的专利申请数量出现拐点，这与2013年浪潮天梭K1上市和浪潮承建全国中小学生学籍信息管理系统有关。2015年也出现了数据的突发增长点，这与2015年主机系统国家工程落户浪潮有关。

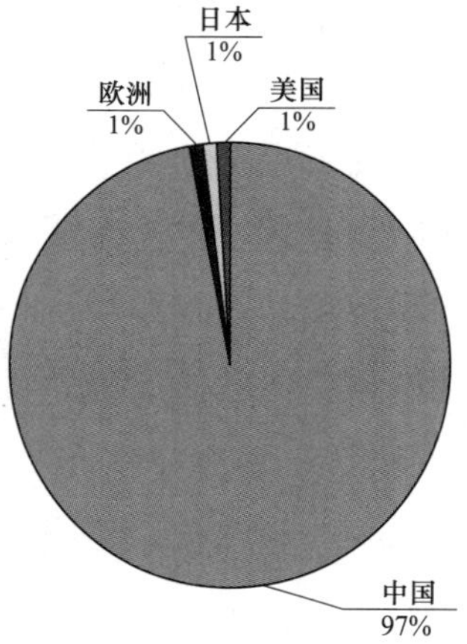

图28　浪潮在云计算资源分配领域专利申请态势

2017~2018年为快速增长期，每年的专利申请量都大幅增长，这与2017年大数据流通与交易技术国家工程实验室落地浪潮、浪潮天元大数据应用众创空间入选第二批国家专业化众创空间有关。浪潮在云计算市场的占有率的提升刺激了浪潮对云计算资源分配技术领域的技术创新。

从图28浪潮进行专利申请的布局来看，仅有1项专利申请向国外（欧洲、日本、美国，各占总申请量的1%）进行了专利布局，绝大多数的专利申请仅在中国进行了专利布局。这与浪潮的云计算业务主要分布在国内市场有关。

2. 技术脉络分析

从图29中可以看出，浪潮在云计算资源分配技术领域中的三个技术分支中都有专利申请。其中，基于用户请求的云计算资源分配技术的专利申请占比最大，占全部申请量的73%；其次为基于负载均衡的云计算资源分配技术；基于能耗管理的云计算资源分配技术占比最少。这与全球专利申请数据中的各技术分支专利申请数据分布一致。

（1）基于用户请求的云计算资源分配

图 30 为浪潮在基于用户请求的云计算资源分配中的技术发展路线。浪潮最早于 2011 年开始在基于用户请求的云计算资源分配技术领域申请专利。CN201110029534 判断系统中资源的记载状态与资源的真实状态相一致且资源处于未加锁状态时，对资源进行加锁处理形成资源锁，以提供给任务执行时使用；在任务执行完毕后，对资源锁进行解锁处理。

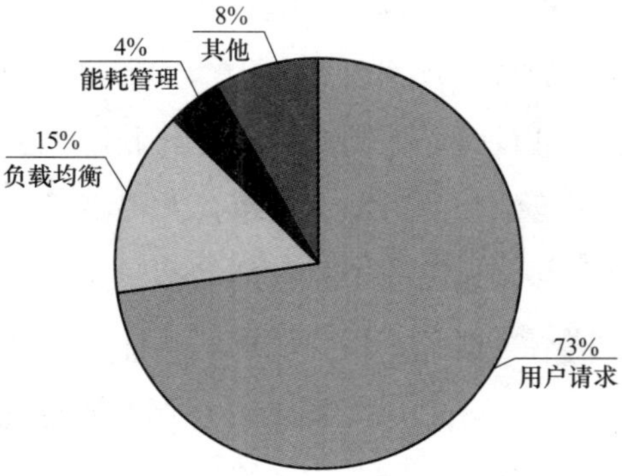

图 29　浪潮在云计算资源分配领域专利申请技术分支分布

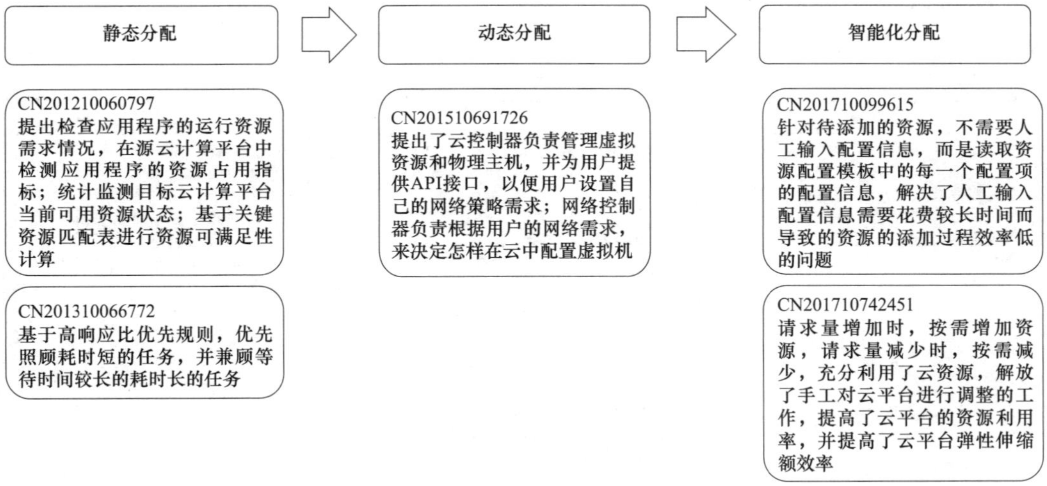

图 30　浪潮在基于用户请求的云计算资源分配领域技术路线

随着云计算业务的发展，浪潮希望提供更加灵活的资源分配方式。CN201210060797 提出检查应用程序的运行资源需求情况，在源云计算平台中检测应用程序的资源占用指标；统计监测目标云计算平台当前可用资源状态；基于关键资源匹配表进行资源可满足性计算。CN201310066772 基于高响应比优先规则，优先照顾耗时短的任务，并兼顾等待时间较长的耗时长的任务。这些资源分配方式都是静态资源分配。

然而，这样的静态资源分配方式并不能很好地适应云计算业务的灵活性需求。CN201510691726 中提出了云控制器负责管理虚拟资源和物理主机，并为用户提供 API 接口，以便用户设置自己的网络策略需求；网络控制器负责监视和管理网络设备的配置情况，并根据用户的网络需求，来决定怎样在云中配置虚拟机。

这样的动态分配策略满足了云计算平台的灵活性需求，但是增加了管理端的负担。CN201710099615 针对待添加的资源，不需要人工输入配置信息，而是读取资源配置模板中的每一个配置项的配置信息，解决了人工输入配置信息需要花费较长时间而导致资源的添加过程效率低的问题。CN201710742451 提出在请求量增加时，按需增加资源，请求量减少时，按需减少，充分利用了云资源，解放了手工对云平台进行调整的工作，提高了云平台的资源利用率，并提高了云平台弹性伸缩额效率。

目前，无需人工参与的动态智能化基于用户请求的云资源分配技术是浪潮的研究方向，这与全球基于用户请求的云计算资源分配技术的最新研究方向是一致的。

（2）基于负载均衡的云计算资源分配

负载均衡是分布式系统所必须解决的技术问题。浪潮也尽力使得云计算业务能够在运行中负载均衡，达到最佳的资源利用率。图 31 为浪潮负载均衡技术发展的技术路线。CN201310367864 提出了采用面向构件思想对组成构件及其处理环境进行管理，对构件处理集群进行高效路由、读写分离和负载均衡。

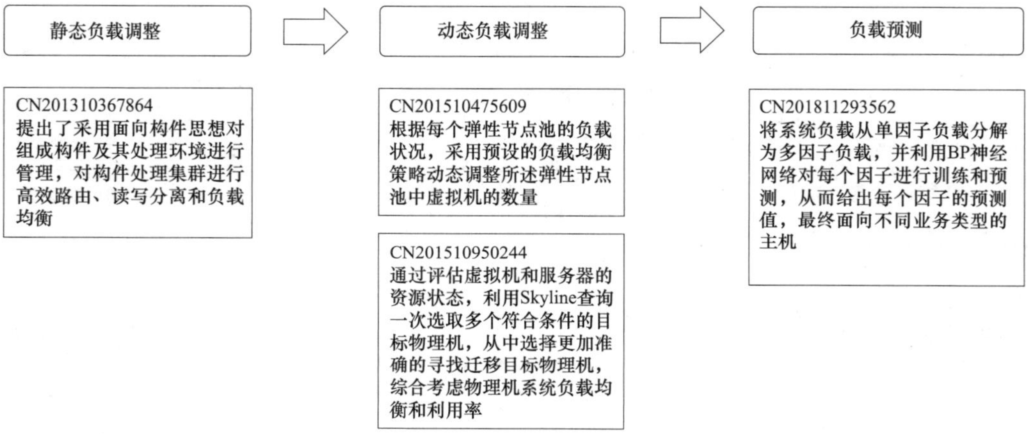

图 31　浪潮在基于负载均衡的云计算资源分配领域技术路线

在动态分配技术提出之后，浪潮也进行了动态的负载均衡。CN201510475609 根据每个弹性节点池的负载状况，采用预设的负载均衡策略动态调整所述弹性节点池中虚拟机的数量。该发明通过自动增加或减少弹性节点池内虚拟机的数量，不仅避免了业务卡顿，而且避免了系统资源浪费。CN201510950244 通过评估虚拟机和服务器的资源状态，利用 Skyline 查询一次选取多个符合条件的目标物理机，从中选择更加准确的寻找迁移目标物理机，综合考虑物理机系统负载均衡和利用率。

动态的负载均衡需要有准确的负载信息的支持。CN201811293562 将系统负载从单因子负载分解为多因子负载，并利用 BP 神经网络对每个因子进行训练和预测，从而给出每个因子的预测值，最终面向不同业务类型的主机，给出每个因子在综合负载计算中的权重，计算出一个合理的综合负载预测值。

可见，从简单的静态负载均衡，到动态负载均衡，到通过预测来实现精准的负载均衡，是浪潮基于负载均衡的云计算资源分配技术的发展路线。如何准确预测也成为实现准确负载均衡的研究方向。

（3）基于能耗管理的云计算资源分配

浪潮于 2011 年涉足云计算领域，而 2012 年云数据中心的高能耗问题已经引起了学术界和工业界的广泛关注，因此，浪潮在 CN201210072843 中提出了通过确定 CPU 负载与能耗的对应关系，将物理节点的能耗评定与 CPU 负载对应，实现根据 CPU 负载准确地进行云数据中心的节能调度。CN201210272137 中提出了对云计算环境下闲置的物理机的硬件性能进行等级排序；按照硬件性能由低向高的顺序对物理机进行关机操作，使得未关机的物理机保证低负载的处理要求，对剩余的物理机采取待机处理（见图 32）。

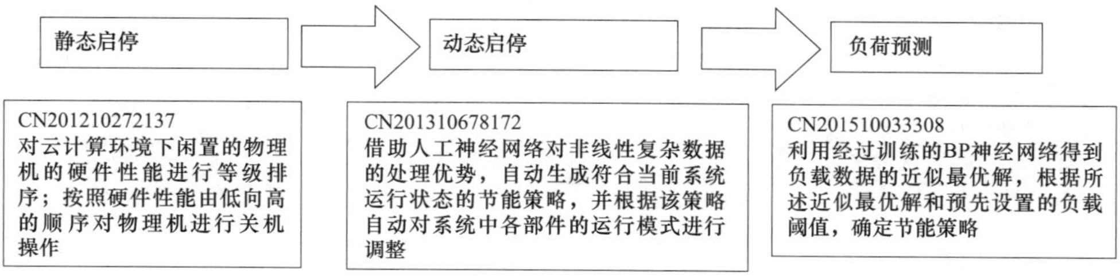

图 32　浪潮在基于能耗管理的云计算资源分配领域技术路线

虽然这样的静态关机方法能够降低能耗，但是存在并不能很好地适应云计算的动态变化的问题。CN201310678172 中提出了将系统中负载和功耗的数据作为人工神经网络（ANN）的输入，借助人工神经网络对非线性复杂数据的处理优势，自动生成符合当前系统运行状态的节能策略，并根据该策略自动对系统中各部件的运行模式进行调整，在保证系统稳定性和应用性能需求的前提下，将整个被监测系统的负载以更为集中的方式加以调配，以实现更高程度的能耗降低。

然而，这种动态管理的方式的性能依赖于节能策略的优劣，而节能策略并不能随着云计算业务的变化而调整。CN201510033308 中提出了获取数据中心的负载数据，利用经过训练的 BP 神经网络得到负载数据的近似最优解，根据所述近似最优解和预先设置的负载阈值，确定节能策略，并根据确定的节能策略进行降负载操作。通过该发明方法，能够改善数据中心的节能效果，从而降低云计算操作系统整体的功耗。

可见，浪潮在基于能耗管理的云计算资源分配中的专利技术路线与全球的专利技术路线高度一致：都是先通过静态地关闭一些物理机来节约能耗，再发展到通过动态的数据预测来进行节约能耗。

（三）华为

华为是全球领先的信息与通信技术解决方案供应商，专注于信息与通信技术领域，在电信运营商、企业、终端和云计算等领域构筑了端到端的解决方案。在互联网数据中心发布的《中国云系统与服务管理软件市场分析，2018》中，华为云 Stack 云管理平台 ManageOne 的市场占有率位居第一。华为的云计算资源分配技术领域专利申请量在中国企业中排名第二。

1. 专利数据分析

从图 33 可以看出，华为与浪潮一样，也是从 2011 年开始在云计算资源分配技术领域进行专利申请，相比云计算资源分配技术领域的专利申请晚了近 5 年。

图 33　华为在云计算资源分配领域专利申请态势

华为从 2011 年在云计算资源分配技术领域进行专利布局开始至 2014 年，每年的专利申请数量均不是很高，仅有几项，但是华为在云计算资源分配技术领域的专利申请布局遍布中国、美国、欧洲等国家和地区，这与华为在这些国家和地区都有业务市场且重视专利的国际化布局有关（见图 34）。

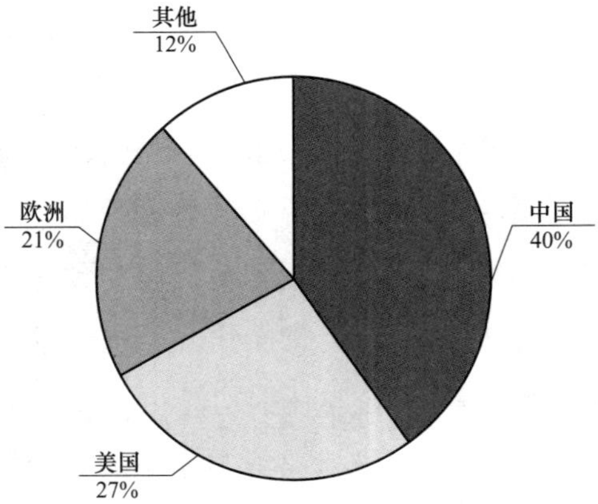

图 34　华为在云计算资源分配领域的专利布局

在 2015 年华为的专利申请突然增加，这与华为高层决策进入公有云市场有关。但是可以看出，华为在云计算资源分配技术领域的专利申请数量并不多，这与华为的高层决策有关：新浪财经报道华为高层在 2014 年以前在多个场合强调华为不会涉足公有云。[6]

2. 技术脉络分析

（1）基于用户请求的云计算资源分配

图 35 为华为公司在基于用户请求的云计算资源分配中的技术发展路线，华为

最早于 2011 年开始在基于用户请求的云计算资源分配技术领域申请专利，CN201180003062 解决了上下两层模块分开执行调度导致无法保障云应用程序服务质量的问题，提高了保障服务质量的可靠性。

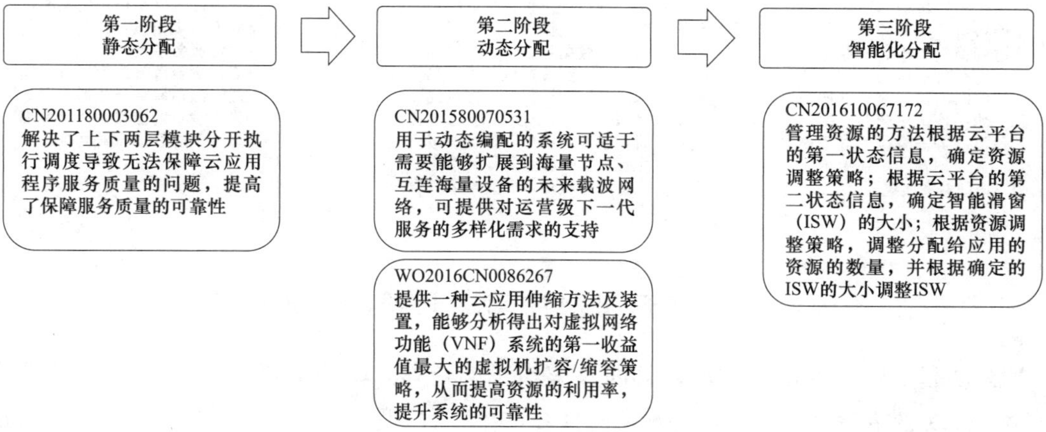

图 35　华为在基于用户请求的云计算资源分配领域技术路线

随着云计算业务的发展，云计算业务希望提供更加灵活的资源分配方式。CN201580070531 用于动态编配的系统可适于需要能够扩展到海量节点、互连海量设备的未来载波网络，可提供对运营级下一代服务的多样化需求的支持。WO2016CN0086267 提供一种云应用伸缩方法及装置，能够分析得出对虚拟网络功能（VNF）系统的第一收益值最大的虚拟机扩容/缩容策略，从而提高资源的利用率，提升系统的可靠性。

然而，当访问量骤增时，弹性伸缩系统的增容速度往往赶不上并发访问量增加的速度，从而会导致在增容完成之前已经有虚拟机或服务器崩溃，而新增容的虚拟机或服务器立刻就承受巨大的访问压力进而宕机。CN201610067172 管理资源的方法根据云平台的第一状态信息，确定资源调整策略；根据云平台的第二状态信息，确定智能滑窗的大小；根据资源调整策略，调整分配给应用的资源的数量，并根据确定的智能滑窗的大小调整智能滑窗。

（2）基于负载均衡的云计算资源分配

负载均衡是分布式系统所必须解决的技术问题。如图 36 所示，华为尽力使云计算业务能够在运行中负载均衡，达到最佳的资源利用率。CN201280001190 提出云服务供应商上管理服务器按照稳定比例一次增加各类服务器的数量，可以使得各类服务器之间较快地达到稳定状态，避免由于逐个增加各类服务器需要比较长的时间而导致一些服务器上的操作请求超时，提高了各类服务器整体的处理能力，进而提高了云服务供应商上部署的应用的服务质量。

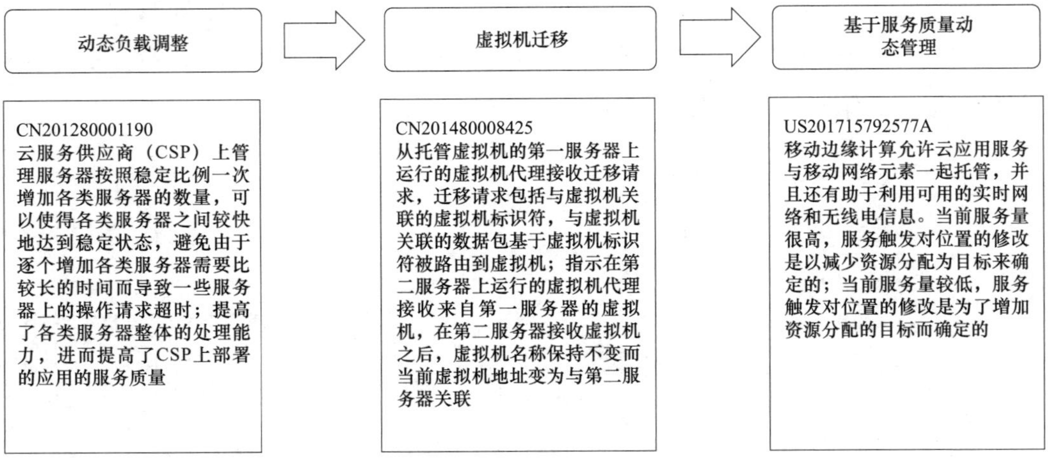

图 36　华为在基于负载均衡的云计算资源分配领域技术路线

在动态分配技术提出之后，就涉及虚拟机的迁移。CN201480008425 从托管虚拟机的第一服务器上运行的虚拟机代理接收迁移请求，迁移请求包括与虚拟机关联的虚拟机标识符，与虚拟机关联的数据包基于虚拟机标识符被路由到虚拟机；指示在第二服务器上运行的虚拟机代理接收来自第一服务器的虚拟机，在第二服务器接收虚拟机之后，虚拟机名称保持不变而当前虚拟机地址变为与第二服务器关联。

动态的负载带来了管理的负担。US201715792577A 移动边缘计算允许云应用服务与移动网络元素一起托管，并且还有助于利用可用的实时网络和无线电信息。当前服务量很高，服务触发对位置的修改是以减少资源分配为目标来确定的；当前服务量较低，服务触发对位置的修改是为了增加资源分配的目标而确定的。

（3）基于能耗管理的云计算资源分配

华为于 2011 年涉足云计算领域，而 2012 年云数据中心的高能耗问题已经引起了学术界和工业界的广泛关注，因此，华为在 CN201280026359 中根据所述虚拟机集群的服务质量约束参数和所述虚拟机集群的当前运行状况统计指标，调整所述物理设备平台的物理资源调度策略或者进行所述物理设备平台上的物理资源调度。该动态启停方法可以保障云应用的服务质量。

五、总结

云计算资源分配专利申请分为萌芽时期（1996 ~ 2006 年）、缓慢增长期（2007 ~ 2008 年）、快速增长期（2009 ~ 2012 年）、稳步调整期（2013 ~ 2017 年）四个发展阶段。目前的云计算资源分配技术领域每年以 200 ~ 300 项专利申请的增长速度稳步增长。

专利申请量排名前 15 位的申请人中，有 9 家美国企业，分别是 IBM、微软、戴尔、甲骨文、惠普、红帽、英特尔、思科、埃森哲。美国是云计算技术发展最早的国家，最早提出云计算概念的谷歌就是美国企业。美国申请人凭借其在信息和通信技术领域发展的优势，在技术上处于领先地位，牢牢占据了霸主地位，走在了世界的前列，是主要的技术来源国。且云计算领域行业“马太效应”明显，超大规模运营商的主要云服务市场份额逐年增长，行业集中度不断提高，进一步挤压了其他运营商的生存空间。

中国申请人在云计算资源分配领域的起步较晚，从2009年开始才有了自己的专利布局。而且，中国的企业以国内市场为主，专利申请集中在国内，除了华为之外，极少向中国之外的国家和地区提交专利申请，没有形成全球专利布局。

云计算资源分配技术领域的专利申请数据可以划分为三个技术分支：基于用户请求的云计算资源分配、基于负载均衡的云计算资源分配、基于能耗管理的云计算资源分配。这三个技术分支的技术路线都经历了静态分配、动态分配、预测分配三个阶段。三个技术分支所要达到的共同效果都是要提高系统资源利用率、降低系统资源浪费。因此，在最新的专利申请文件中，在进行云计算资源分配时，有将三种技术分支进行融合考虑的趋势。

IBM在云资源分配技术领域的专利拥有量占据首位，是云计算资源分配技术领域的引领者。其雄厚的技术研发实力和经济实力，使得其专利布局的策略可以采取多研究方向和多地区覆盖的策略；然而这种专利布局策略并不适合技术研发实力和经济实力逊色的企业。IBM在各个技术分支的专利布局状况反映了该技术领域的发展方向，可以为跟随者指引技术研发方向。

浪潮是云计算资源分配技术领域中专利申请量最多的中国企业，在云计算资源分配领域的专利申请起步晚于IBM等国际大企业，是云计算资源分配技术领域的跟随者。由于其业务范围并不涉及海外业务，其专利申请极少向海外布局。但是在云计算领域行业“马太效应”的影响下，浪潮也应该紧跟技术研发步伐，避免生存空间被超大规模运营商挤压。

华为作为全球领先的信息与通信技术解决方案供应商，在涉足云计算领域之后，其在云计算资源分配技术领域的专利申请布局遍布中国、美国、欧洲等国家和地区，也有技术研发实力在多个研究方向开展技术研究。但是华为在云计算市场上的保守也使得华为无论在云计算市场份额上还是在专利申请数据上都不处于优势地位。

参考文献

[1] 郝卫东．云计算及其实践教程［M］. 西安：西安电子科技大学出版社，2014：1-2.

[2] 网优雇佣军．云计算定义、发展史及三个层次详解［EB/OL］.（2017-12-02）. http://

www. elecfans. com/d/591470. html.

[3] SONKAR K S, KHARAT U M. A review on resource allocation and VM scheduling techniques and a model for efficient resource management in cloud computing environment [C] // IEEE. 2016 International Conference on ICT in Business Industry & Government (ICTBIG). Piscataway: IEEE Press, 2016.

[4] 方晓平，陈年生，郭宇，等．云计算资源分配策略研究 [J]. 湖北师范学院学报（自然科学版），2013，33（4）：59-62.

[5] Internet data center report on optimizing infrastructure and server managementin tough economic times [EB/OL]. http: //www. idc. com/.

[6] 周源．华为要做公有云，晚了吗？[EB/OL].（2017-03-09）. https: //finance. sina. com. cn/roll/2017-03-09/doc-ifychavf2219790. shtml.

GUIDAO JIAOTONG

轨道交通

城市轨道交通中再生制动系统专利技术综述*

钟玲娜　胡艳梅**　周涯波

摘　要　城市轨道交通凭借速度快、运量大、安全稳定等优势成为治理城市交通堵塞最为重要的方法之一，其运行具有站点间距近、启停频繁的特点，制动过程中若能量未被有效利用会造成极大的能源浪费。基于此，本文针对城市轨道交通中的再生制动系统的专利申请，从全球申请量趋势、技术分支、重要申请人和主要专利技术发展脉络等多个方面进行全面分析，有助于国内企业和科研机构了解再生制动系统的最新研究动态，学习借鉴国内外成功企业经验，弥补国内研发空白。

关键词　城市轨道交通　再生制动　能量　控制　效率

一、引言

随着城市化水平的持续提升，机动车数量的迅速增长带来了空气污染、城市拥堵、交通事故频发等多种问题，这些问题成为制约城市可持续健康发展的一个世界性难题。发展轨道交通已成为现代城市交通体系升级过程中的主流与方向，轨道交通具有运量大、速度快、干扰小等特点，在缓解日益紧张的城市交通现状以及拓展利用城市使用空间等方面产生了越来越重要的作用。在国外，城市轨道交通发展较早，早在 19 世纪，英国就建成了世界上首条地铁线路。我国于 1971 年在北京建成第一条地铁线路。按照可持续与交通健康发展的需要，我国多地轨道交通项目正处于积极筹建过程中，计划到 2020 年，我国城市轨道交通合计运营里程数将增加至 7395 公里。从国家批准及各地市的规划申报来看，在今后十年甚至二十年内，我国城市轨道交通建设将持续快速发展。同时，该领域将向着“智能”“绿色”方向发展，在便利市民出行的同时，提高城市轨道交通运营体系的效率，节能降耗，实现绿色发展。

城市轨道交通包含高速城际动车组、高速和中速磁浮列车、城市轨道车辆、高速重

---

* 作者单位：国家知识产权局专利局专利审查协作四川中心。

** 等同于第一作者。

载列车、地铁系统、轻轨系统、有轨电车等。由于城市轨道交通具有车站之间短距离、高列车密度、频繁发车和停靠等特征，其通过再生制动产生的电能相当大。据文献研究可以发现，超过30%的列车牵引所需电能将产生于列车再生制动的过程中，可见其中可回收的制动能量是相当可观的。然而，这些能量除了按一定比例被其他相邻区间行驶的列车吸收利用外，剩余的再生能量多以热能的形式被车载制动电阻消耗掉，存在巨大的能源浪费，严重违背了目前所倡导的节能环保原则。

我国的城市轨道交通正处于蓬勃发展阶段。近年来，城市轨道交通中如何高效利用再生制动系统所产生的能量日益得到研发人员的重视。对于城市轨道交通中再生制动系统能量的吸收以及回馈利用的问题需要进行详细研究，以充分利用再生制动能量，降低整体系统的能源使用和能量浪费。

二、再生制动系统专利技术分类

（一）数据来源

本文使用的数据来源于德温特世界专利索引数据库（DWPI）和中国专利文摘数据库（CNABS），检索时间截至2019年7月1日。检索过程中发现关于再生制动系统的专利申请文件所涉及的分类号繁多且复杂，没有准确的分类号。我们采用基于关键词精确检索与适当扩展相结合的方式，从而得到初步检索结果，具体过程如下。

首先在CNABS检索中文专利申请，并将检索结果转库到DWPI，检索式如下：

1 CNABS 1272 （（制动 or 刹车 or brak???）s（回收 or 再生 or 回馈 or 反馈））and （地铁 or 轻轨 or 有轨电车 or 高铁 or 磁浮 or 列车 or 铁路 or 机车 or 轨道 or 城际 or 铁路 or 单轨 or 双轨 or 火车 or 磁悬浮）

然后，在DWPI中检索外文专利申请，并将中外文检索结果进行整合。

1 DWPI 9500 brak??? s（recycl??? or regenerat??? or （Feed 1w back???） or feedback???）

2 DWPI 1677939 subway? or metro or underground or rail??? or tram??? or Maglev or （magnet+ 1w levitat+）or train? or Locomotive or track

3	DWPI	1128	1 and 2
4	DWPI	1148	转库检索
5	DWPI	1958	3 or 4

检索得到专利申请总量共1958件，经过人工阅读逐篇筛选以及合并同族专利后最终得到相关专利申请共1640项。

（二）专利技术分类

行业内针对再生制动系统的分类，主要考虑能量利用方案，一般而言，分为电阻耗能型、逆变回馈型、储能型和临近列车利用。[1]然而在专利文献中，较多的申请人更关注通过优化的控制措施来实现再生制动与城市轨道交通系统的协同运作，以最小化能量消耗。本文在行业内对再生制动系统分类的基础上，结合检索所得专利申请进行技术分支的统计梳理，将其分解为控制布局和结构布局两个主要模块，并进行细分，最终确定出如图 1 所示的技术分解体系。

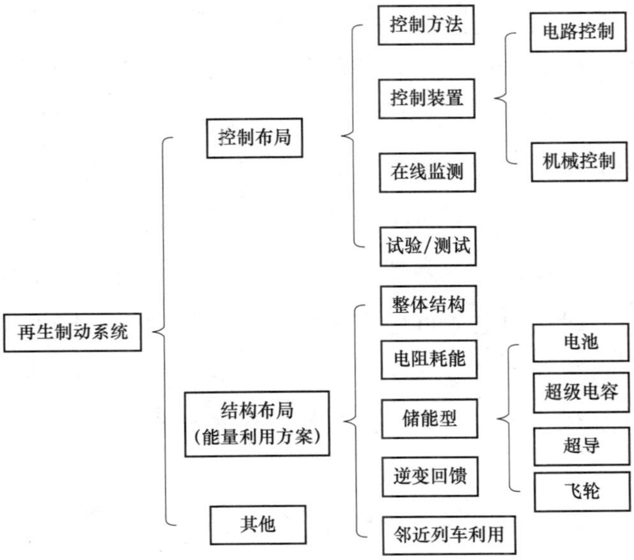

图 1　再生制动系统技术分解

控制布局模块：控制是实现再生制动系统运行的核心，其根据城市轨道交通的特点，结合不同的系统运行要求来达到相应目的，比如优化运行效率、节能系统设计、回收能量优化利用等。控制布局模块包括控制方法、控制装置、在线监测和试验/测试四大技术分支。控制方法是为了实现再生制动系统运行而专门设计的方法，包括利用遗传算法、蚁群算法等实现能量的优化运行，也包括检测再生制动系统的运行参数，再根据运行参数生成相应的控制指令等，主要目的在于优化系统的运行效率。控制装置包括利用电路结构来实现控制和利用机械结构来实现控制。电路结构包括电磁阀、判断电路、驱动单元等，用于在牵引工况能量不足时或在制动工况需要回收能量时，对再生制动系统的能量流动路径进行相应的控制；机械结构装置是配合实现再生制动的辅助部分，包括用于增大再生制动扭矩、提供机械制动支持、结合不同工况优化制动扭矩等的机械结构布局，是实现再生制动系统运行不可或缺的重要组成部分。控制布局中还包含在线监测模块和试验/测试模块。在线监测主要是为了对再生制动系统的各项运行参数进行实时监测，便于运行人员更优化地实施再生制动能量的优化配置；城市轨道交通系统所涉及的范围较大，因而在利用再生制动系统之前，对其进行有效的试验和准确的检验是非常有必要的，部分专利申请则专注于研究如何实现再生制动系统的仿真试验。

结构布局模块：再生制动系统的结构优化布局对于整个系统的运行效率提高是至关重要的。结构布局主要从能量利用方案的角度出发，分为整体结构、电阻耗能、储能型、逆变回馈和邻近列车利用。整体结构布局中再生制动系统包含了多种形式的能量利用方案，其目的在于综合各种能量利用方案的优点。电阻耗能是早期提出的一种能量利用方案，其使再生制动的能量以热能的形式被车载制动电阻消耗掉。储能型是指将再生制动的能量以不同的介质形式存储起来，根据储能介质的不同，可以分为电池（如锂电池、燃料电池等）、超级电容、超导和飞轮。它们的基本原理是类似的，根据直流牵引网的电压来决定存储和释放的能量。电池、超级电容和超导储能将能量存储在其中，飞轮储能则是将再生制动能量通过电机存储到飞轮中，将电能转换为机械能。逆变回馈是指将再生制动能量通过变流器再回馈到牵引供电系统中，对电能进行再次利用，回馈的电能可用于中压环网或者动力照明电网等。邻近列车利用则是指随着地铁列车发车密度的提高，部分研究人员利用统筹安排列车发车间隔以及临近列车启停时刻，实现再生制动能量以更高效率被邻近列车直接利用，达到节能目的。

其他：再生制动系统中不属于上述类别中的其他再生制动装置或方法。

通过检索得到城市轨道交通再生制动系统各技术分支的专利文献量，如图 2 所示，其中，控制布局占 64%，结构布局占 32%，其他占 4%。

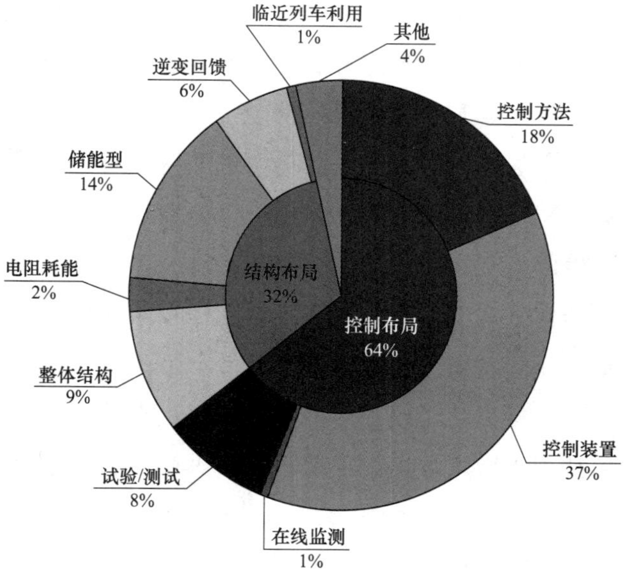

图 2　再生制动系统各技术分支专利申请分布

控制布局的专利申请量超过整个城市轨道交通再生制动系统领域的六成，是城市轨道交通再生制动系统最重要的技术分支。这也体现了该领域的技术创新主要集中在控制布局上，而并非在相关配套技术和装置的改进方面。控制系统是城市轨道交通再生制动系统的必选系统。为了提高效率、降低能耗，控制方法、电路控制等技术在近年不断涌现，这使得控制布局成为城市轨道交通再生制动系统的第一大技术分支。

伴随着电池、超级电容等储能技术的发展，研发人员需要对城市轨道交通再生制动系统的结构布局进行相应改进以适应电池、超级电容等储能技术的需求，因此，结构布局方面的专利申请量也较大。

三、专利技术概况

（一）全球专利申请趋势

经统计，再生制动系统全球和中国专利申请趋势如图 3 所示。

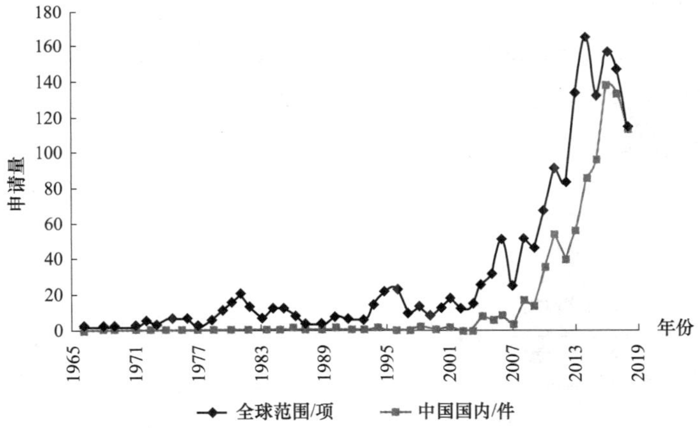

图 3　再生制动系统全球和中国专利申请趋势

总的来讲，再生制动系统的发展经历了以下三个阶段：

第一阶段（1965~2002 年）是再生制动系统的技术萌芽期。其间，再生制动系统在实际中应用较少，专利申请量也较少，出现了以电阻耗能为代表的再生制动系统的能源管理技术，也有少量专利申请涉及电池储能技术，同时部分早期的专利申请涉及开关控制，从而实现再生制动能源的调节与合理分配。

第二阶段（2003~2012 年）是再生制动系统的快速发展阶段。在这个阶段，城市轨道交通取得较大进展，伴随着城市轨道交通的再生制动系统技术也取得了较大的技术进步，出现了利用复杂的控制算法来实现再生制动能量的合理分配等技术，同时专利申请量也快速增长。

第三阶段（2013 年至今）是再生制动系统的成熟阶段。随着世界各国对城市轨道交通中再生制动系统在节约能耗方面的效用的日益重视，各大企业和科研机构在再生制动系统上投入了更多研发；同时，结合新型储能技术、监控技术以及通信技术的发展，再生制动系统进入了更为智能化的阶段。

（二）主要申请人分析

通过对城市轨道交通再生制动系统的专利申请的统计分析，得出主要申请人排名如图 4 所示。中国申请人在申请量方面占据了明显的优势地位，究其原因主要在于中国近年大力发展轨道交通，地铁、高铁等相关技术在国际上处于领先水平。申请量排名前 15 位的申请人中有 7 位为中国申请人；排名前五的申请人中中国申请人更是占据 3 席，分别为中国中车集团有限公司（以下简称“中车”）、西南交通大学和北京交通大学。其中，中车的专利申请量达 214 项，排名全球第一。需要说明的是，中车在 2015 年由中国南车和中国北车等企业合并组建而成，因而中国南车和中国北车等企业的所有下属公司的相关专利申请均计入中车。日本申请人在城市轨道交通再生制动系统领域的表现也很抢眼，其中，日立和东芝的专利申请量排名分别为全球第二和第四，共 80 项。另外，美国也有 4 家公司上榜，其中通用汽车的专利申请量共 30 项，排名第六。除此之外，仅有德国申请人西门子的申请量入围全球前 15。由此可见，城市轨道交通再生制动系统的相关专利主要掌握在中国、日本和美国手中。

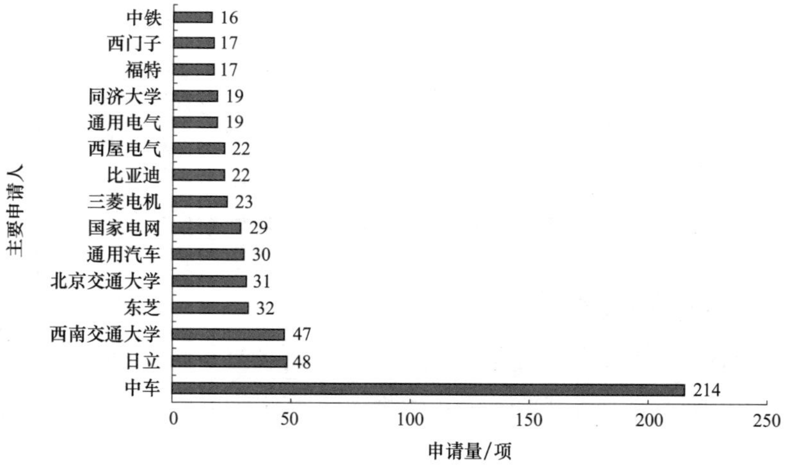

图 4　再生制动系统专利主要申请人排名及其申请量

（三）各技术分支主要申请人

表 1 和表 2 所示为控制布局和结构布局两大技术分支的主要申请人的申请统计分析结果。

表 1 控制布局主要申请人排名及申请量

排名	申请量/项	申请人
1	135	中车
2	38	日立
3	27	通用汽车
4	25	东芝
5	24	西南交通大学
6	23	北京交通大学
7	22	西屋电气
8	20	比亚迪
9	19	三菱电机
10	14	通用电气

表 2 结构布局主要申请人排名及申请量

排名	申请量/项	申请人
1	80	中车
2	27	西南交通大学
3	21	国家电网
4	12	北京交通大学
5	10	日立
6	9	阿尔斯通
7	9	东芝
8	9	华北电力
9	7	通用电气
10	6	同济大学

在上述技术分支中，以中车、西南交通大学、北京交通大学和比亚迪为代表的中国申请人无疑是抢眼的技术主导者，其研发起步较早，且专利布局全面，重点专利技术也被它们掌握。同时，日立、东芝、三菱电机等日本企业的专利申请量也相对较高。中车在上述两个分支的总申请量上均排名第一，其专利布局涉及城市轨道交通再生制动系统的各个方面。

根据表 1 和表 2 所示的专利分布可知，日立、东芝等日本传统企业在专利布局上渗透到各个技术分支，其研发实力较强，优势突出。美国的通用电气是世界知名企业，其申请量虽低于日本企业，但也掌握了部分核心专利技术，具有一定的创新实力。

（四）主要申请人的技术分布

提取再生制动系统申请量排名前十的主要申请人在各技术分支的专利申请分布，如图 5 所示。

从图 5 可以看出，控制布局作为再生制动系统运行的核心技术，各主要申请人在该方面的专利申请量都较大。中车由于合并了中国南车和中国北车等国内传统的城市轨道交通系统研究方面的翘楚，因而其整体的申请量很大，在各个技术分支中所占的比重也较大，其无疑是再生制动系统中最为活跃的申请人。控制方法为主要申请人所关注的技术分支，专利申请量排名前五的申请人中车、日立、西南交通大学、东芝、北京交通大学在控制方法方面的专利申请上有较多布局；而在利用电路实现控制方面，中车、日立、东芝、三菱电机、比亚迪较为专注于该领域的研究，可以看出，该领域中排名前五的申请人中日本企业占据了 3 席。考虑中车合并了多家企业才导致申请量排名第一的原因，更可看出日本的企业较为关注在再生制动系统的控制过程中如何利用电路结构的合理布置来实现优化控制，这与日本这些在电力行业的领军企业的先进研发技术是密不可分的。机械制动结构是实现再生制动系统能量利用的不可或缺的重要部分，中车、通用汽车、西屋电气在该机械控制领域中的专利申请量较为突出，其中美国的通用汽车和西屋电气广泛活跃在能源、交通等领域。从统计结果可以看出美国的企业更关注于研发再生制动系统中的机械制动结构。西南交通大学和北京交通大学是国内高校中城市轨道交通系统研发领域的领军者，在多个技术分支中有一定布局。此外，关于再生制动系统中的在线监测技术和试验/测试技术，则主要是国内申请人中车从事相关的研究，其他申请人少有涉及。

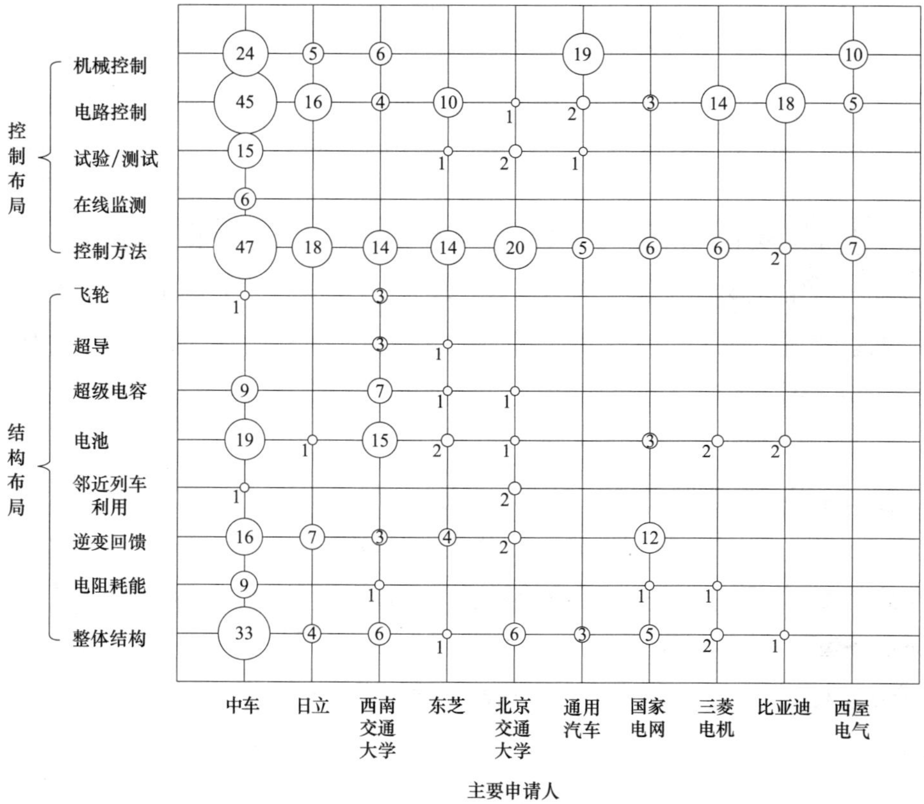

图 5　再生制动系统主要申请人各技术分支专利分布

注：图中数字表示申请量，单位为项。

针对再生制动系统的结构布局方面，中车仍然在多数技术分支中有较大申请量。由于单一的能量利用方案有时难以满足实际使用的需求，在整体结构布局方面，中车、西南交通大学、北京交通大学、国家电网具有较多申请量，该领域的研究为国内申请人所关注。从图 5 中可以看出，伴随着新型储能技术的发展，中车和西南交通大学的研究重点之一为再生制动系统中利用电池和超级电容进行高效储能。随着电力电子技术的发展，大功率传输可以通过逆变回馈方式实现，中车、日立、国家电网、东芝较为关注通过逆变回馈的方式实现能量的利用。电阻耗能是最早出现的能量利用方案，除了中车以外，其他申请人少有涉及。

通过上述分析可以看出，迫于能源环境的压力以及国内对城市轨道交通技术的重视，同时有多家传统轨道交通系统企业以及高校的高水平科研能力的技术支撑，国内申请人在再生制动系统领域的专利申请占据了一定地位。日本和美国的申请人则在技术研发、优势项目以及专利申请的策略上具有一定优势。

四、核心技术——控制布局的重点专利技术发展脉络

控制布局是再生制动系统的核心，是城市轨道交通系统中再生制动系统能够成功运行的重要枢纽。因此，针对控制布局进行深入专利分析有着极其重要的意义。根据前述控制布局的统计分析可知，各主要申请人皆在控制方法和电路控制两个技术分支进行布局，以下选取该两个技术分支来全面分析控制布局的核心专利技术发展脉络。

（一）控制方法

在专利分析的过程中，我们将不同年份的专利申请所实现的技术功效进行了统计，以准确判断控制方法领域的专利技术发展脉络。统计结果如表 3 所示。

表 3　控制方法专利技术功效分析　　单位：项

年份	功效							
	优化效率	系统可靠性	降低能耗	改善安全性	高效操作	优化控制参数	提高运行准确度	抑制谐波
1973～1975							1	
1976～1978						1		
1979～1981	3						1	
1982～1984	1					1	1	
1985～1987							1	
1988～1990				1				
1991～1993	1					1		
1994～1996	2		3	1		5		1
1997～1999	1			1		4	1	
2000～2002			1	1		4		
2003～2005	3		2	1		2		

续表

年份	功效							
	优化效率	系统可靠性	降低能耗	改善安全性	高效操作	优化控制参数	提高运行准确度	抑制谐波
2006~2008	6	1	4	3		6	1	
2009~2011	10		12			2	3	3
2012~2014	8	8	19	7	8	5		
2015~2018	12	6	41	9	17	22	6	4

结合专利检索结果，根据控制方法所实现的主要技术效果，可以分为优化效率、系统可靠性、降低能耗、改善安全性、高效操作、优化控制参数、提高运行准确度和抑制谐波等。表3显示出了各个年份所涉及的不同技术效果的专利申请量。下面对各技术分支进行详细分析。

1. 优化效率

系统的运行效率一直为研究人员所关注，从表3可以看出控制方法用于实现提高系统运行效率的技术效果方面的专利申请占有较大比重。早在1979年苏联的VOROSH DIESEL PROD提出了用于优化效率的控制方法专利申请SU837383A1，该专利申请通过在动态制动期间使用由机车的牵引电动机产生的部分电能来改善经济因素，以达到优化效率的目的。接着，在1982年，苏联的RIGA ELECTR ENG WKS所提出的专利申请SU1017536A1中，通过额外的电流馈送到具有脉冲电压调节的电动机的励磁绕组和晶闸管电压转换器来改善制动系统的效率，该系统同时还通过消除电源电路中的电阻来提高效率。

从2003年开始，优化效率的专利申请量出现了提升。在2003年，日本的日立提出的专利申请JP4231299B2，通过有效执行交换操作制动衬块，减少刹车片产生磨损的频率，以提高系统的运行效率。除了通过控制能量转换来优化效率以外，该专利申请首次提出还可以通过减少磨损频率来提高效率。2004年，日本的东芝提出的专利申请JP2005318663A，研发出了用于城市轨道交通系统的列车中的电力变换装置，利用二极管整流器实现电力转换器的适当并联运行，功率转换器改善了过载能力和电力再生，从而提高了转换器效率。2008年，日本的东芝还提出了专利申请JP5395947B2，通过将线电压维持在适于再生的值，可以有效地提高车辆的停止位置精度，同时提高再生效率。2003~2010年，日本的申请人广泛活跃在利用控制方法来优化效率的技术领域。

2011年，利用控制方法来优化效率的专利申请量达到7项。中车在2011年提出的专利申请CN102303613A，通过采集机车各种参数信息，判断机车工况，实现双动力机车在各种工况下的控制，由此来提高系统的运行效率。同年，日本的日立提出的专利申请 JP5937584B2，通过设置操作单元在比预定时段更大的负载下操作控制设备以在制动移动物体的同时消耗再生电力，可以提高控制设备的再生效率，车内温度可以保持在允许的温度范围内。由于再生制动器被操作以有效地使用电力，可以减少再生失效。

从 2013 年开始，控制方法的形式步入多样化和智能化。北京交通大学在 2013 年提出的专利申请 CN103661434A，提供了一种列车运行控制方法，根据列车的牵引特性、列车的制动特性、空气阻力特性，节能列车的运行曲线能够更加准确，列车运行的节能效率更高。美国的福特在 2015 年提出的专利申请 US10036288B2，通过使控制器能够将来自再生制动的动力引导至电加热器，以便提供更快和更有效的变速器和发动机的预热时间，可以减少发动机和变速器被充分加热所需的时间，并且可以提高车辆的燃料效率和性能。

为了达到多种控制目标的协调优化效果，优化效率的控制方法不断与新的数学方法结合，例如遗传算法、粒子群优化算法、蚁群算法等。西南交通大学在 2018 年提出的专利申请 CN108189674A，根据已知的有轨电车在运行过程中的工况，通过极值搜索算法调节在制动时刻超级电容的荷电状态（State of Charge，SOC），从而保证有轨电车在制动时刻超级电容的 SOC 处于一个较小的设定值附近，以确保在制动时刻超级电容有较大的存储空间，实现了有轨电车运行过程中启动到制动过程的能量管理策略与制动过程的能量回收紧密结合，能够保证有轨电车制动时超级电容有足够的余量接受制动能量，提高了有轨电车制动能量的回收效率。

2. 系统可靠性

从表 3 可以看出，控制方法用于提高系统的可靠性方面的专利申请出现较晚。2008 年，日本的东洋电机制造株式会社（以下简称“东洋电机”）提出的专利申请 JP2010154607A，其方法能够有效地执行紧急制动控制，提高制动系统的稳定性并减小制动距离，从而改善系统的可靠性。此后，直到 2012 年才由中车提出专利申请 CN102882440A 用于提高可靠性。该专利申请的控制方法实现了一种大功率制动能量消耗装置的双制式转换。在该双制式下，装置可以吸收目前国内所涉及轨道车辆回馈的较大功率，保证了电网及车辆的可靠运行。2012～2018 年，系统可靠性方面的研究开始得到较多关注。西南交通大学在 2018 年提出的专利申请 CN108454449A，能够实现虚拟轨道列车灵活编组组合，提高供电可靠性和应急供电能力。系统可靠性方面的专利申请研究方向从减小制动距离，到控制模式切换，再到实现列车的灵活编组运行，控制方法越来越灵活化和多样化。

3. 降低能耗

在控制方法的技术分支中，降低能耗长期是申请人追求的目标，能耗越低，越有利于再生制动系统的长期运行。1995 年，日本的日立提出的专利申请 JPH09135501A，其控制方法使用逆变器控制装置根据制动手柄的转向产生再生制动功率和制动扭矩，将再生制动功率与扭矩进行比较，并通过气动制动器补充差异，优先考虑较小的再生制动功率，从而计算制动扭矩值，进而实现降低能耗的目的。1996 年，美国的西屋电气提出的专利申请 US5815362A，输出电路产生脉冲宽度调制输出信号，其占空比与产生的信号匹配。通过该信号，能量被传递到线圈，从而控制电磁阀的操作，进而控制制动控制器的操作，布置在线圈和脉冲发生器之间的反馈电路产生反馈信号，使脉冲发生器能够调节脉冲宽度调制信号以补偿由电源提供的能量的变化，实现整体系统的能耗降低。

2000~2005 年，控制方法在降低能耗方面的专利研发平稳发展。2005 年，德国的戴姆勒股份公司提出的专利申请 DE102005015485A，其控制方法为了能够在不降低舒适性的情况下使车辆中的再生能量最大化，在向具有较大传动比档位换挡前、换档期间和换挡后，使至少一个驱动轮上的制动力矩保持接近恒定。

2006 年开始，降低能耗技术分支的专利申请进入快速增长期。2008 年，奥地利的 MASCHFAB AUGSBURG NUERNBERG AG 提出的专利申请 AT506338A1，其控制方法以改进和简单的方式有效地控制再生颗粒过滤器，以减少额外燃料量的消耗，从而降低燃料和车辆运行成本，进而降低系统的能耗。同年，西南交通大学提出的专利申请 CN101434206A，其方法能够在没有回路的情况下实现过电压的分相，停止过电压和闭合波，并防止系统停电，同时缩短了过电压的分相时间，降低了牵引的能量损耗。

2009~2016 年，降低能耗的专利申请量继续稳步提升。2009 年，日本的日立提出的专利申请 JP5302082B2，其控制方法改善了速度变化感，由于速度变化时间显著缩短而延长了再生制动时间，改善了燃料消耗。同年，德国的西门子的专利申请 DE102009018616A1，提出了一种用于运行轨道车辆的方法，通过预设条件来调整列车的滚动点，能够实现以较少的能量消耗操作来操作轨道车辆。

通过控制算法来实现节能日益受到申请人的关注。2014 年北京交通大学的专利申请 CN103963805A，提出了一种城市轨道交通列车运行的节能方法，首先分析相邻列车的运行匹配规则，计算利用的再生能量的大小，其次以利用的再生能量为目标，建立列车运行的优化模型，最后求解优化模型，得到城市轨道交通列车运行的节能时刻表。

降低能耗的控制方法在 2017~2018 年达到成熟期。2017 年降低能耗的专利申请量为 14 项，2018 年为 12 项。这两年期间西南交通大学申请了 4 项关于降低能耗方面的专利申请，北京交通大学则申请了 3 项，同济大学申请了 3 项，中车申请了 2 项，可见国内申请人在此期间活跃在降低能耗技术领域。典型的控制方法如北京交通大学在 2017 年的专利申请 CN106828547A，提出了一种面向再生制动能量利用的列车调度方法，首先实时检测离站列车作为参考列车，获取参考列车运行数据；其次根据参考列车运行数据，获取可选的备选列车的实时运行信息，确定能够用于吸收参考列车再生制动能量的所有备选列车；再次针对每一列备选列车，建立基于发车时间调整的吸收再生制动能量的优化模型；最后确定优化模型最优的备选列车为吸收参考列车再生制动能量的选定列车，调整选定列车的发车时间。该专利申请充分考虑到列车的实际运行情况，采用多车协同动态调度的方法提高再生制动能量的利用率。其间，日本的日立和东芝各申请了1项关于降低能耗的专利申请，分别为专利申请JP2018186641A（日立），其通过系统发送指令，该指令将列车划分为第一形成区域到第二形成区域，或者基于再生无效的信息或超过参考电力的量来合并第一和第二形成区域，以便增加车辆之间的再生能量，提高再生能源的利用效率；专利申请JP2018184135A（东芝），其通过设置运行曲线考虑再生能量缩小到列车的实际运行，实现节能，同时通过列车的再生制动提高再生概率，从而通过列车的再生制动器恢复更多的再生能量。

4. 改善安全性

再生制动系统的安全运行是控制方法能够得以实施的基础，因此部分申请人针对如何提高再生制动系统的安全性运行进行了研究。最早在1990年，由美国的西屋电气提出的专利申请US5098169A，通过实时监测故障来保障系统的安全性。1994年，日本的NABCO有限公司和铁道综合技术研究所的专利申请JPH0867240A，则提出了通过启用紧急制动器的滑动控制，提供良好的电磁阀控制信号，来实现安全稳定运行。

1990~2005年，改善安全性方面的专利申请量一直较少，直到2006年才开始有所增加。上海地铁运营有限公司在2006年提出的专利申请CN100411904C，其技术方案在制动过程采用了软开关及其软制动技术，使电机在制动过程所产生的非线性制动转矩避免了电压应力与电流应力的集中，形成了良好制动效果的同时，又确保了大功率馈电二极管、大功率能耗电阻器及电机转/定子处于理想的非线性工作状态，避免了故障隐患的发生与器件崩溃性事故的出现。同年，美国的RELIANCE ELECTRIC TECHNOLOGIES公司提出的专利申请US7511438B2，其控制方法允许电动机在再生制动和喷射制动方式之间交替，使得其中一个电动机处于再生制动模式而另一个电动机处于电动模式，从而允许大电流流入多个电动机，因此能够在短时间内耗散最大量的能量，以快速停止负载惯性。该方法允许有效地制动惯性负载，同时避免总线上的过电压状况，有效提高了安全性。2007年，德国的西门子公司提出的专利申请DE102006057065A1，电动的制动器在制动时产生的制动能量至供电网的反馈能力的程度被确定，并且具有调节单元，该调节单元使轨行车辆的速度与反馈能力的程度相适应，使得摩擦制动器在制动时的损坏得以避免，进而保障系统的运行安全性。

2012~2018年，改善安全性的专利申请量较大。2012年，中车的专利申请CN102897185A提出了机车空间制动与电气再生制动转换控制方法，能够避免机车再生制动、空气制动方式转换过程中引起的列车冲动，显著提高客运列车的安全性和舒适性。2015 年，德国的克诺尔轨道车辆系统有限公司的专利申请 DE102015120439A1 提出了用于开环或闭环控制制动系统的方法以及制动系统，其在快速制动的情况中，一个气动制动装置或者电-气动制动装置提供基本制动压力，并且从所提供的基本制动压力出发，电-气动制动装置根据载荷和/或速度改变制动压力，可以提高制动系统的安全性要求。日本的 DAIHATSU MOTOR 公司提出的 JP2019064461A，通过将车速的波动抑制在允许范围内，驾驶员能够舒适且正确地执行制动控制操作，由此保障再生制动系统的安全性。中车在 2018 年提出的专利申请 CN109080621A 标志着改善安全性的控制方法日益成熟和多样化，其方法可以在液压制动系统开启后自动检测液压制动系统，提高液压制动系统的故障诊断效率、液压制动系统的可靠性和列车行程的安全性。

5. 高效操作

再生制动系统的高效操作可以简化控制方法和控制步骤。控制方法的本质目的是要实现再生制动系统的运行，通常研发人员更关注如何降低能耗、提高效率等方面的技术效果。提高控制方法的可操作性属于优化技术效果，专利申请方面针对高效操作的研发出现较晚，直到 2012 年才为专利申请人所关注。日本的日立在 2012 年提出专利申请 JP2014069756A，首次将控制目标聚焦于如何实现高效操作，其控制方法中摩擦阻滞转矩指令值校正部分根据由车速检测部分检测到的车速以及根据波动特性校正摩擦阻滞转矩指令值，可以抑制伴随摩擦系数变化的制动波动，并提高系统的操作性，而且制动时间也可以改善。伴随着人们对控制目标的要求越来越多样化，如何实现高效操作也逐渐得到申请人的重视和关注，2015~2018 年高效操作的专利申请量达到 17 项，北京交通大学、通用汽车、中车等在高效操作方面积极进行专利布局。

6. 优化控制参数

控制参数的优劣对于控制方法的技术效果通常起到决定性的作用。从表 3 可以看出，优化控制参数一直为申请人所关注。早在 1977 年，苏联的 URALS RAIL ENG INST 提出的专利申请 SU658017A1，提供了在优化的控制参数下在所需距离内制动列车的准确且可靠的控制方法，从距离单元通过由编程器控制的开关工作的反馈装置产生可控增益，从而使得增益和输出制动平滑变化。

从 1994 年开始，优化控制参数的技术研发日益得到申请人的重视。1995 年日本的株式会社高岳制作所提出的专利申请 JPH08340685A，采用负反馈控制，优化列车再生制动系统中直流电机的转数和减速指令。接着，1996 年美国的西屋电气提出了专利申请 US5740029A，其控制方法为反馈回路提供增加的死区，以允许大到足以被检测的差异，并可用作从主控制模块到从控制模块的信号中断的指示。1998 年美国的克莱斯勒公司提出了专利申请 US6155365A，通过在将制动扭矩需求与电动机/发电机的可用再生扭矩进行比较之后确定控制信号，改进混合动力传动系统的制动混合策略。

2006~2014 年，优化控制参数的方式在发展过程中逐渐细化到进入控制方法的每个步骤来进行优化，包括期望的参数、控制过程中的定义参数、运行的曲线参数等。2006 年，美国的通用电气提出的专利申请 US2008167766A1，方法包括在产生任务计划之前确认期望参数，其中期望参数可为不可达到和/或违背预定义的极限的，以及将期望参数通知动力驱动的系统的操作者和/或远程监测设施。2007 年法国的阿尔斯通运输股份有限公司提出了专利申请 FR2915435A1，涉及一种轨道车辆的制动能量回收系统，首先定义了回收系统的多个参数，包括变电站、距离、回收区域等，然后对所定义的参数进行优化控制。韩国的现代自动车株式会社在 2014 年提出的专利申请 KR101566751B，提供一种用于控制混合动力车的再生制动的方法，包括电动机控制器被配置成调节电动机的驱动转矩，制动控制器被配置成通过计算制动转矩来调节供给车轮制动汽缸的液压，以及混合动力控制器，被配置成通过分成至少两种以上再生制动模式，并根据每种模式应用不同的再生制动斜率，来调节再生制动转矩。

2015 年北京交通大学的专利申请 CN105243430A 标志着优化控制参数的方法开始与各种数学运算方法结合，提出了一种列车节能运行的目标速度曲线的优化方法，基于分层优化方法、双向迭代法以及多目标满意度的优化方法来得到目标速度曲线。同时，控制参数的优化方向也越来越倾向于与用户的偏好结合。2015 年美国的 BAVERSTOCK R G J 提出的专利申请 US2016332585A1，其方法使得能够基于优化偏好来优化运输车辆的路线，并且基于优化偏好向车辆用户和车辆提供优化路线，该方法使用户能够暂时放弃加速和制动，从而提高车辆效率并优化车辆路线的参数，同时提高新车的动态效率并使大量现有车辆能够被改装并转换成动态有效的车辆。

优化控制参数的控制方法从 2015 年开始逐渐进入成熟期，仅在 2016 年，优化控制参数的专利申请量就达到 11 项。北京交通大学在 2016 年提出的专利申请 CN106651009A 是此阶段专利申请的典型代表，其技术方案提出了城市轨道交通任意多车协作的节能优化控制方法，该方法提出了时隙—能量格的再生能利用模型，制定统一的调度控制一体化节能策略，极大地降低了模型的复杂度，可以分析同一供电分区内、双方向、任意多车、多次牵引/制动的再生能利用，并通过选择列车站间运行曲线，调整站间运行时间、站停时间和发生间隔，寻找列车牵引总净能耗的全局最优值。优化控制参数的焦点从单一参数到全局最优，标志着该领域的技术研发越来越成熟。

7. 提高运行准确度

提高再生制动系统运行的准确度，使系统能够更加准确地运行，是研发人员所关注的目标之一。1973~2008 年，针对如何提高系统的运行准确度的专利申请研究一直较少。1973 年，美国的西屋电气提出的专利申请 CA996238A，其控制方法中再生程度由制动指令信号控制，电机转矩产生比例制动力信号，提供的摩擦制动取决于制动命令和检测信号之间的差异，以补充电动机再生动作以获得足够的制动，电阻通过开关与电动机连接，以提供这种再生功率流，最终无论摩擦制动水平如何降低，可复位的锁止继电器都能保持连接，使系统得以准确运行。1997 年日本的财团法人铁道综合技术研究所提出的专利申请 JP3636572B2，通过制动力检测器确定在制动方向上接收的预定制动力，使得车轮处于反向切向方向，在强制位置沿与车轮旋转方向相切的方向产生摩擦力制动，确保精确控制对铁路车辆车轮产生的制动力。2006 年，韩国的 HYUNDAI HEAVY IND CO LTD 提出的专利申请 KR20080009569A，确保用于高速列车的死区时间进入的再生制动的最小电动机励磁电压。

提高运行准确度逐步发展为通过多种技术手段来准确设定运行过程中的参数。2009 年西南交通大学提出的专利申请 CN101693445A，是提高运行准确度的技术研发得以进一步发展的标志。该专利申请公开了一种无速度传感器交流牵引传动系统过电分相方法，克服了传统无速度传感器技术方案以及初始自寻优模糊算法的不足，不需要对现有控制系统做任何改变，即可实现过电分相以及长期惰行期间电机转速的准确估算，避免带速重投问题的发生，尤其适合高速动车组使用。2011 年，日本的三菱电机提出的专利申请 JP4897118B2，其方法可以基于减速差信息获取目标气缸压力校正值，从而控制目标气缸压力的值并减小减速目标值和实际值的差值，进而控制车辆精确减速到目标车辆在斜坡上行驶时的附近值。2015 年，北京交控科技有限公司提出的专利申请 CN105329266A，提供一种列车启动制动控制方法，利用综合监控系统向区域控制器发送两次取消制动的命令，来准确实现全线列车的紧急制动控制。2017 年，南京理工大学提出的专利申请 CN107368920A，通过降低非高峰时段多列车运行的能耗来提高列车运行时间的准确性。

8. 抑制谐波

城市轨道交通系统中的部分再生制动系统的能量会直接回馈到电网进行利用。为了避免对电网造成损害，抑制谐波的技术研发得到申请人的关注。1996 年，日本的三菱电机提出了专利申请 JPH10100741A，其控制方法扩展了电压控制范围，稳定列车电压，防止在特定负载范围内产生的谐波振荡。此后，直到 2009 年才有申请人进一步将控制目标聚焦于抑制谐波。2009 年，上海磁浮交通发展有限公司和上海磁浮交通工程技术研究中心的专利申请 CN101638061A 提出了可回馈制动能量的磁浮列车牵引供电系统抑制网侧谐波的方法，利用无差拍电流控制方法来计算再生制动系统中开关管的控制信号。抑制谐波方面的技术研发主要研究注入电网侧的谐波控制，因而与各种电力变换装置的研发密不可分。2017 年国家电网的专利申请 CN106374495A，提出了一种模块化多电平的电气铁路电网侧电能质量优化变流器，基于 MMC 来改善电气化铁路带来的三相不平衡及谐波问题。

此外，控制方法实现的技术效果还包含防止空转、防止逆流/环流、无功补偿、防滑等。城市轨道交通系统中防止列车空转的控制方法在2012年由中车提出了3项专利申请。其他相关技术效果的专利申请量较小，不是控制方法所研究的重点。

（二）电路控制

电路控制是城市轨道交通再生制动系统的“心脏”，因此，对电路控制进行深入的专利分析有着极其重要的意义。我们对电路控制按照一定的时间段和实现的技术功效进行了统计，最后将统计结果绘制成表4。

表4　电路控制技术功效分析　　单位：项

年份	功效							
	提高稳定性	改善乘坐舒适性	优化能量分配	提高安全性	提高可靠性	优化电路结构	提高效率	控制储能装置充放电
1973~1975	1			3	2			
1976~1978	1			2	1			
1979~1981	1				7	1		
1982~1984	2			2	4	1		
1985~1987			1		1			
1988~1990					5			
1991~1993	1					3		
1994~1996			2	1	1	2	3	
1997~1999		1				2	3	
2000~2002					2	2	2	
2003~2005		2	7	1		1	1	1
2006~2008		1	3	1	1	4	5	
2009~2011	1	8	6	2	4	6	5	3
2012~2014	2	1	6	4	7	11	6	1
2015~2018	7	7	11	19	14	23	21	22

电路控制相关的专利申请主要涉及提高稳定性、改善乘坐舒适性、优化能量分配、提高安全性、提高可靠性、优化电路结构、提高效率和控制储能装置充放电八个方面，表4显示出了各个年份所涉及的不同技术效果的专利申请量。下面对各技术分支进行详细分析。

1. 提高稳定性

提高稳定性的专利申请起步期比较早，在 1973 年就有相关的专利申请，1976~1984 年也陆续有相关的专利申请。早期主要围绕电动机来提高稳定性。例如苏联 RAIL TRANSPT 公司在 1973 年提出的专利申请 SU589143 中披露了使牵引电动机的励磁线圈被晶闸管分流来提高电动机的稳定性，并提供了平稳过渡到恢复循环而不会使磁场反转。1983 年美国的通用电气提出的专利申请 US4423363A，使用电制动电路通过使用低欧姆值电阻路径在直流电（Direct Current，DC）电动机的再生和插塞制动之间提供平稳的转换，以在转换期间保持电动机转矩。

提高稳定性的专利申请曾经一度停滞不前，1985~2010 年，仅日本的东芝在 1993 年提交了专利申请 US4423363A，其通过恒定电流控制电路和恒定电枢电压控制电路来控制两组再生逆变器电路稳定再生能量。

2011 年以来，随着中国城市轨道交通制动系统的快速发展，以比亚迪为代表的中国申请人陆续提交了一些提高稳定性的相关专利申请，这一时期主要通过对牵引网供电的变电站进行实时监控来提高稳定性。例如 2016 年比亚迪提交的专利申请 CN106809029A，设置多个储能电站，多个储能电站与牵引网相连；控制中心，用于对牵引网供电的变电站进行监控，当变电站出现故障时，控制多个储能电站进行放电，以确保列车运行的稳定性。

2. 改善乘坐舒适性

改善乘坐舒适性是随着经济发展及人们对美好生活的向往而产生的改善性需求，相关技术的起步相对较晚。1999 年，日本专利申请 JP2006044654 中首先提出控制器能够产生相对于要求制动力的小比率的再生制动力，从而提高乘坐的舒适性。

之后，日本相关企业在这方面展开了更深入的研究，其中最具代表性的是东芝和三菱电机。东芝在 2009 年提交的专利申请 JP2010166694A 中公开了：逆变器控制单元根据制动力指令检测施加到逆变器装置的再生制动力；当输入到逆变器装置的 DC 电压小于阈值电压时，输出再生制动有效信号；当 DC 电压大于阈值电压时，判断单元输出再生制动无效信号；当从判断单元输出再生制动无效信号时，输出单元根据检测到的再生制动力输出制动力等效信号。上述控制可以缩短电动汽车的空转时间，在接收到制动指令之后防止电动车辆的振动，从而提高乘坐舒适性。2009 年三菱电机在专利申请 JP4561938B1 中提出：电力控制部以在电压检测部的检测电压超过规定的开放电压时，由具有比 0 长的斜面降低期间的规定的降低模式，使交流电机产生的再生刹车力降低的方式，来控制电力变换部，所以能在该降低期间，机械刹车产生的刹车力起作用，因此即便在再生刹车动作中再生负载不足的情况下，也能减小电力机车的减速度的变动，改善乘坐感。

2010年之后，中国的申请人持续发力，陆续申请了相关专利，主要侧重平滑制动、平稳运行和精确停车。例如，东华大学在专利申请CN102339043A中通过集成控制器对各个控制指标进行协同调整与控制，以解决轨道交通运行过程中位置、速度、加速度多个控制指标之间的协同控制问题，从而能够实现轨道交通既具有平滑的启动与制动加速度和平稳的运行速度，又能保证精准的停车位置，确保乘客乘车的舒适性。中车在2016年提交的专利申请CN105292141A中提出传动控制单元对动车组的牵引、制动和惰行工况均可实现自动过分相控制，可有效缓解自动过分相过程对列车的冲击、提高列车舒适性。

3. 优化能量分配

通过控制再生制动系统内各种能量的分配、流动，减少能量损耗的方法在20世纪80年代末已经出现。例如1987年ZENTRALES FI DES VERKEHRS WESE提交的专利申请DD266539A1首次披露了通过在两个计划停靠点之间的指定行程进行时序控制，实现最佳能量分配，节省电能。

2002年之后，优化能量分配相关技术伴随着绿色节能的要求进入快速发展期，这一时期的优化能量分配主要通过控制储能装置来增加制动期间再生的电力。例如，2005年，日本的东芝在专利申请JP2005075318A中提出：控制电路基于测量的再生电能和电力负载能量的差来计算电力吸收器的设置，从而抑制电力的损失。日本的日立在2009年提出的专利申请JP2009089503A中，控制装置通过避免不必要的充电/放电电流并以有效的方式进行能量的吸收和放电，达到节省环保的目的。

2014年起，中国申请人快速崛起，相关专利申请量几乎全部来自中国。其中，中车在2016年提交的专利申请CN105216630A中公开了通过控制电路实现牵引电能和列供电能彼此之间的实时分配，可把列车供电作为牵引电机回馈制动时的负载，利用牵引电动机回馈到中间直流环节的电能为列车供电提供电能输入。湖南华大紫光科技有限公司在CN105958521A中提出了一种统一能量控制系统，实现牵引机车再生制动能量实时存储和释放，高效利用再生制动能量；无牵引负荷时蓄电，优先谷时充电蓄能、峰时放电供能，实现削峰填谷及需求侧响应管理。2017年，比亚迪在专利申请CN106809028A中披露通过制动回收控制装置选择在不同状态下切换列车上的电池或充电电容对制动电能进行吸收，减少了能源浪费。

4. 提高安全性

安全性是再生制动系统中最重要的指标之一。早在1974年和1975年，德国的LICENTIA公司就提出了两项用于提高安全性的专利申请DE2427432A1和DE2529737A1。上述两项专利申请均安装有故障安全制动控制装置。DE2427432A1可在电源发生故障时将机械制动切换到最大效果，并将再生制动器的功能切换为备用操作，安装了速度控制装置，可将再生制动切换到设定值以下。DE2529737A1在没有电源电压的情况下，使用DC转换器从整体电池获取电流，因此，电池上的电流消耗保持在最低水平，即使在电源关闭的长下坡路段上重复制动，也能确保故障安全制动。1974~1982年，电路控制在提高安全性方面的专利申请平稳发展，苏联、美国和日本的申请人也相继申请了相关专利。典型的技术方案如1978年由美国的西屋电气所提出专利申请US4326154A中，运输车辆具有由动力供给的驱动马达-闭合电路，当不希望或不可能制动功率反馈时，控制电路通过打开开关来保护制动供电轨。

1985~2002年，提高安全性方面的专利申请一度陷入停滞状态，仅美国的西屋电气在1994年提出了专利申请US5535122A，摩擦制动控制系统通过摩擦制动校准装置处理指示车辆质量和制动缸压力的信号，以产生摩擦制动减速率信号，由此保障制动安全性。

2003~2014年，提高安全性的专利申请量重新稳步提升，这一时期日本申请人相对活跃。2003年，日本的日立提出的专利申请US2006109008A1中通过充电/放电控制单元计算流过存储单元的所有电流的总和，以抑制计算的允许充电或放电电流上的电流流入或流出每个存储单元，并控制充电或放电电流以保持总电流低于计算的总电流值，从而抑制故障的发生。东芝在2010年提出专利申请JP2012023903A，采用转换器控制单元控制转换器，当线电压过零间隔在预定的可接受变化范围内时，判断单元判断电源异常，在判断单元中判断电源异常时控制单元控制转换器的停止操作。

2015年起，提高安全性技术分支的专利申请进入快速增长期。这一时期，中国申请人表现尤为突出，尤其是中车和比亚迪。2015年，中车在专利申请CN204659750U中公开了将中央控制系统分别与智能称重装置、温度监测单元、车辆定位单元、故障报警单元、制动单元、动力学性监测单元、车门意外开启报警装置和车辆黑匣子进行信息交互与智能控制，从而在车辆发生事故或故障时，可以及时了解故障信息，有针对性地分析原因及提出解决措施。2016年，中车提出专利申请CN105904987A，通过控制单元控制储能单元在列车进站停靠时充电，在列车运行期间依靠储能单元存储的电能为列车供电，无须采用不间断的接触网为列车供电，降低了不间断接触网带来的安全隐患。2017年，中车进一步在CN106428096A中公开了CPU用于在检测到报警状态时，控制主板继电器的线圈得电，实现了在牵引变频器处于报警状态时，使电机车能够及时地处于制动状态，从而提高了现场作业的安全性。2016年，比亚迪申请了7项提高安全性的专利申请，典型技术方案例如CN106809034A，包括控制器，其用于在列车制动时控制配电器和双向DC/DC变换器将制动电能回馈至牵引网，以及在牵引网的电压大于第一预设阈值时，控制双向DC/DC变换器通过电池吸收制动电能。其通过监测牵引网的电压控制电池和储能电站吸收制动电能，有效地控制牵引网的电压，提高了安全性。

5. 提高可靠性

相对其他技术分支，如何提高可靠性一直以来都是电路控制中的研究热点，通过电路控制的改进来提高可靠性的专利申请几乎没有中断过。统计发现，在这一技术分支下，申请人的国别非常集中，中国申请人和苏联申请人几乎是平分秋色，在2006年之前，以苏联的申请人为主，2006年之后以中国的申请人为主，其他国家的申请量较少。

技术方案上，苏联的申请人围绕改进电动机的驱动来提高可靠性。例如SU500996A1中公开了通过在接触器之间引入阀门来实现电动机驱动，以改善两个驱动电动机在再生制动中的负载分配并提高电动机自激的可靠性。再如SU872331A1中由带有正开关单元的晶闸管整流和反相电桥提供的串联电机，通过调节控制晶闸管接通时的时间长度，控制单元在启动期间和再生制动期间提供可靠的现场控制。

中国申请人则更倾向通过实时监测来提高可靠性。例如专利CN103475028A包括防逆流控制系统，在各防逆流监测点处设置防逆流监测装置，实时检测监测点处配电变压器侧的电流方向，当检测到有逆向电流时，将逆流信号通过SCADA监控系统下发到每个地铁制动回馈装置，控制其减小对中压环网的回馈输出功率直至逆流信号消失。中车在专利申请CN205801138U中采用控制装置结合车辆的运行速度及级位信息，实现了警惕触发周期随列车运行速度变化的动态的触发方式，尽可能减少硬件设备或触点故障率高等对警惕装置的可靠性带来的影响，同时最大程度减少司机的工作量，大大提高了列车驾驶的安全性。中车还在专利申请CN107791891A中进一步提供一种机车带电通过分相区的兼容控制装置，通过对机车网压实时监视、对变流器与主断路器的有效控制来实现，机车原边回路中的高压互感器将网压信号传给微机控制系统（TCMS）和变流器控制单元，变流器控制单元根据不同网压向牵引变流器（CI）和辅助变流器（APU）发出相应指令，来完成变流器的停止及启动等操作，TCMS向机车主断路器发出正确指令，保证机车主断路器处于不断状态；机车运行中，实时监测网压变化，网压监测采样点的设置要保证机车在牵引、再生制动等各种工况时均可靠、准确。

6. 优化电路结构

1991年之前，通过优化电路控制结构来减少所用的器件、减小电路控制的体积或重量的相关专利申请寥寥无几，仅苏联在1981年和1984年分别申请了2项专利，核心构思均围绕晶闸管的控制展开。例如，SU852660A1中公开了将整流用的晶闸管桥连接在中心抽头变压器次级上，控制部件通过桥连接到变压器中心，这种设计需要更窄的控制脉冲，因此控制电路更简单。

1991~2008年，这项技术在德国、美国和日本得到了进一步发展，申请量相应增加，其中，日本在申请量和技术上均处于相对领先地位。富士电机在专利申请

JP3707237B2 中公开了通过合理的控制电路布局减少安装空间、系统尺寸和系统成本，从而提供廉价的再生电路。KAWASAKI 公司在专利申请 JP2003182399A 中提出通过采用轻质结构存储来减轻重量。在东芝的专利申请 JP2004236420A 中将多个逆变器作为至少一个单元安装在壳体中，制动斩波器作为至少一个单元安装在壳体中，能够实现尺寸和重量减轻。

2010~2018 年，伴随着中国城市轨道交通的蓬勃发展，中国在申请量和技术上后来居上，其中，中车更是从多个方面进行了专利布局。例如专利 CN105774569A 提出将牵引逆变单元设置为集成一体化结构，实现了 DC/DC 斩波单元的集成，简化硬件电路并降低成本；CN105620449A 中公开了通过电机直接驱动液压机构产生压力油，利用压力油来对车辆的制动单元进行驱动，以对车辆的车轮产生制动力，从而大大简化结构、减轻整体质量；CN106553662A 中制动控制单元采用分布式架构，各模块间通过内 CAN（Controller Area Network）总线通信，采用模块化设计，有利于简化系统结构；CN207328441U 公开了不增加单独 DC/DC 模块的前提下将储能装置与中间直流单元连接起来，实现对中间直流单元的充放电，实现牵引时储能装置能量输出和制动时回收制动能量的功能，从而降低了重量，减小了成本和空间。

7. 提高效率

通过电路控制的改进来提高效率并非技术发展初期的研发重点。1994 年美国专利申请 US5565751A 首次披露了提高效率相关的控制电路，具体包括逆变器、两个集电器、内部 DC 总线和保护电路。逆变器接收来自外部电源的 DC 输入并从其产生可变电压输出。集电器耦合到逆变器并通过分别与外部电源的正极和负极接触来接收 DC 输入，连接到逆变器的电动机从可变电压输出产生动力转矩，通过再生制动提高制动效率。

虽然提高效率是电路控制所有分支中起步较晚的分支，但其一经提出就引起了相关企业的重视。1994~2011 年，以日本企业为代表的申请人进行了大量研发布局，其侧重通过电力变换的改进来提高效率。例如三菱电机在 JP2001177903A 中公开了电力转换器根据需要转换提供给电源线的电压，当检测到输入下限电压低于预设下限电压时，增加单元将提供给电车系的电压增加到预设的下限电压，从而提高再生制动功率；JPH09215105A 中公开了 DC 电压检测器并联连接到三相逆变器电路，DC 电压检测器具有功率转换器控制电路装置和再生功率调节元件，并且利用来自操作表的输入和来自 DC 电压检测器的输入操作，由此提高再生转换效率。

相对美国、日本和德国申请人，中国申请人虽然是最晚进入这一技术领域的，却是发展最快的，尤其是中车和西南交通大学。其中，中车的技术方案侧重采集实时工况来进行控制，例如 2011 年，其首次在 CN102303613A 中提出一种基于柴油机和蓄电池组的双动力机车控制装置，包括采集单元，用于采集机车开关量、手柄级位信息；判断单元，用于利用机车开关量、频率量、手柄级位信息判断机车工况；控制单元，用于根据机车工况，实现双动力机车的控制。通过采集机车各种参数信息，判断机车工况，实现双动力机车各种工况下的控制，转换效率高。2012 年铁道部运输局和南京镇海泰制动设备有限公司提交的专利申请 CN102602386A 中公开了一种高速列车制动控制装置，根据列车的制动单元的实时状态确定制动力，并根据电制动装置和空气制动装置的实际情况合理分配制动力，可以有效控制高速列车的制动距离，提高制动效率。西南交通大学则倾向通过有功、无功独立控制来提高效率，例如 CN107953803A 中提出一种中压柔性直流牵引供电系统，有功和无功功率可以独立控制，改善系统的电能质量，彻底取消电分相环节，实现整个牵引网贯通供电，增大单个牵引变电所的供电距离，实现铁路沿线可再生能源、机车再生制动能量的有效利用。

8. 控制储能装置充放电

受限于电池、超级电容等自身的技术局限（充电效率低、容量小），利用电池、超级电容等储能装置来收集制动能量效率太低，早期一直没有提高效率相关的专利申请。2010 年以来，随着新能源技术的快速发展，电池、超级电容储能的相关技术相继取得突破性进展，为控制储能装置充放电来提高再生效率提供了基础，其中，以中车和比亚迪为代表的中国申请人几乎占据了这一技术分支下 90% 的申请量。2012 年，中车在专利申请 CN202593308U 中提出一种用于双电能机车的蓄电池控制电路，在蓄电池供电牵引时，蓄电池的电能通过隔离转换单元、直流开关牵引机车；在机车的再生制动工况，牵引电机回馈的制动能量通过充电机、隔离转换单元向蓄电池充电。中车在 2016 年提交的专利申请 CN205736994U 中公开了一种全程无网型城市轨道交通牵引系统，控制单元用于控制牵引变流单元对储能单元进行充电储能和/或放电释能；将储能单元存储的直流电能转为交流电能，输出至牵引电机驱动列车运行。2016 年起，比亚迪在这一技术分支申请了大量的专利，核心构思均是通过监测牵引网的电压控制电池和储能电站吸收制动电能，例如 CN106809035A 中公开了一种列车的制动回收系统，包括控制器，其用于在列车制动时控制配电器和双向 DC/DC 变换器将制动电能回馈至牵引网，以及在牵引网的电压大于第一预设阈值时，控制双向 DC/DC 变换器通过电池吸收制动电能。

五、总结

本文对城市轨道交通再生制动系统的专利技术进行了统计分析，提取出该领域的技术分支，重点剖析了主要申请人的专利布局，着重对比分析了控制方法和电路控制的技术发展脉络，有助于相关研究人员全面了解城市轨道交通再生制动系统的背景技术以及热点领域的发展状况，现总结如下。

（一）控制布局为核心

城市轨道交通再生制动系统专利技术涉及多个技术领域，如储能结构、整体结构、电路控制、控制方法等，但其核心是控制再生制动系统的安全、可靠和高效运行，以达到用户预先设定的最优化目标。从前文统计分析结果来看，控制布局占比总申请量的64%，是城市轨道交通再生制动系统最重要的技术分支，这也体现了该领域的技术创新主要集中在控制布局上，而并非相关配套技术和装置的改进。

（二）早期美、日领先，当前中国反超

对各技术分支的主要申请人进行统计分析表明，早期日本和美国的企业在城市轨道交通再生制动系统这一技术领域具有明显优势，这是因为日本和美国是传统的工业强国，囊括了日立、东芝、三菱电机、通用电气、通用汽车等知名企业，其在新能源、智能控制、轨道交通等相关领域布局较早。而2010年之后，中国的轨道交通技术取得飞速发展，为适应节能环保的需求，以中车西南交通大学、北京交通大学和比亚迪等为代表的相关企业和高校在再生制动领域进行了深入的研发，在各技术分支积极布局，成果显著。当前中国的专利申请量和技术均已经处于绝对领先地位。

（三）未来发展方向

通过对城市轨道交通再生制动系统的专利技术分析，可以使国内申请人对全球城市轨道交通再生制动系统的专利申请情况有一个基本认识；相关企业和科研机构可以从中寻找感兴趣的发展方向，也可以从国内外的重要申请人的专利布局中寻找经验和技术突破口。

近十年来，城市轨道交通再生制动系统的研究热点主要集中在控制布局，尤其是控制方法和电路控制的改进方面。各主要申请人均在控制方法和电路控制这两个技术分支下进行了相关布局，其中比较突出的申请人为中车、日立、东芝、三菱电机，因此国内申请人在申请专利时要注意规避这些申请人的重点专利技术。

通过对各个技术功效分支的申请量和申请变化趋势的分析可见，安全、可靠和稳定是城市轨道交通系统正常运行的基础条件，因此相关技术的研发起步较早，研发也比较充分，相对比较成熟。以中车和日立等为代表的企业，在行业内形成了相对垄断的局面，筑成了牢固的专利壁垒，一定程度上限制了国内申请人在该些技术分支的进一步研发空间。

相比较而言，改善乘坐舒适性、提高运行准确度的相关技术研发起步较晚，还存在大量的新技术有待开发，且近年来随着经济的快速发展及人们对美好生活的向往，乘客对舒适和准点的要求越来越高，因此，针对乘坐舒适性和运行准确性的改进是下一步的研发热点。通过前述分析可知，控制方法、机械控制、在线监测是实现提高乘坐舒适性的主要技术手段。其中，控制方法的研发已经比较成熟，中车在控制方法技术分支的专

利申请具有较多布局，国内申请人若想在该领域取得更多进展，可以考虑与中车进行合作研发；而机械控制和在线监测技术还存在较大的改进空间，申请人可将研发重点聚焦在此，更有可能取得重大技术突破。

另外，伴随着“智能”“绿色”的发展理念，人们对城市轨道交通再生制动系统的效率、功耗和实时性提出了更高的要求。与此同时，新能源技术的快速发展，电池、超级电容等储能的相关技术相继取得突破性进展，为控制储能装置充放电来提高再生效率提供了基础。因此，通过与新储能技术相结合来提高效率、优化控制算法来降低功耗以及改进在线监测技术实现对各项运行参数的实时监测反馈也是国内申请人下一步可以参考的研发方向。

参考文献

[1] 于正航. 模块化城市轨道交通再生制动储能系统研究与设计［D］. 石家庄：石家庄铁道大学，2018.

磁浮交通系统专利技术综述*

汪煜婷　靳　宇　薛　娇

摘　要　磁浮交通系统，即一种将列车悬浮在磁浮轨道中的运输方式，最大程度上避免了传统列车轮轨接触带来的摩擦阻力。本文从磁浮交通系统的关键共性技术专利现状、关键共性技术、重要申请人三个角度出发，对目前磁浮交通系统关键共性技术领域的专利申请情况进行了统计和分析，阐述了其专利申请发展趋势及技术发展脉络，并重点针对悬浮系统、导向系统、推进系统这三个关键共性技术以及该领域重要申请人的专利申请情况进行了介绍、研究、分析与比对。

关键词　磁浮　悬浮系统　导向系统　推进系统

一、磁浮交通系统概述

（一）磁浮交通系统研究需求

轨道交通根据列车与轨道间承载方式的不同分为轮轨接触式和磁轨悬浮式。近些年，轮轨接触式轨道交通得到了飞速发展。然而，轮轨接触式存在局限性，如受电弓受流局限、轮轨摩擦、线路平顺度等因素均影响着列车的速度及稳定性。为克服以上局限、提高车辆运行性能，人们探索采用磁轨悬浮式来获得一种摩擦力更小、运行更稳定、能适用更大速度域的交通系统，即磁浮交通系统。[1]

国际上，德国、日本等发达国家发展了多种磁浮交通运输方案。在我国，磁浮交通系统关键共性技术研究课题，是科学技术部“十三五”国家重点研发计划“先进轨道交通”重点专项的课题之一。磁浮领先领域的原始创新，将提升我国国际轨道交通竞争力，推动中国制造业升级。因而对磁浮交通系统关键共性技术进行研究具有实际意义与迫切需求。

（二）磁浮交通系统发展概况

迄今为止，对磁浮交通系统进行研究并实现运营的国家主要有德国、日本、美国、

* 作者单位：国家知识产权局专利局机械发明审查部。

韩国及中国，其中，德国和日本的技术发展较早，处于领先地位；美国技术发展也较早，但期间有中断；韩国和中国在 20 世纪末开始研究发展磁悬浮技术，具备了相当规模和技术储备。[2]

1. 德国磁浮交通研究概况

德国人赫尔曼·肯佩尔（Hermann Kemper）于 1922 年提出了电磁悬浮理论，并于 1937 年申请专利。由于第二次世界大战后经济不景气，该技术研究停滞不前。20 世纪 60 年代末，德国经济复苏，为提高运输能力，德国开始了对磁浮交通系统的研究和开发，1969 年采用电磁悬浮及短定子技术开发出第一台电磁悬浮列车模型，称为 Transrapid01，简称 TR01，随后几十年研制出了 TR02、TR03、TR04、EET01、TR07 等车型。[3] 图 1-1 为 TR 系列磁浮列车。1993 年，TR07 型列车以 450km 的时速刷新了当时的纪录。1997 年，德国开发了柏林至汉堡线的 TR08 型列车。

图 1-1　德国 TR 系列磁浮列车

德国 SIEMENS AG 曾研究电动悬浮技术，并于 1976 年取得了时速 120km 的成绩，但其能耗、发展风险等方面不如电磁悬浮技术，1979 年起研究终止。[4]

2. 日本磁浮交通研究概况

日本的磁悬浮技术有采用电磁悬浮技术的中低速系统，以及采用电动悬浮技术的高速系统。中低速系统的代表是 HSST 型列车，高速系统的代表是 ML 型列车。

对于 HSST 型列车，日本于 20 世纪 70 年代中期开展中低速磁浮交通系统的研发，于 1975 年研制出 HSST-01 型试验车，在随后的 15 年研发了 HSST-02、HSST-03、HSST-04、HSST-05 等车型。HSST 系统与德国 TR 系统相比更接近实用。1991～1995 年，HSST100s 型列车进行了 100 多项试验，时速可达 130km[5]，在此基础上，2002 年日本研发了 Linimo，并于 2005 年投入运营。图 1-2 为日本 Linimo 磁浮列车。

图 1-2　日本 Linimo 磁浮列车

对于 ML 型列车，日本国有铁路（JNR）于 20 世纪 60 年代中期对高温超导 ML（Magnetic Levitation）系统进行了研究，并于 1972 年研制出第一台电动悬浮型磁浮列车 ML100。之后，日本决定高速磁浮铁路采用超导、直线同步电机驱动、电动悬浮系统，于 1979 年研制了 ML500，时速达 517km，刷新了路面交通速度的纪录，又于 2015 年 4 月 16 日和 21 日分别创造了时速 590km 及 603km 的新纪录。

2012 年，TOKAI RYOKYAKU TETUSDO KK（东海旅客铁道株式会社）公布了 L-Zero（L0）系列磁悬浮列车，时速可达 500km，于 2013 年 6 月通过了初步测试。图 1-3 为日本 L0 系列超导磁浮列车。

图 1-3　日本 L0 系列超导磁浮列车

3. 美国磁浮交通研究概况

1963 年，麻省理工学院提出低温超导高速“磁浮交通概念”，并进行了磁场平面特性研究和试验。1966 年，詹姆斯·鲍威尔和戈登·丹比提出了首个具有实用性质的磁悬浮运输系统。1975 年，高速地面运输法拨款结束，美国政府停止了对各种高速地面运输系统模式研究的支持。

20 世纪 80 年代后期，美国对磁悬浮列车的研究再次升温。20 世纪 90 年代，MAGPLANE TECHNOLOGY 公司开发商用系统，采用两种类型方案，其中有时速在 500km 左右的超导高速方案和时速在 250km 左右的永磁准高速方案。在准高速方案中采用较小的悬浮间隙，造价更便宜，Magplane 近期的研究发展以该方案为主。

4. 韩国磁浮交通研究概况

韩国对磁浮技术的研究始于 20 世纪 80 年代中期。现代精密加工公司于 1985 年完成第一辆技术论证车型 HML-01，之后开发出 HML-03 型，其采用 HSST 技术，运行时速达 60km。韩国机械材料协会联合现代精密加工公司于 1994 年开始中低速磁悬浮列车项目 KOROS Maglev，其合作的商业化样机 UTM-01 于 1997 年 11 月完成。

2007 年，韩国建设交通部确定在仁川机场和龙游站之间建磁悬浮列车示范运营线。2012 年 11 月，由韩国政府等多方投资的城市磁悬浮列车进行了试运行，时速可达 110km，于 2016 年 2 月正式载客运行。

5. 我国磁浮交通研究概况

我国对磁浮技术的研究始于 20 世纪 80 年代前期，主要研究电磁悬浮技术。国防科学技术大学从 1986 年开始原理型研究，于 1989 年成功研制出第一台实验样车。

2001 年 3 月，上海市政府与德国磁浮公司签订了合作修建上海高速磁浮线的项目合同。全线采用德国 Transrapid08 磁浮系统，从浦东国际机场至龙阳路地铁站，运行时速可达 430km，由于全线装备均由德国提供，造价昂贵。因而，该技术在我国得以发展的关键在于能否研发具有自主知识产权的磁浮列车并使其国产化。

2000 年，西南交通大学磁悬浮列车与磁浮技术研究所研制成功世界首辆高温超导载人磁悬浮实验车。图 1-4 即为西南交通大学高温超导磁浮实验车，其具有悬浮气隙更

图 1-4　西南交通大学高温超导磁浮实验车

大、结构简单和低碳环保等优点，适合在低压管道或真空管道中运行。2005 年 5 月，大连磁谷科技研究所成功研制出我国首辆拥有完全自主知识产权的“中华 06 号”轻型吊轨磁悬浮试验车，该车设计时速 400 km，结构受力简单，节省材料，减轻了轨道和车体的重量，降低了运行成本。2014 年，西南交通大学牵引动力国家重点实验室与常州西南交通大学轨道交通研究院、同济大学磁浮中心及国内多家企业联手，自主研制出时速可达 140 公里的磁悬浮列车。

（三）分析样本构成

磁浮交通系统作为一个运输系统，其包含运输系统所涉及的列车、轨道、通信、控制等诸多方面。列车作为其最重要的载体，主要由悬浮系统、推进系统和导向系统三大部分组成，该三大部分属于磁浮交通系统的关键共性技术。

针对上述分析对象，本文选择了德温特世界专利索引数据库（DWPI）和中国专利文摘数据库（CNABS）作为检索基础，采取分类号和关键词结合的检索策略进行领域和分支限定，同时还结合了关键词降噪、人工降噪和人工补全等手段，最终确定磁浮交通系统关键共性技术相关中文、外文专利文献（统计数据总量为 2683 项）及其各级分支专利文献。鉴于专利申请延迟公开的特点，部分近年申请的专利尚未公开（本文检索截止日期为 2019 年 7 月），导致本文分析样本具有一定的不完整性。表 1-1 列出了在对磁浮交通系统关键共性技术各级分支进行检索过程中涉及的 IPC 分类号、关键词以及相关数据库和检索结果。

表 1-1　磁浮交通系统关键共性技术各级分支检索要素　　单位：项

一级分支	IPC 分类号	中文关键词	英文关键词	检索结果		二级分支	中文关键词	英文关键词	检索结果	
				CNABS	DWPI				CNABS	DWPI
悬浮系统	B61B 13/08，B61B 13/10，B60L 13/00，B60L 13/04，B60L 13/06，B60L 13/10	磁浮，悬浮	maglev，magnetic，levitat+，suspen+	358	1026	电磁悬浮	电磁悬浮，常导	EMS，electromagnetic，electro magnetic	174	361
						电动悬浮	电磁悬浮，超导	EDS，superconduct+，electrodynamic，electro dynamic	162	498
						永磁悬浮	永磁，永久磁，阵列	PMS，permanent magnet?，Halbach，array?	22	167
导向系统	B61B 13/08，B61B 13/10，B60L 13/00，B60L 13/04，B60L 13/06 B60L 13/08 B60L 13/10，	导向，导轮	guid+，lateral+	230	725	电磁导向	电磁，导向，线圈，定子	electro+，conducting，stator	117	466
						机械导向	导轮，导轨	rail+，wheel?，roller?	59	105
						一体导向	零磁通，8 字	zero	54	154

续表

一级分支	IPC 分类号	中文关键词	英文关键词	检索结果		二级分支	中文关键词	英文关键词	检索结果	
				CNABS	DWPI				CNABS	DWPI
推进系统	B61B 13/08，B61B 13/10，B60L 13/00，B60L 13/03，B60L 13/10 H02K	直线，电机，电动机	lin+，motor?	163	351	直线感应电机	感应，异步	Induct+，asynchro+	86	192
						直线同步电机	同步	synchro+	77	159

其中，涉及的相关 IPC 分类号含义如表 1-2 磁浮领域分类号及释义所示。

表 1-2　磁浮领域 IPC 分类号及释义

IPC 分类号	IPC 分类号释义
B61B 13/08	• 滑动或浮动系统
B61B 13/10	• 隧道系统
B60L 13/00	用于单轨车辆的、悬置式车辆或齿轨铁路的电力牵引；车辆磁力悬置悬浮
B60L 13/03	• 由线性电动机的电力牵引
B60L 13/04	• 用于车辆的磁力悬置或悬浮
B60L 13/06	• • 传感或控制车辆相对于铁路位置或姿态的装置
B60L 13/08	• • 用于侧向位置的
B60L 13/10	• 电力牵引和磁力悬置或悬浮的组合
H02K	电机

磁浮交通系统关键共性技术涉及的 IPC 分类号主要分布在 B61、B60、H02 中，涉及磁浮浮动装置、隧道系统、电力牵引系统、姿态控制以及导向、推进系统。

其中，B61B 13/08 为浮动和滑动系统，除磁浮列车外还涉及空气悬浮、喷气列车、轨道滑行列车、水浮列车、悬浮汽车等系统；B61B 13/10 为隧道系统，除管道磁悬浮外还涉及隧道的布局、铁轨系统、隧道飞车、管道机器人、管道气动系统、管道水动系统等结构；B60L 13/00、B60L 13/03 除单轨磁浮系统外还涉及电动单轨吊车，单轨汽车，单轨自行车，电车的驱动、控制等结构；B60L 13/04 还涉及喷气式列车、磁浮车的检测装置、气垫车等结构；B60L 13/06、B60L 13/08、B60L 13/10 还涉及磁浮车控制方法、测速方法、车辆支撑、牵引定位等；H02K 涉及所有电动装置的电机装置，包括磁悬浮电梯。

上述 IPC 分类号除涉及磁浮相关技术外还覆盖了其他领域的部分专利，因此在检索过程中需要剔除噪声干扰，选用磁浮领域准确的关键词进行限定，剔除无关干扰项，通过浏览各检索式的检索结果人工去除不相关专利并补全式中未涉及的专利，保证数据的准确、全面。例如，针对 B61B 13/08，审查员通过如下检索手段在 CNABS 中获取数据：

（（b61b13/08/ic and（磁浮 or 悬浮））not（气垫 or 地效 or（（水 or 气 or 风）2w 浮）or（CN1616287 or CN2683423 or CN2592461 or CN106494417 or CN1715111 or CN1704296 or CN1715113 or CN1740018 or CN2780569 or CN1966324 or CN101549693 or CN102795229 or CN204775220 or CN106715184 or CN205149863 or CN106671999 or CN107531253 or CN106965820 or CN108104580 or CN208650638 or CN208036001 or CN108423012）/pn））or（CN107878485 or CN107815980）/pn

上述检索式分为四个部分：①分类号、关键词限定；②关键词去噪；③人工去噪；④人工补全。

二、磁浮交通系统关键共性技术专利现状

（一）全球范围内专利申请状况

1. 全球专利申请发展趋势

如图 2-1 所示，跟随技术发展而变化的专利数量趋势，将磁浮交通系统关键共性技术全球申请量发展过程大致分为四个平稳发展期和四个发展活跃期。

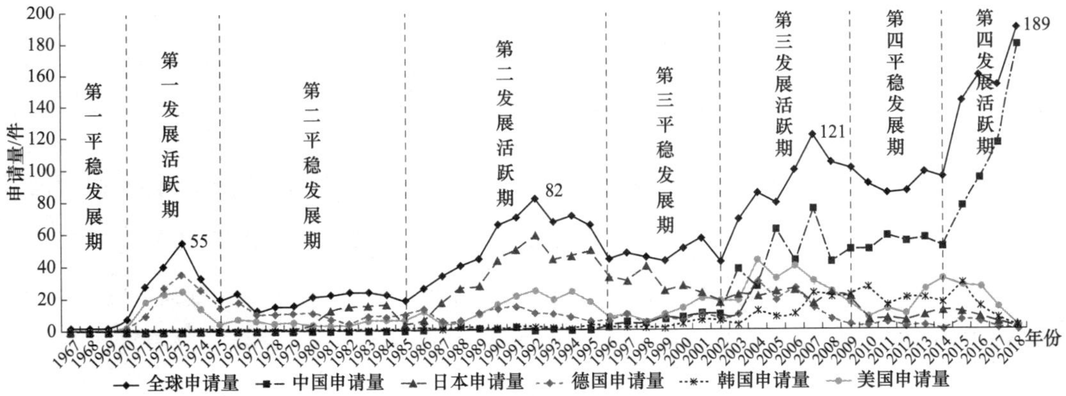

图 2-1　磁浮交通系统关键共性技术全球及主要国家专利申请量趋势

下面对每个发展阶段的具体情况进行说明。

（1）第一平稳发展期（1937~1970 年）

自德国的赫尔曼·肯佩尔于 1937 年申请世界首项磁悬浮列车专利（授权专利 DE707032C）到 1970 年，属于磁浮交通系统关键共性技术发展的第一平稳发展期。在第一平稳发展期，磁浮交通系统关键共性技术每年的专利申请量基本保持在 10 件以下。

该阶段对于磁浮交通系统关键共性技术的研究还处于萌芽状态。

在该阶段，出现较为典型的专利申请如下：1966 年，美国科学家詹姆斯·鲍威尔和戈登·丹比提出了第一个具有实用性质的磁悬浮运输系统（US3470828A）；1969 年，德国牵引机车公司的马法伊研制出小型磁悬浮列车系统模型（DE2134424A1），以后命名为 TR01 型，该车在 1km 轨道上时速达 165km，这是磁悬浮列车发展的第一个里程碑。

（2）第一发展活跃期（1971~1975 年）

20 世纪 70 年代前期，随着世界工业化国家经济实力的不断加强，为提高交通运输能力以适应其经济发展的需要，德国、日本、美国、加拿大、法国、英国等发达国家相继开始筹划进行磁悬浮运输系统的开发，因而也带动磁浮交通系统关键共性技术的专利申请量有了较为显著的增长，其中德国和美国对该领域全球专利申请量起到最为突出贡献作用。全球专利申请量在 1973 年达到高峰 55 件。

（3）第二平稳发展期（1976~1985 年）

在该阶段，磁浮交通系统关键共性技术再次进入平稳发展期，全球专利申请量在该阶段基本保持平稳，其中德国和美国在该领域专利申请量呈下降趋势，日本在该领域专利申请量呈上升趋势。

（4）第二发展活跃期（1986~1996 年）

1986~1996 年，迎来了磁浮交通系统关键共性技术发展的又一活跃期。在该阶段，日本、德国、美国在该领域均保持高申请量状态，其中日本对该领域全球专利申请量起到最为突出贡献作用。全球专利申请量在 1992 年达到高峰 82 件。

与该时间段相对应的，1994 年，日本的电动悬浮式磁悬浮列车（JP8163712A），在宫崎一段 74km 长的试验线上，创造了时速 430km 的日本最高纪录。中国、韩国也由此开始进行磁悬浮运输系统的开发。1989 年，国防科学技术大学研制出中国第一台磁悬浮试验样车。1995 年，中国第一条磁悬浮列车试验线在西南交通大学建成，并且成功进行了稳定悬浮、导向、驱动控制和载人运行等时速为 30km 的试验。

（5）第三平稳发展期（1997~2002 年）

在该阶段，日本对该领域专利申请的热度降低，美国、中国、韩国在该领域专利申请量呈缓慢升高趋势，全球专利申请量基本保持平稳。

（6）第三发展活跃期（2003~2009 年）

自 2003 年起，磁浮交通系统关键共性技术的全球专利申请量呈现迅猛增长态势。其中中国、美国和德国对全球专利申请量起到最为突出的贡献作用。与该时间段相对应的，2006 年，中国首条磁浮线路上海磁浮列车示范运营线开通，其采用德国 TR 系列常导电磁悬浮技术。该领域全球专利申请量在 2007 年达到高峰 121 件。

（7）第四平稳发展期（2010~2014 年）

在该阶段，全球专利申请量基本保持平稳。其中，中国的研究发展重心更倾向于轮轨接触式轨道交通，因而对磁浮交通系统关键共性技术的专利申请基本保持平稳状态；与之类似的还有韩国对该领域的专利申请量状态。德国与日本在该领域的专利申请处于低申请量状态。唯独美国在该阶段后期出现专利申请高峰。产生该现象的原因主要在于，自 2013 年马斯克发布了名为《超级高铁缘起》的白皮书后，美国兴起了将电动悬浮技术与真空管道技术相结合，实现高速或超高速运行的超级高铁概念，并涌现了一批超级高铁创业公司，其中最知名的是 Hyperloop One，此外还有 HTT、TransPod、Arrivo 等公司紧随其后。

（8）第四发展活跃期（2015~2018 年）

2015~2018 年，我国将时速 600km 的高速磁浮项目与时速 200km 的中速磁浮项目列为我国现阶段轨道交通发展的研究重点，对磁浮交通系统关键共性技术的专利申请热度达到相对顶峰状态，为相关全球专利申请量起到最为突出贡献作用，导致全球专利申请量在该阶段呈现迅猛增长态势。美国、韩国在该领域也保持了较高申请量，但近几年专利申请热度逐渐下降。

2. 全球专利主要申请人分布

如图 2-2 所示，在磁浮交通系统关键共性技术排名前 20 位的全球主要申请人中，日本占 8 位、德国占 5 位、中国占 5 位、韩国占 2 位；在排名前十位的全球主要申请人

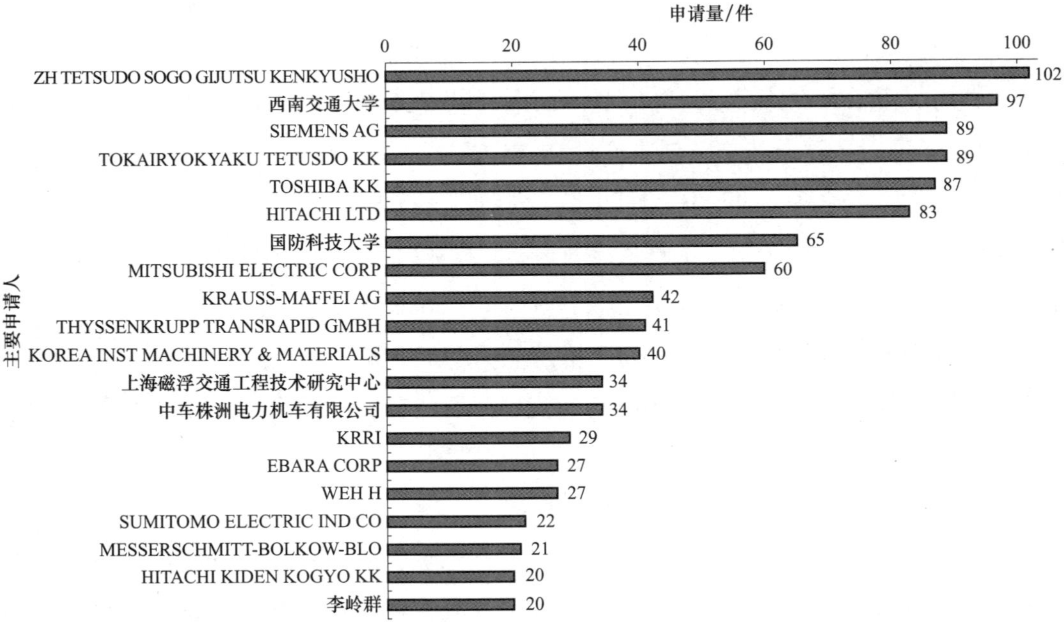

图 2-2 磁浮交通系统关键共性技术全球主要申请人专利排名

中，日本占 5 位（依次为 ZH TETSUDO SOGO GIJUTSU KENKYUSHO、TOKAI RYOKYAKU TETUSDO KK、TOSHIBA KK、HITACHI LTD、MITSUBISHI ELECTRIC CORP）、德国占 3 位（依次为 SIEMENS AG、KRAUSS-MAFFEI AG、THYSSENKRUPP TRANSRAPID GMBH）、中国占 2 位（依次为西南交通大学、国防科技大学）。可以看出日本、德国、中国在该领域研究处于相对领先地位。

3. 全球专利申请国家/地区分布

如图 2-3 所示，在磁浮交通系统关键共性技术全球申请量的国家/地区排名中，中国（1038 件）与日本（789 件）相比于其他国家/地区占据绝对领先位置，其次是美国（500 件）、德国（437 件）、韩国（245 件）等，其他国家/地区的专利申请量相对较少。

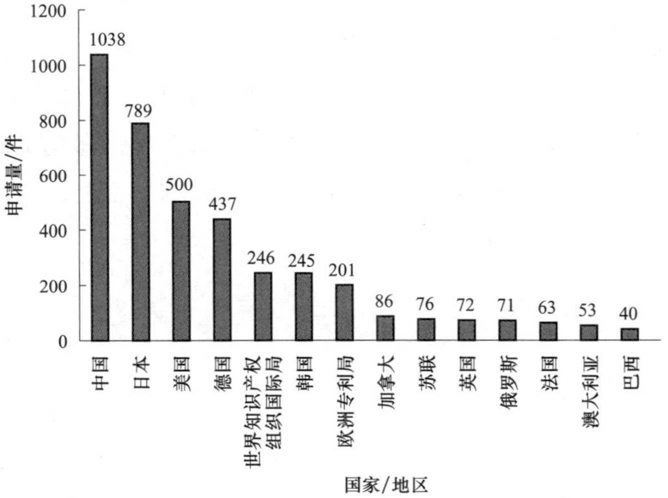

图 2-3　磁浮交通系统关键共性技术全球专利申请量国家/地区分布

4. 全球专利申请 IPC 分布

如图 2-4 所示，全球申请人在磁浮交通系统关键共性技术布局涉及的 IPC 分类大多分布在 B60L（电动车辆动力装置；车辆辅助装备的供电；一般车辆的电力制动系统；车辆的磁悬置或悬浮；电动车辆的监控操作变量；电动车辆的电气安全装置）、B61B（铁路系统）、H02K（电机）三个分类号下。

（二）在华专利申请状况

1. 在华专利申请发展趋势

如图 2-5 所示，2003 年之前该领域在华专利申请量很少，自 2003 年起申请量逐渐上升，在 2007 年达到申请高峰（75 件），2008~2014 年发展平缓，2014 年起申请量快速上升，在 2018 年再次达到申请高峰（177 件）。此专利申请量发展趋势也基本和各阶段我国对磁浮交通系统的研究发展热度呈对应关系。

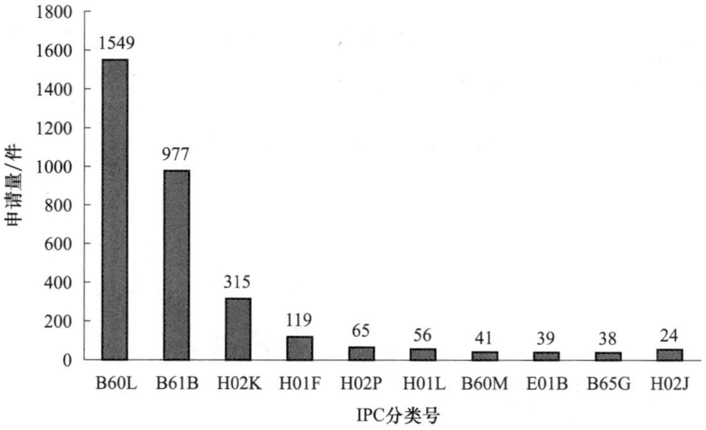

图 2-4　磁浮交通系统关键共性技术全球专利申请 IPC 分布

磁浮交通系统关键共性技术在华专利申请实用新型占比 26.01%，发明占比 73.99%（其中授权发明占比 21.09%），这也符合从产业经济学角度而言的一个观点：一个产业处于刚起步阶段，技术创新成果主要以发明专利的形式表现，即技术储备阶段的特性。而授权发明占比率的相对较低也反映出有大量专利申请对该领域技术的研究处于初级阶段，即量多而质不高。

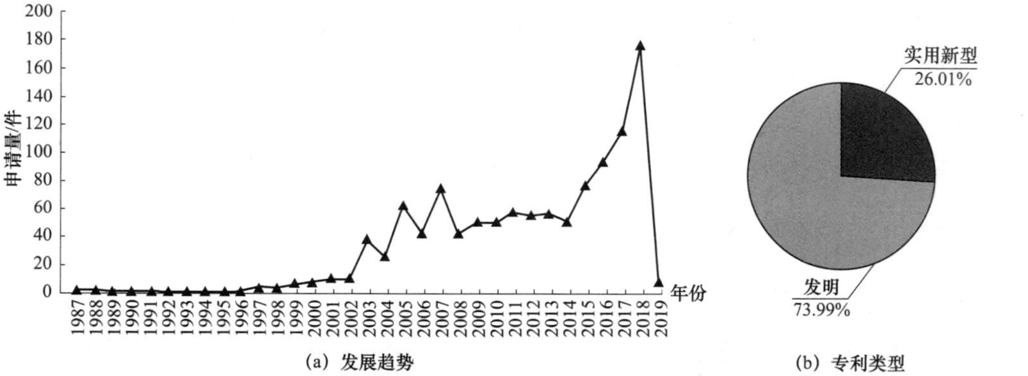

图 2-5　磁浮交通系统关键共性技术在华专利申请发展趋势

2. 在华专利申请主要申请人分布

图 2-6 示出了磁浮交通系统关键共性技术在华主要申请人专利申请量排名，其中西南交通大学与国防科技大学处于绝对领先地位，属于第一梯队；THYSSENKRUPP TRANSRAPID GMBH、上海磁浮交通工程技术研究中心、中车株洲电力机车有限公司、SIEMENS AG 依次位于第二梯队；此外，上海磁浮交通发展有限公司、同济大学、江西理工大学、北京控股磁悬浮技术发展有限公司、中车青岛四方机车车辆股份有限公司等在该领域也具有显著研究成果。

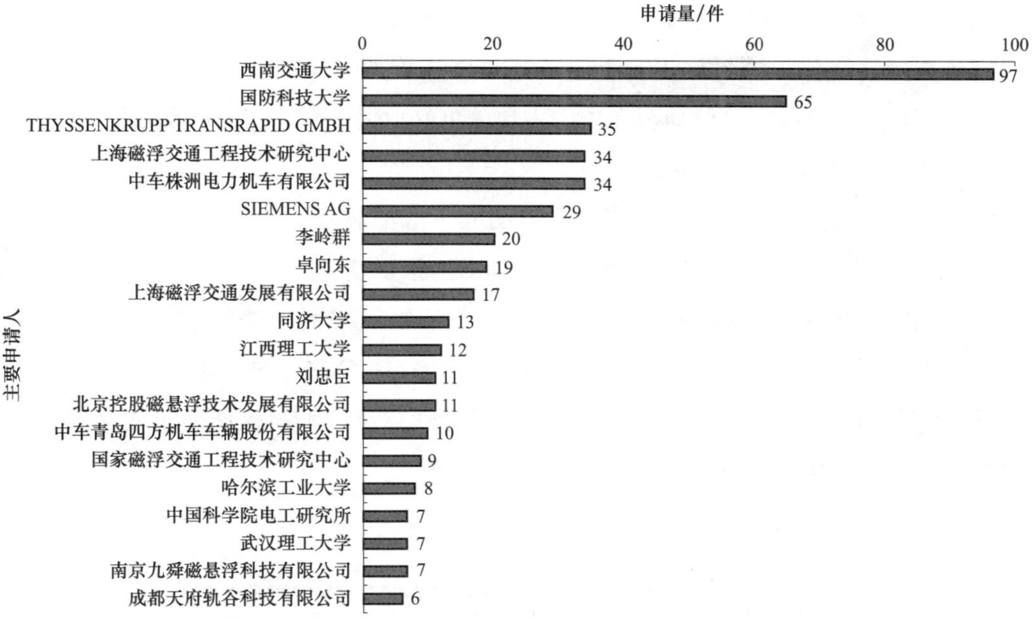

图 2-6　磁浮交通系统关键共性技术在华主要申请人专利申请量排名

3. 在华专利申请申请人类型分布

在磁浮交通系统关键共性技术在华申请人中（见图 2-7），个人专利申请占总申请量的 48.41%，企业专利申请占总申请量的 28.30%，大学专利申请占总申请量的 20.74%，科研院所申请占总申请量的 6.50%，联合申请占总申请量的 3.95%（其中相对密切的联合关系如：国防科技大学与北京控股磁悬浮技术发展有限公司、上海磁浮交通发展有限公司与上海磁浮交通工程技术研究中心、国防科技大学与上海磁浮交通发展有限公司等；另外，因为这四部分申请有交集，所以占比相加大于 100%）。

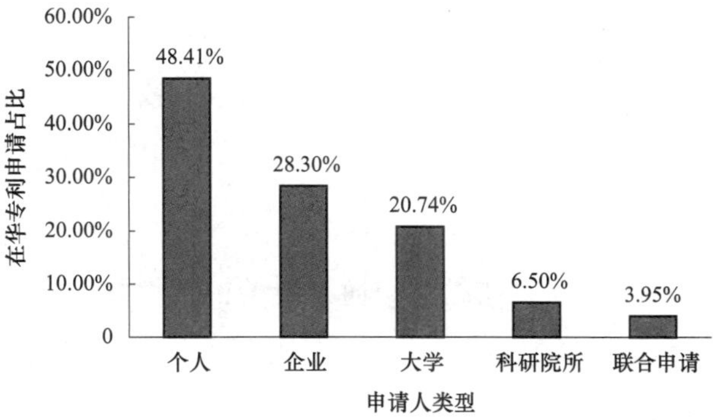

图 2-7　磁浮交通系统关键共性技术在华申请人类型分析

可见在该领域个人申请所占比重较大，大学、科研院所在该领域的申请量占比总和与企业在该领域的申请量占比基本持平；而这也体现了该领域技术发展的不成熟，大部分研究还未能够转化为成果输出。企业应当对该领域加大研究力度，提高专利保护意识，以适当提高在该领域产学研分布中的占比，更好地促进磁浮交通产业的发展。

4. 在华专利申请主要发明人分布

磁浮交通系统关键共性技术在华主要发明人，占据前六位的是（见图 2-8）：邓自刚（37 件，副教授，来自西南交通大学牵引动力国家重点实验室）、龙志强（31 件，教授，来自国防科技大学磁浮工程技术研究中心）、郑珺（30 件，副教授，来自西南交通大学牵引动力国家重点实验室）、佟来生（23 件，来自中车株洲电力机车有限公司磁浮研究所）、张昆仑（20 件，教授，来自西南交通大学磁浮技术与磁浮列车教育部重点实验室）、李岭群（20 件，来自大连磁谷科技有限公司）。

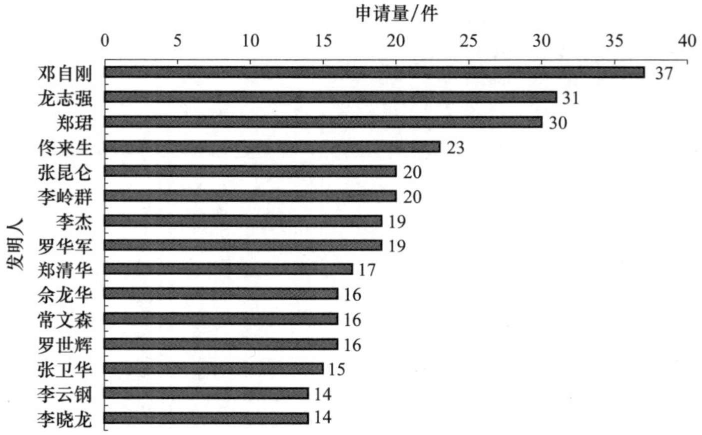

图 2-8　磁浮交通系统关键共性技术在华主要发明人专利申请量排名

5. 在华专利申请主要区域分布

磁浮交通系统关键共性技术在华专利申请量主要区域分布，占据前五位的分别是（见图 2-9）：湖南（181 件）、成都（178 件）、上海（97 件）、北京（94 件）、江苏（72 件）。而外国在华分布专利申请来源国主要是（见图 2-10）：德国（88 件）、美国（24 件）、日本（15 件）等。

6. 在华专利申请 IPC 分布

如图 2-11 所示，在华申请人在磁浮交通系统关键共性技术布局涉及的 IPC 分类与全球申请情况类似，大多分布在 B60L（电动车辆动力装置；车辆辅助装备的供电；一般车辆的电力制动系统；车辆的磁悬置或悬浮；电动车辆的监控操作变量；电动车辆的电气安全装置）、B61B（铁路系统）、H02K（电机）三个分类号下。

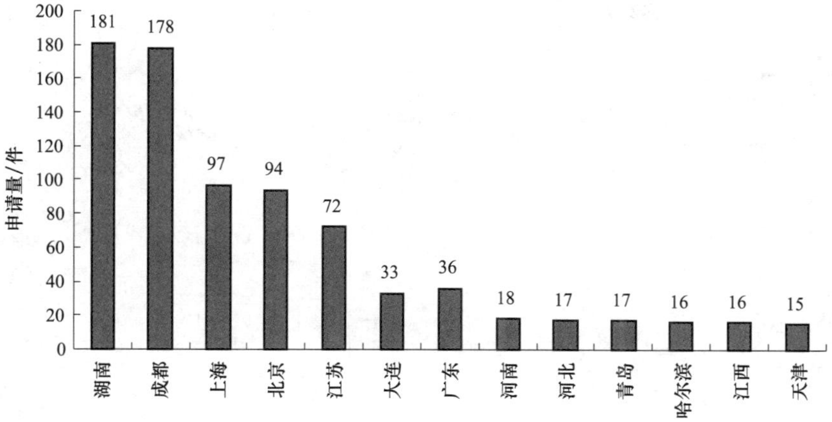

图 2-9　磁浮交通系统关键共性技术在华专利申请主要区域分布

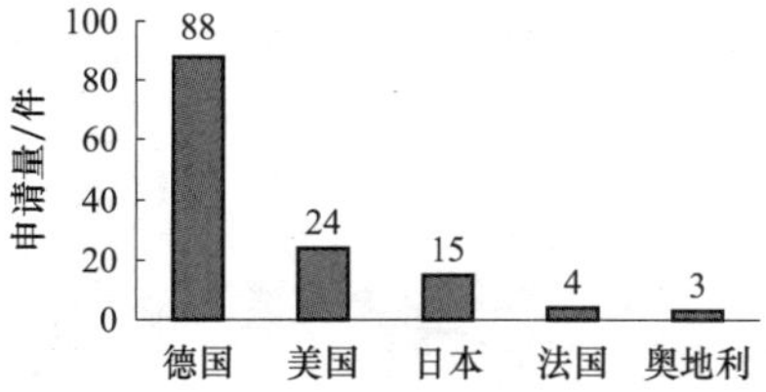

图 2-10　磁浮交通系统关键共性技术外国在华分布

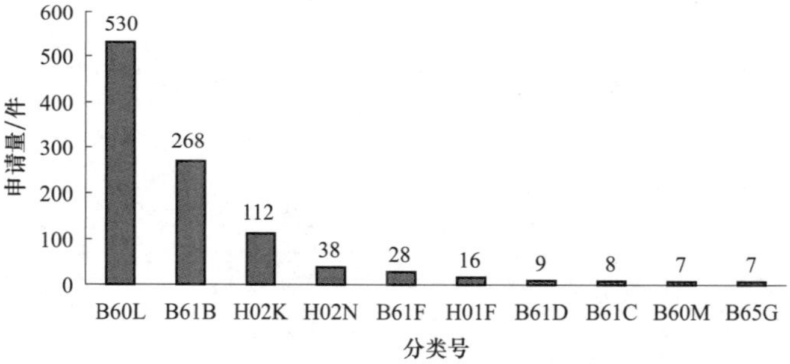

图 2-11　磁浮交通系统关键共性技术在华专利申请 IPC 分布

三、磁浮交通系统关键共性技术分析

对磁浮交通系统关键共性技术中悬浮系统、推进系统和导向系统三大方面的发展路线进行研究，有助于了解磁浮交通系统的发展历史和现状，明确其未来的发展方向。图 3-1 示出了磁浮交通系统关键共性技术发展脉络，图 3-2 示出了悬浮系统、推进系统和导向系统分别在华和全球的专利申请情况。

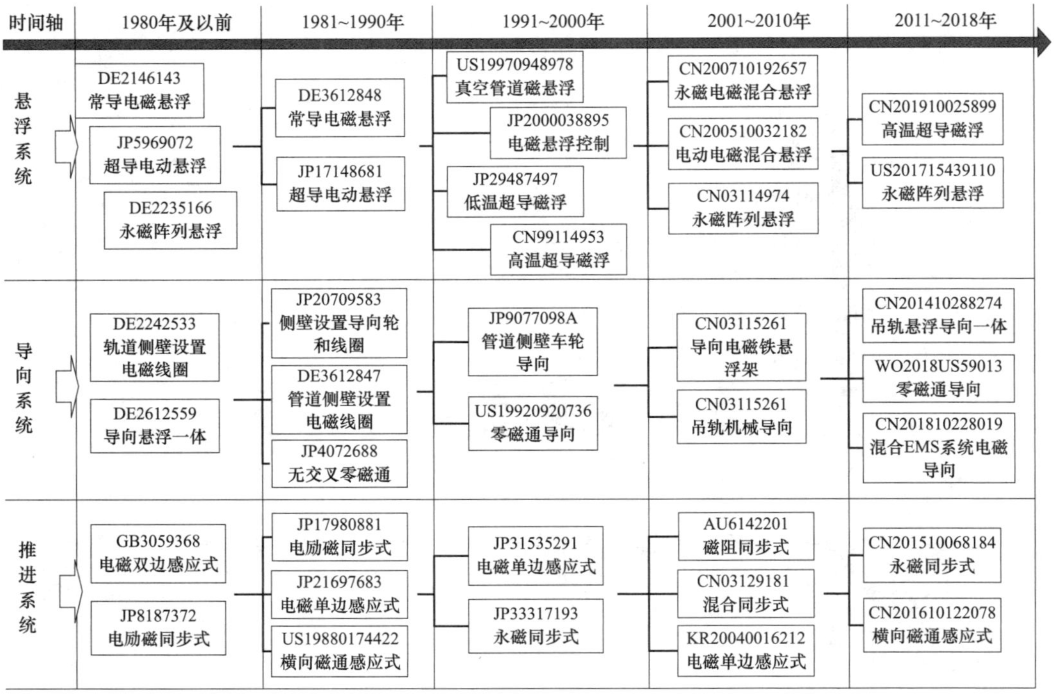

图 3-1　磁浮交通系统关键共性技术专利发展脉络

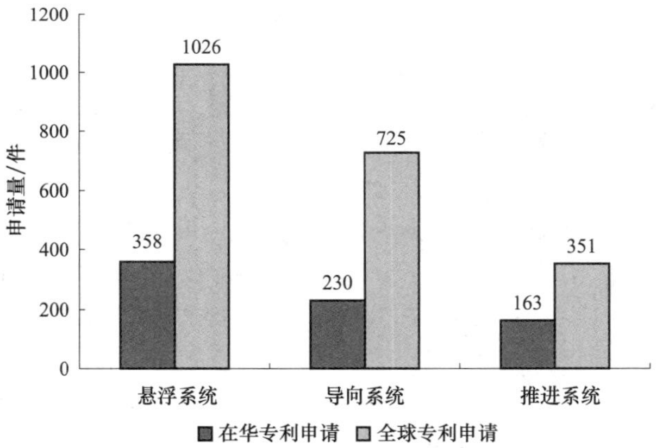

图 3-2　磁浮交通系统关键共性技术全球和中国各分支专利申请量对比

（一）悬浮系统

磁浮交通悬浮系统根据悬浮原理可分为电磁悬浮、电动悬浮、永磁悬浮三类悬浮方式；根据对导体材料的应用可分为常导磁悬浮、超导磁悬浮两类，其中超导磁悬浮又分为低温超导磁悬浮、高温超导磁悬浮。一般而言，电磁悬浮采用常导通电产生磁场并通过吸力实现悬浮，因而又被称为“常导磁吸式悬浮”；电动悬浮常采用超导材料获得强磁场并通过斥力实现悬浮，因而又被称为“超导磁斥式悬浮”。图 3-3 示出了电磁悬浮、电动悬浮、永磁悬浮三类悬浮方式分别在华和全球的专利申请情况。

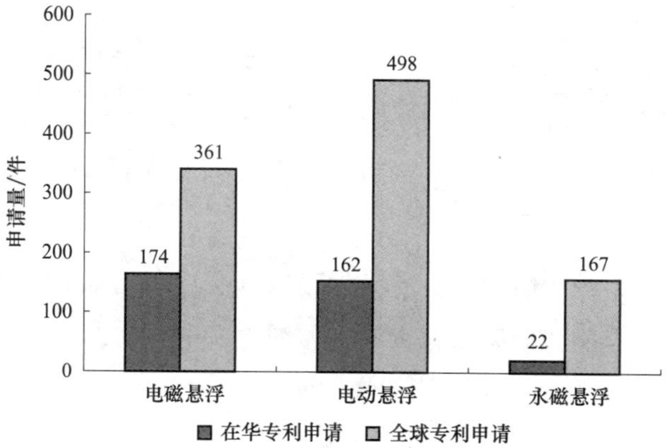

图 3-3　悬浮系统各技术分支全球和中国专利申请量对比

1. 电磁悬浮

电磁悬浮（Electromagnetic Suspension，EMS）利用通电导体产生磁场，磁场吸力吸附轨道铁磁体将车辆吸起，并通过主动控制保持额定的小间隙，该间隙约为 8~10mm。图 3-4 示出了电磁悬浮系统的结构示意图。采用该原理的列车已在中低速域及高速域实现了商业应用，如上海的 TR08 高速磁悬浮列车，日本、韩国的中低速磁悬浮列车。在中低速域的应用研究也备受关注，如西南交通大学的新一代中低速磁悬浮列车，国防科学技术大学的中速磁悬浮列车，以及美国的 M3 磁悬浮列车。其中国防科学技术大学中速磁浮列车和美国 M3 磁悬浮列车都在电磁悬浮中加入了永磁体，被视为电磁-永磁混合悬浮，但其本质仍属于电磁悬浮。

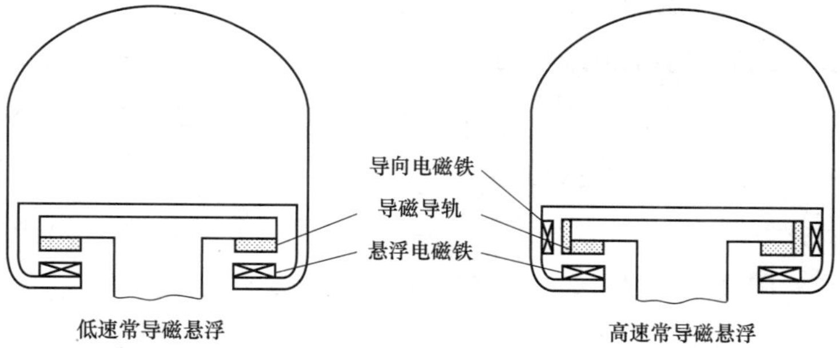

图 3-4　电磁悬浮系统结构

电磁悬浮方式需解决的关键技术问题有两个方面：一是如何抑制车轨耦合振动，二是如何实现悬浮冗余。

（1）如何抑制车轨耦合振动

电磁悬浮车辆的悬浮对自身结构、高架线路以及控制系统非常敏感，尤其是在静悬或低速运行于轻型道岔梁时，车轨耦合振动问题非常突出，极易导致悬浮失效。如日本的 HSST-01、HSST-02、HSST-04，韩国的 UTM-01 车均遇到过此类问题。[7]

目前，抑制车轨耦合振动主要采取以下措施。

1）控制轨道梁挠跨比。例如中铁二院工程集团在公开专利CN107145664A中示出了一种通过斜拉索控制铁路大跨度斜拉桥刚度的方法，其采用车-桥耦合振动模型，并对桥梁的竖向挠跨比和横向挠跨比进行控制，以保证列车在桥梁上高速通过时的运行稳定性。

2）尽量提高轨道梁的一阶垂弯频率，但该措施会显著增加线路建设成本。

3）优化悬浮控制。例如国防科技大学在授权专利CN101348082B中示出了一种抑制磁悬浮列车悬浮系统车轨耦合振动的方法及控制单元，其将磁性轨道特性纳入到磁悬浮列车系统，使磁悬浮列车系统成为一个五阶系统，通过获取可代表磁悬浮列车和轨道状态之5个独立的状态量，然后根据上述5个状态量对磁悬浮系统进行综合控制，调整系统的控制量，使磁悬浮列车之悬浮间隙控制在一定的范围内，从而抑制了磁悬浮列车悬浮系统车轨的耦合振动。李毅在公开专利CN104442442A中示出了一种消除EMS型磁浮列车车轨耦合振动的方法，其通过合理布置悬浮间隙传感器的位置和数量，使得采集的间隙数据与悬浮电磁铁产生的电磁力的合力位置处的间隙数据尽可能相近或相同，实现控制系统的精准控制悬浮。同济大学在公开专利CN103223876A中示出了一种基于悬浮电磁铁双向解耦的磁悬浮车梁系统，其实现了悬浮电磁铁与轨道梁的解耦，将控制系统的被控对象由磁悬浮车辆与轨道梁组成的复杂耦合振动系统转化为由悬浮电磁铁与悬浮板组成的两自由度振动系统，便于对悬浮系统实现全状态反馈控制，以此抑制车轨耦合振动。国防科技大学在公开专利CN109532510A中示出了一种磁浮列车振动控制装置及方法、磁浮列车，其通过增加悬浮间隙传感器数量，并根据每段应施加的电磁力和悬浮间隙距离来计算得到的驱动电流来驱动各段电磁铁线圈，在电磁铁梁有变形振动时，使电磁铁梁的电磁力沿轨道方向均匀化，即电磁铁梁上分布电磁力的大小尽量相等，从而防止其与悬浮系统的进一步耦合振动。

4）优化悬浮架结构与悬挂设计。例如西南交通大学在公开专利CN107139770A中示出了一种低动力作用高速磁浮车辆悬浮架装置，其取消了现有磁浮车辆悬浮架的“半悬浮架”设计模式，取而代之的是只采用一套中置的横梁架单元，利用4根纵梁将悬浮框单元固定在横梁架单元的两侧，其中置的二系悬挂能够有效降低悬浮架装置与线路之间的动力作用，抑制车轨耦合振动。西南交通大学在公开专利CN108454455A中示出了一种六悬浮模块中速磁浮车辆走行机构，其悬浮架采用一对囊式大空气弹簧布置在悬浮架中部左右两侧，悬浮架与线路动力作用低，能够显著降低车轨耦合振动。

（2）如何实现悬浮冗余

上海TR高速磁悬浮列车通过电磁铁搭接的结构方式实现了机械冗余，个别悬浮点失效时，车辆仍能保持悬浮。国防科技大学在公开专利CN101024380A中示出了一种用于磁悬浮车辆的悬浮装置，其将每个悬浮电磁铁中的所有磁极分为两组、三组或四组进行控制，正常工作时共同产生悬浮力，其中某一组坏掉时由其他组提供悬浮力，保证了悬浮电磁铁的冗余能力。中车青岛四方机车车辆有限公司在公开专利CN107968601A中示出了一种悬浮电磁铁及磁浮车辆，其通过改变左侧间隙传感器和右侧间隙传感器的安装位置实现悬浮电磁铁的悬浮冗余。同济大学在公开专利CN108372798A中示出了一种中低速磁浮列车悬浮冗余系统，其任意一组悬浮单元均至少配置有一组互为冗余的悬浮单元，互为冗余的悬浮单元的悬浮力中心线相互重叠，由此保证悬浮冗余。

2. 电动悬浮

电动悬浮（Electrodynamic Suspension，EDS）利用车载强磁场与铺设在轨道上无磁的非铁磁材料良导体之间的相对运动，在良导体轨道上产生感应电流并生成镜像磁场，利用两者磁场间的排斥力实现车体悬浮。其车载强磁场可以通过永磁材料获得，也可通过超导材料在液氦冷却的低温状态下获得。超导材料在相当低的温度下具有完全导电性和完全抗磁性，由此制成的超导线圈不仅电流阻力为零，而且可以传导普通导线根本无法比拟的强大电流，这种特性使其能够制成体积小功率强大的电磁铁。根据超导材料冷却温度的高低又分为低温超导磁悬浮（-196℃）、高温超导磁悬浮（-269℃）。图3-5示出了高温超导磁悬浮的结构示意图。

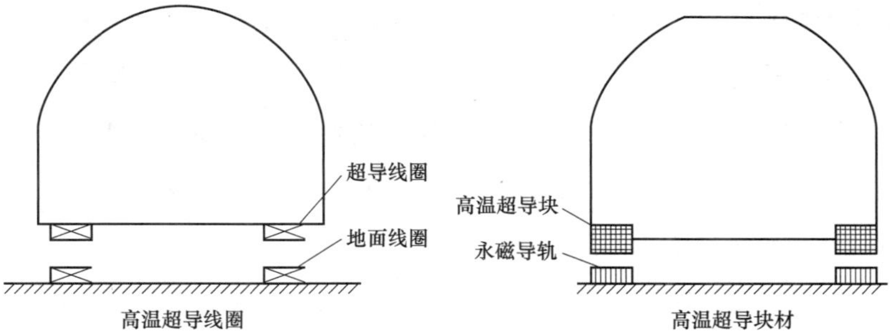

图3-5 高温超导磁悬浮结构

由于电动悬浮在低速段磁阻力很大，该方式用于中低速域是不太经济的，有文献认为其最佳运用速度应不低于400km/h。列车在高速运行时主要受空气阻力的影响，因此电动悬浮与真空管道技术相结合，实现高速或超高速运行是一种很好的选择，这也是近几年“超级高铁”成为美、中等国研究热点的原因，其本质即是真空管道磁悬浮技术。[6]例如超级铁路一号公司（Hyperloop One，原名Hyperloop Technologies，在真空管道磁悬浮领域的专利申请量为45件）与西南交通大学（在真空管道磁悬浮领域专利申请量为27件）分别是美、中两国在该领域取得重要研究成果的杰出代表。

电动悬浮属于被动支撑方式，只要给予少量阻尼控制就可以实现稳定悬浮，因而对轨道及悬浮控制的要求相对电磁悬浮方式要低得多。其需解决的关键技术问题有三个：一是如何获得车载强磁场；二是如何设置合理的场冷高度；三是如何合理设计与制造低温保持器。

（1）如何获得车载强磁场

对此，既可采用超导磁体，也可采用永磁体来获得车载强磁场。早期，永磁体的磁场强度偏弱，难以满足轨道交通工程实际运用需要，但随着永磁材料科学的发展，现有永磁体已能基本满足轨道交通运用要求，因此多种车载永磁体的电动悬浮技术方案被提出。例如，Halbach 发现了一种特殊的磁体排列形式（又称"Halbach 阵列"），其将不同磁化方向的永磁体按照一定顺序排列得到的新型永磁体组合，具有"磁单极子特性"，即 Halbach 阵列一侧磁场很强，另一侧磁场很弱，由此制作的永磁体磁场强度较高，所需材料较少。

（2）如何设置合理的场冷高度

场冷高度，指超导体相对导轨冷却实现超导的高度位置。对超导磁悬浮方式而言，悬浮与导向是相对矛盾的，更高的场冷高度意味着更大的悬浮力，同时也意味着更小的导向力，因此需要用一个合理的场冷高度实现导向力和悬浮力的折中。场冷高度 30mm 和工作高度 15mm 是该领域设置的典型工作条件。例如西南交通大学在公开专利 CN101670790A 中示出了一种高温超导磁悬浮运输系统轨道，轨道在基准线 L 两侧对称分布永磁体和聚磁极，并在场冷高度为 30mm、工作高度为 15mm 的工作条件下，测试其导向力。西南交通大学还在公开专利 CN102700431A 示出了一种车用双层高温超导体磁悬浮系统，其通过增加上层超导体，并在典型的场冷高度 30mm 和工作高度 15mm 的工作条件下测试，可带来 16.9% 的悬浮力提高和 8.8% 的导向力提高。

（3）如何合理设计与制造低温保持器

低温保持器不仅仅起到与外界隔热的作用，它还是车辆的主要承载件，因此需要精密的材料和结构设计。目前，国内外高温超导磁悬浮实验线均采用敞口型低温保持器作为固定超导体的容器，通过向其内部灌注液氮来冷却超导体。而西南交通大学在公开专利 CN107139771A 中示出了一种高温超导磁悬浮装置及高温超导磁悬浮列车，其采用内部具有封闭的收容腔的低温保持器，高温超导块固定于收容腔内，收容腔用于收纳液氮，低温保持器上开设有与收容腔连通的进气口和出气口，进气口处设置有溢流阀，出气口与抽真空减压器通过波纹管连通，通过抽真空减压器对低温保持器内部进行抽空减压以达到液氮过冷的目的，从而使高温超导块在过冷状态下发挥出更好的超导性能，提升悬浮系统的性能。北京航空航天大学在公开专利 CN101191748A 中示出了一种高温超导磁悬浮或电机准静态力测试装置，其采用能放置高温超导块材的薄底液氮低温保持器，使高温超导体定位于磁场源之上，低温保持器采用真空绝热结构，容器采用无磁不锈钢材料的内外胆焊接而成，底部无焊缝，内外胆的底部真空夹层采用玻璃钢绝热材料支撑，有利于增强底部结构的强度。

3. 永磁悬浮

永磁悬浮（Permanent Magnet Suspension，PMS），指在列车上和路轨上都布置永磁体阵列，利用两个阵列之间斥力的相互作用使之悬浮。图 3-6 示出了永磁悬浮的结构示意图。

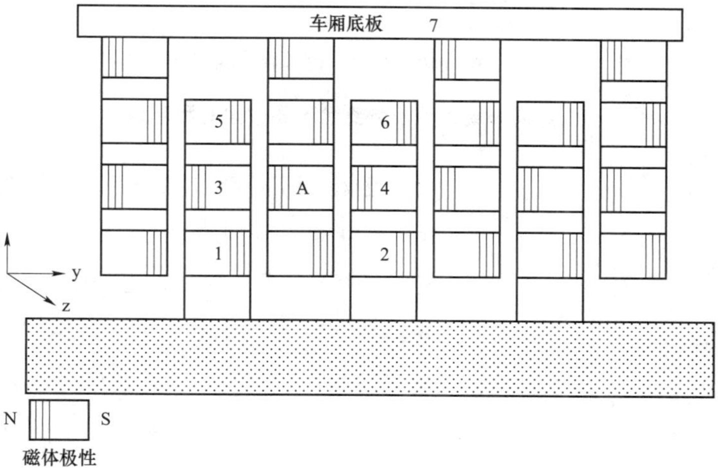

图 3-6　永磁悬浮结构

永磁悬浮因其悬浮力小、造价高、布局复杂、施工工程量大等问题而难以实现工程应用，往往是通过与电磁相结合，形成电磁-永磁混合悬浮的方式补充其悬浮力，或者将永磁材料应用于车载永磁体的电动悬浮方案中。永磁悬浮在专利申请方面也体现出大多为个人申请。

（二）导向系统

磁悬浮列车的导向系统一般采用三种方式实现：电磁导向、机械导向、一体导向，它们为列车提供合适的侧向力来保证列车与导轨两侧的间隙相等，保证列车的平稳过弯。[7] 图 3-7 示出了电磁导向、机械导向、一体导向三类导向方式分别在华和全球的专利申请情况。

1. 电磁导向

电磁导向，即在磁悬浮列车底部安装导向电磁铁，通过其与铁磁轨道之间产生的作用力保证车辆与导轨两侧间隙相等，当列车偏离轨道时，调整导向电磁铁的电流值实现对侧向间隙的调整，实现导向目的，如图 3-8 所示。电磁导向方式主要应用于常导电磁悬浮高速列车上，以德国 TR 系列为代表。

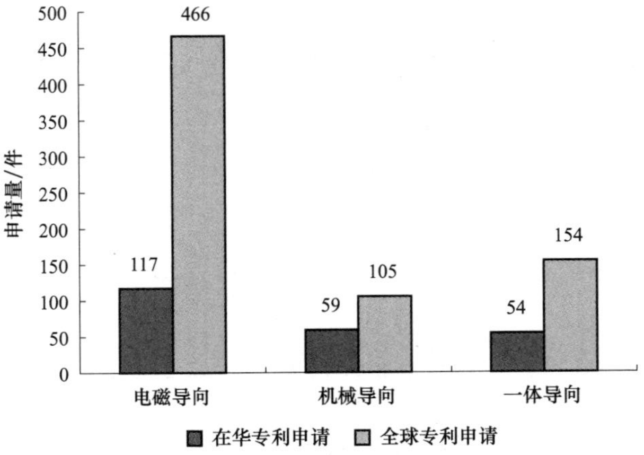

图 3-7　导向系统各技术分支全球和中国专利申请量对比

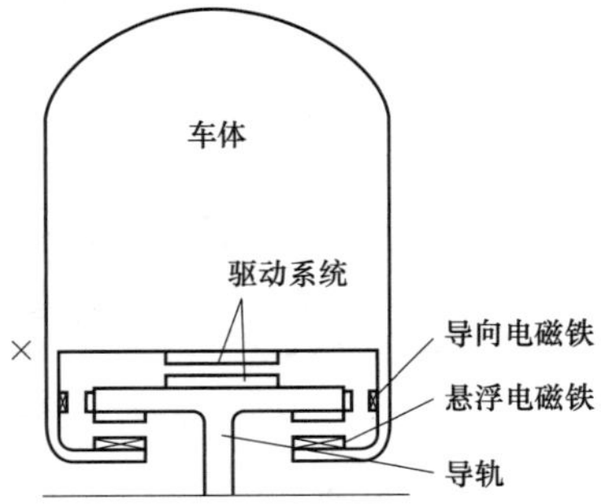

图 3-8　电磁导向

电磁导向主要为单环导向，即指悬浮和导向系统相互独立，分别由水平和垂直安置的相互平行的矩形线圈组成。例如 SIEMENS AG 在公开专利 DE2312242A1、KLAUE HERMANN 在公开专利 DE3612847A 中均示出了单环导向系统，水平和垂直电磁装置无交叉连接悬浮、在车辆两侧安装导向电磁铁、在轨道对应位置安装导向铁板，当车体位于中心位置时，两侧导向电磁体和导向铁板气隙相同，磁力大小相同，一旦车体偏离中心，左右两侧导向电磁铁电流发生变化，迫使车辆重回中心位置，其导向系统和悬浮系统相互独立。

电磁导向在国内研究也较为广泛，魏乐汉在公开专利 CN1239342A 中示出导向系统由车载导向磁阵列插入路轨导向磁阵列而成，排布时两相邻磁列间留有空间供无接触地插入路轨导向磁阵列之用，使得车载导向磁阵列中每一长磁条都处于周围路轨导向磁阵列的长磁条所形成的一维磁势阱中，不论列车在水平方向向左或向右移动，都受到反方向的磁作用力。大连交通大学在公开专利 CN108706013A 中示出了一种管道磁悬浮列车，导向装置由左动磁浮体、左定磁浮板、右动磁浮体及右定磁浮板组成；当列车需要转弯时，右动磁浮体与右定磁浮板间隙加大，导致右定磁浮板对右动磁浮体的悬浮斥力减小；而左动磁浮体与左定磁浮板间隙减小，导致左定磁浮板对左动磁浮体的悬浮斥力加大，迫使列车向右转弯运行。

2. 机械导向

机械导向，即在车辆侧壁设置机械导向轮，当车体偏离轨道时，通过导向轮与侧边轨道相互接触，通过摩擦作用力实现车体的导向，如图 3-9 所示。机械导向方式主要应用于超导电动悬浮列车上，以日本 MLU 系列高速磁悬浮列车为代表，列车静止或低速运行时依靠转向架两侧的车轮实现悬浮和导向，当时速高于 150km 时，轨道两侧悬浮导向线圈中产生电磁力实现列车导向和悬浮。

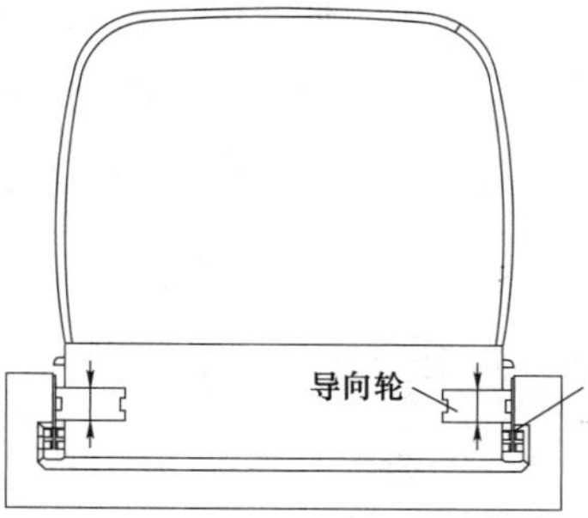

图 3-9　机械导向

李岭群在公开专利 CN1833907A 中示出导向平衡悬浮轨与两条平衡永磁铁中间的导向定滑轮、车厢下部的辅助导向轮，车辆受斥力和上下平衡吸力的双重作用呈现悬浮状态，导向定滑轮与导向平衡悬浮轨接触，将车辆控制在两条平衡悬浮轨中间，辅助导向轮与辅助导向轨之间具有一定间隙，转弯时接触，保证行车安全。丁务立、关健、丁虹在公开专利 CN109649182A 中示出了车厢底部安装的车厢永磁体和导向轮，在高速转向过程中驱动导向轮可平稳地接触到弯道支撑导轨，起到支撑、导向作用。

3. 一体导向

随着技术不断发展，出现了一体导向的导向方式。日本 MLX 系列超导电动悬浮列车即采用上述方式，其一体导向系统由磁悬浮列车两侧的超导磁体和“8”字形零磁通线圈组合构成，既有导向作用，更是借以对列车产生悬浮力。当车体静止时，车载超导磁体的中心线与轨道上的“8”字形线圈的中线在同一平面上，此时线圈中无感应电流，当车辆运行到一定速度时，“8”字形短路线圈的上半部线圈磁通减少，下半部的磁通增大，使得上下两部分的感应电势不能相互抵消，于是在“8”字形短路线圈内产生感应电流，从而产生向上的悬浮力，阻止车体下降。图 3-10 示出了一体导向磁悬浮列车。

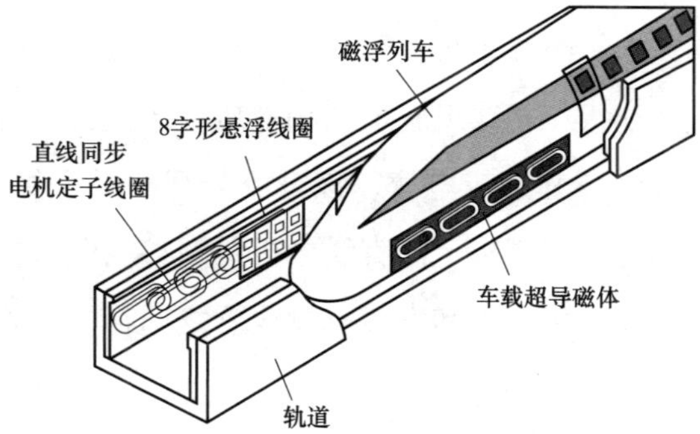

图 3-10　一体导向磁悬浮列车

又如 RAILWAY TECHNICAL RESEARCH INSTITUTE 在公开专利 JP1218306A 中示出了零磁通导向、悬浮系统，车体两侧均设置电磁线圈和“8”字形零磁通悬浮线圈，两者具有共同的中心轴线，电磁系统由悬浮、导向和推进3个子系统组成，车载超导线圈和地面线圈共同作用产生推进力、悬浮力和导向力。该系统结构较为复杂，悬浮力大，磁阻力小，导向性能一般，功率损耗较小。国内方面，西南交通大学在2000年研发了高温超导磁悬浮导向与悬浮系统，其导向悬浮为一体结构。

（三）推进系统

磁悬浮列车无一例外选择了交流直线电动机作为牵引力。交流直线电机分为直线感应电机（LIM）及直线同步电机（LSM）两类。图3-11示出了磁浮交通领域直线感应电机、直线同步电机两类推进方式分别在华和全球的专利申请情况。

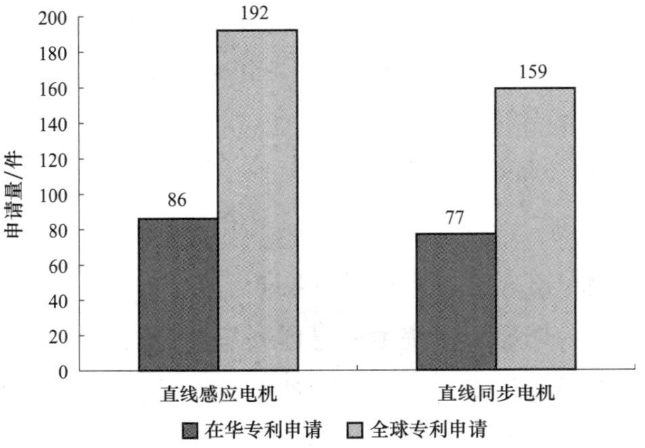

图3-11　推进系统各技术分支全球和中国专利申请量对比

1. 直线感应电机

在低速磁浮列车上，常使用直线感应电机作为牵引动力。直线感应电机由定子铁芯、定子绕组和感应板构成，其中定子铁芯和定子绕组组成的直线电机线圈作为直线感应电机的初级设置在列车上，组成车载直线感应电机；而感应板敷设在轨道上作为直线感应电机的次级。通过在初级三相绕组施加三相电压，产生行波磁场，则次级感应板将切割行波磁场产生感应电动势和感应电流。该电流与行波磁场相互作用产生电磁推力，因为感应板固定不动，则固定在列车上的直线电机线圈将在电磁推力的作用下顺着行波磁场的运动方向做直线运动。感应板和直线电机线圈之间存在气隙，气隙值与磁浮列车的推进力成反比。[8]

直线感应电机具有结构简单、成本低、控制系统简单可靠等优点。但是，其也同时存在推力小、效率低、功率因素低、高速性能差等缺点，因此不适用于中高速磁悬浮列车。此外，直线感应电机应用于磁悬浮列车上还需要辅助的悬浮系统。

直线感应电机分为单边直线感应电机和双边直线感应电机。

(1) 单边直线感应电机

单边直线感应电机如图 3-12 所示，只在次级的一边安放初级。初级铁芯可由硅钢片叠压而成，其中初级铁芯越长，越有利于减小直线电机端部效应影响，但过长必然会使初级电阻、漏电抗增大，电机整体重量增加，提高对悬浮模块悬浮能力的要求。通常初级铁芯的长度设置在 2 米左右；初级线圈采用铝成型线，绕于初级铁心的齿上；次级反应板为带背铁的铝板。

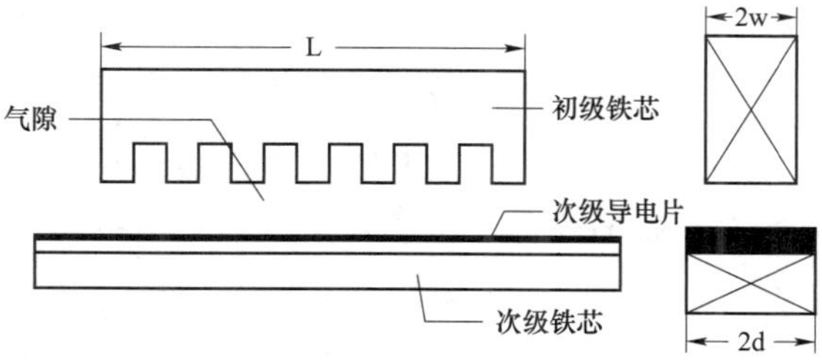

图 3-12　单边直线感应电机

(2) 双边直线感应电机

双边直线感应电机在次级的两边均安放初级，如图 3-13 所示。[9]

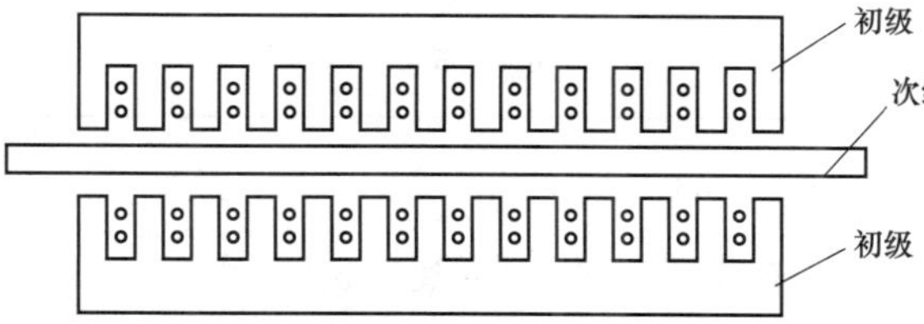

图 3-13　双边直线感应电机

直线感应电机应用于磁悬浮列车上时，基于对效率和力平衡的考虑，最先提出来的是双边直线感应电机，如 TRACKED HOVERCRAFT LTD 的公开专利 GB1278047A、MERLIN GERIN SA 的公开专利 FR2151596A5、KRAUSS - MAFFEI AG 的公开专利 DE2264320A1、KRAUSS-MAFFEI AG 的公开专利 DE2633776A1。后来因逐渐认识到垂直反应轨的安全性以及建造和维护的困难性，人们开始转向研究单边直线感应电机，如 SUMITOMO ELECTRIC IND CO 的公开专利 JPS60109755A、AUTOMOTIVE INSTR RES INST EXPERIM WKS 的公开专利 SU1753553A1、HITACHI KI DEN KOGYO KK 的公开专利 JP5130714A，之后的直线感应电机也多为单边型。另外，由于传统直线感应电机的纵向端部效应会产生附加的损耗和附加力，ANTOSH M J 在公开专利 US4987833A 中提出涉及横向磁通直线感应电机；之后的直线感应电机大多为横向磁通直线感应电机。

2. 直线同步电机

中高速磁悬浮列车大多采用直线同步电机作为牵引力。直线同步电机一般将定子线圈铺设在地面上，可以提供正弦变化的行波磁场，动子部分固定在车体的底部。动子可以由电磁铁、超导线圈、永磁体等组成。从原理上来讲，动子部分将不断跟随向前运动的定子磁场，进而推动列车向前运动。此外，直线同步电机可以同时产生车辆的推力和悬浮力，推力系统和悬浮系统可合二为一。

目前磁悬浮列车的直线同步电机可分为电励磁式、永磁式、混合励磁式、磁阻式。

（1）电励磁式

电励磁式可分为有铁芯式和无铁芯式。图 3-14 示出了有铁芯式直线同步电机结构示意图。在地面上铺设由地面电源供电的初级三相绕组，该绕组在三相交流电的激励下产生一个行波磁场（电枢磁场），其速度与电源频率相当；在车体上固定由车上电源供电的励磁绕组，该励磁绕组内插有铁芯，励磁绕组通入直流电将产生一个磁性不变的磁场（励磁磁场）。整体相当于运动的电枢磁场拖着励磁磁场运动，即励磁磁场与电枢磁场相互作用会产生一个水平推力，使车辆克服空气阻力以一定速度运行。

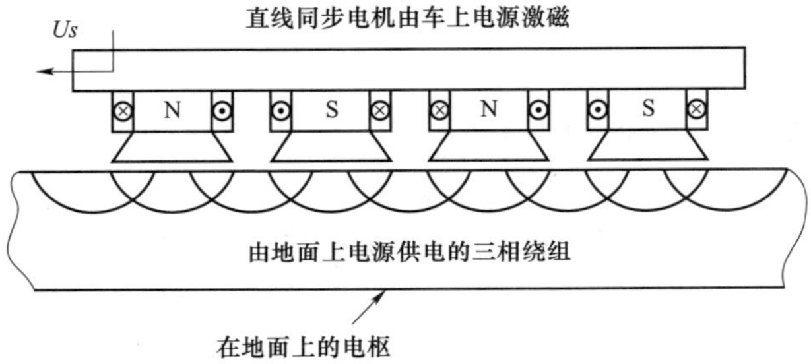

图 3-14　铁芯式直线同步电机结构

无铁芯式是指利用超导元件在相当低的温度下具有完全导电性和完全抗磁性的特点，将超导线圈作为设置在车体上的直流励磁线圈，内部无须插设铁芯。

（2）永磁式

20 世纪 90 年代以来，随着永磁材料性能的不断提高和完善，永磁材料获得了越来越广泛的应用，新型的永磁电机品种越来越多。电励磁电机中的励磁绕组可以直接采用永磁材料替代，同样可形成励磁磁场。采用了永磁材料的电机与电励磁电机相比，不需要直流励磁电源和励磁绕组，无励磁损耗，具有结构简单、效率高的特点。

（3）混合励磁式

混合励磁直线同步电机是一种将永磁与电励磁混合的直线同步电机。图 3-15 示出了混合励磁直线同步电机结构示意图，包括初级定子铁芯 1、定子绕组 2、次级励磁线圈 3、永磁体 4 及直线发电机铁芯 5，次级励磁由次级励磁线圈 3 和永磁体 4 共同产生。这种混合式结构能利用永磁体的高效励磁性能，使电机在同样体积下产生更大的悬浮力和推力，在利用电励磁绕组调节励磁磁场大小，起到灵活调节悬浮力和推力作用的同时，使每极下永磁体提供更大的磁通截面积，以得到更高的效率。[10]

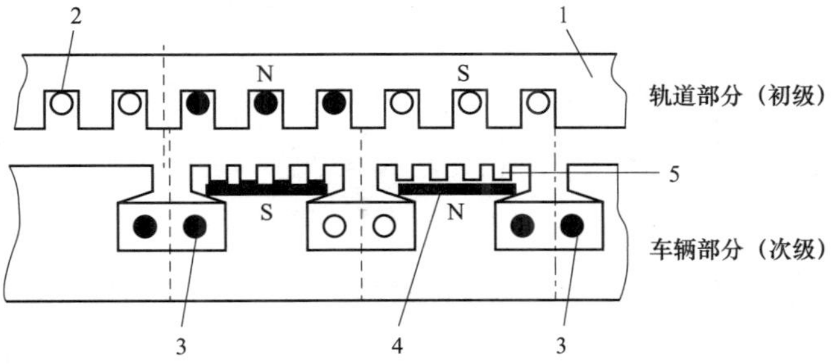

图 3-15　混合励磁直线同步电机结构

（4）磁阻式

磁阻式直线同步电机结构比较简单，在装在车上的初级铁芯中嵌放多相绕组，而装在地面上的次级无励磁绕组一般可采用如下两种结构形式：常规型，如图 3-16 所示即整体采用铁磁材料；分段型，如图 3-17 所示，即把矩形铁磁材料嵌入非磁性材料。从降低轨道制造费的角度考虑，优选为分段型直线磁阻电机。

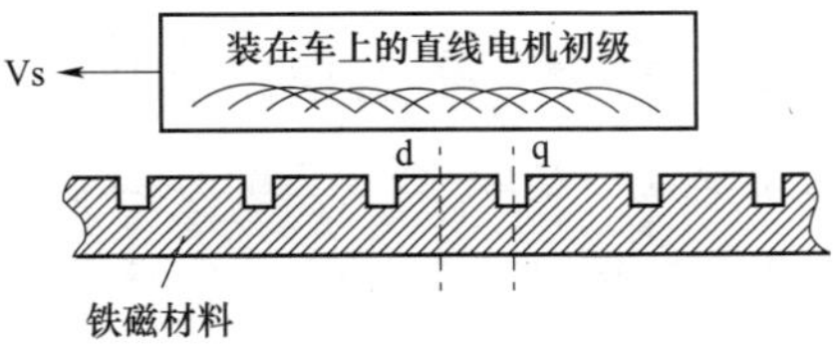

图 3-16　常规型磁阻式直线同步电机结构

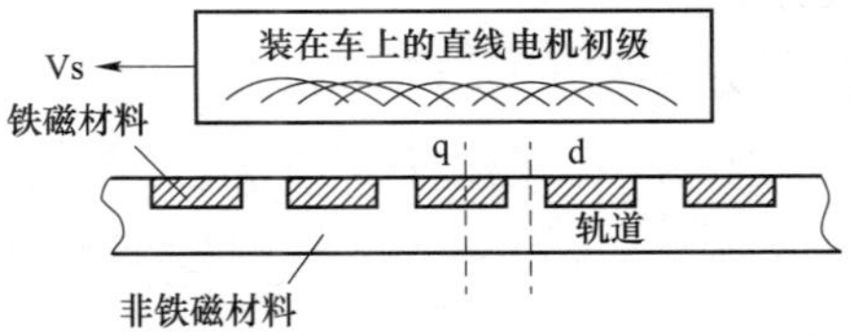

图 3-17　分段型磁阻式直线同步电机结构

1969 年研制出的世界第一列磁悬浮列车的模型车 TR01，及其之后的 TR02 至 TR04 等型号的磁悬浮列车均采用直线感应电机驱动，以中低速运行为主。1979 年研制出的磁悬浮列车 TR05 及其之后的磁浮列车均采用同步直线电机驱动。

直线同步电机中电励磁式电机的励磁电流是可以控制大小的，通过改变励磁电流的大小，来调节其气隙大小，容易实现对列车运行速度的调节，但其结构复杂造价较高。而永磁式直线同步电机由于其气隙磁场是由高密度的永磁体所建立，其气隙磁场强度较高，推力较大，但磁场大小固定，不能调节。混合励磁式直线同步电机具有上述两者的优点，可以适应不同的工况，我国对该类型的电机申请较多，如国家磁浮交通工程技术研究中心申请的公开专利 CN1461096A，上海磁浮交通工程技术研究中心的公开专利 CN1585254A 和 CN1585241A，浙江大学的公开专利 CN101179224A 和 CN101179223A，上海磁浮交通发展有限公司的公开专利

CN101594040A 均涉及混合励磁式直线同步电机。直线磁阻电机效率比其他类型的直线同步电机低，但是比直线感应电机要高，且造价比其他类型直线同步电机低，适合中低速磁浮列车。

四、磁浮交通系统关键共性技术重要申请人分析

磁浮交通系统关键共性技术的国外重要申请人分别为：日本的 ZH TETSUDO SOGO GIJUTSU、德国的 SIEMENS AG、日本的 TOKAI RYOKYAKU TETUSDO KK 以及 TOSHIBA KK。国内重要申请人分别为：西南交通大学、国防科技大学、上海磁浮交通工程技术研究中心、中车株洲电力机车有限公司。本节将对上述重要申请人在该领域的专利申请趋势、分类号分布情况、各分支申请量分布情况、区域分布情况进行简要介绍、比对与分析。

（一）国外重要申请人

1. ZH TETSUDO SOGO GIJUTSU

ZH TETSUDO SOGO GIJUTSU，是日本一个从事铁路技术研究的机构，由日本国有铁道于 1986 年 12 月 10 日创立。在铁路技术研究方面，ZH TETSUDO SOGO GIJUTSU 成立以来成功研制多项产品以提升车辆的性能。此外，在发生重大铁路事故时，ZH TETSUDO SOGO GIJUTSU 会和日本国土交通省运输安全委员会联手调查事故原因。该公司主要研究以下技术产品：JR 磁浮列车、轨距可变电车、混合式车体倾斜系统、立体摄影机式平交道障碍物检测装置、数码自动列车控制装置（D-ATC）等。

图 4-1 为 ZH TETSUDO SOGO GIJUTSU 在磁浮交通系统关键共性技术方面的历年专利申请量趋势，从图中可以看出其在 1992 年、1999 年、2007 年分别达到专利申请高峰。

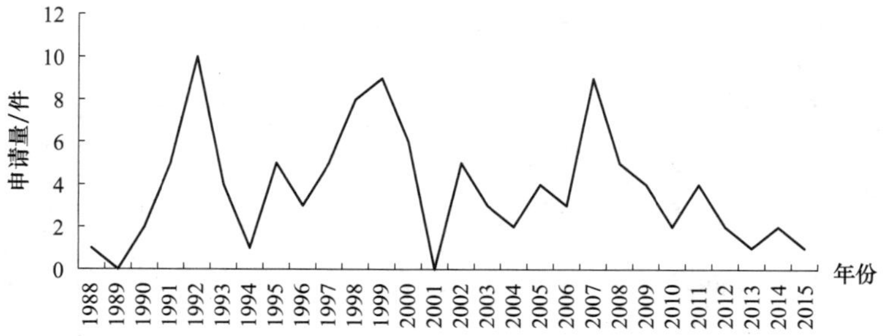

图 4-1　ZH TETSUDO SOGO GIJUTSU 磁浮交通系统关键共性技术专利申请量趋势

图 4-2 为 ZH TETSUDO SOGO GIJUTSU 在磁浮交通系统关键共性技术方面的专利申请分类号分布，其中涉及分类号 B60L、B61B 的专利申请数量分别为总申请数量的

48.5%、26.9%，其他专利申请还涉及分类号 B60M、H01F、E01B、H01L、H02K、B61H。分类号 B60M 涉及电动车辆的电源线路或沿路轨的装置，E01B 涉及铁路轨道、铁路轨道附件，H01F 涉及磁体、电感、磁性材料的选择，H01L 涉及半导体器件，H02K 涉及电机，B61H 涉及铁路车辆特有的制动或其他减速装置。

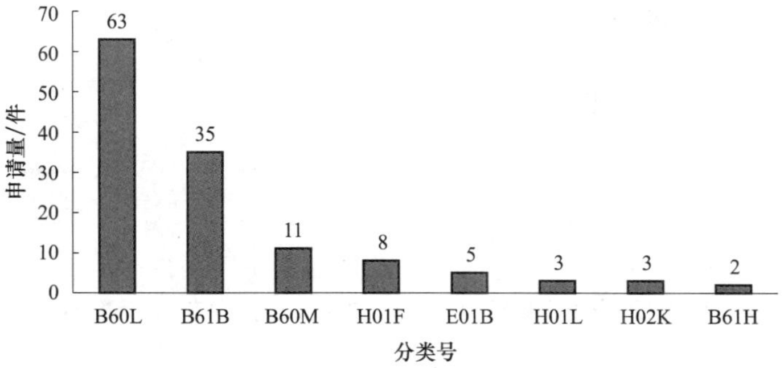

图 4-2 ZH TETSUDO SOGO GIJUTSU 磁浮交通系统关键共性技术专利申请分类号分布

2. SIEMENS AG

SIEMENS AG 创立于 1847 年，业务遍及全球 200 多个国家和地区，专注于电气化、自动化和数字化领域。为充分挖掘这些领域的市场潜力，SIEMENS AG 将业务整合为九大业务集团，其中包括西门子交通集团。上海磁悬浮列车示范线即采用了蒂森克虏伯-西门子的技术。

图 4-3 为 SIEMENS AG 在磁浮交通系统关键共性技术方面的历年专利申请量趋势，从中可以看出其在 1971～1976 年、2004～2007 年均呈高申请量态势，并于 1976 年、2006 年分别达到专利申请高峰。

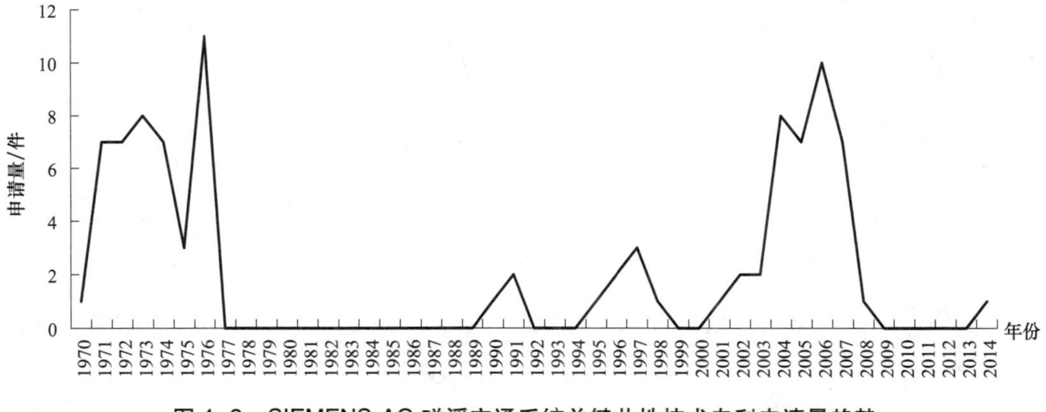

图 4-3 SIEMENS AG 磁浮交通系统关键共性技术专利申请量趋势

图 4-4 为 SIEMENS AG 在磁浮交通系统关键共性技术方面的专利申请分类号分布，其中涉及分类号 B60L、B61L 的专利申请数量分别为总申请数量的 38.5%、18.8%，数

量排第三、第四的分类号 H02K、H02P 均涉及电机，说明该公司针对磁悬浮列车的推进系统方向的研究也较多。

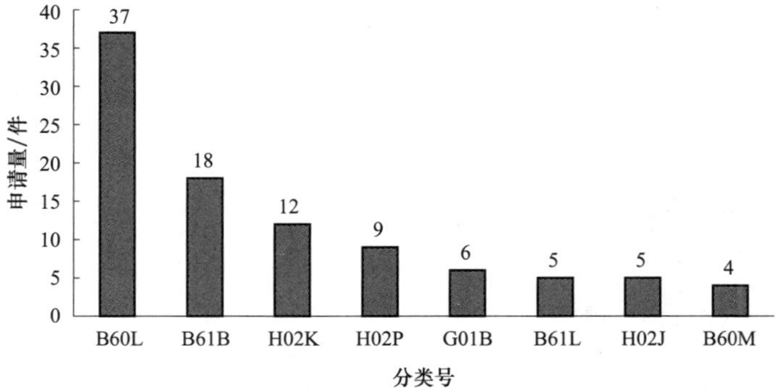

图 4-4　SIEMENS AG 磁浮交通系统关键共性技术专利申请分类号分布

3. TOKAI RYOKYAKU TETUSDO KK

TOKAI RYOKYAKU TETUSDO KK，是日本国有铁道经营者，于 1987 年 4 月 1 日私有化，负责营运日本中部地方的国铁路线，同时经营东海道新干线这条日本铁路的大动脉。2015 年 4 月 16 日，该公司在山梨磁悬浮试验线利用“L0 系”超导磁悬浮列车进行了高速运行试验，达到了载人行驶每小时 590 公里的世界最高速度。山梨磁悬浮试验线今后将转为运营线路，作为磁悬浮中央新干线使用，最高速度定为 505km/h。

图 4-5 为 TOKAI RYOKYAKU TETUSDO KK 在磁浮交通系统关键共性技术方面的历年专利申请量趋势，从图中可以看出其在 1992~2005 年始终保持较高申请量态势，并于 1995 年、2003 年分别达到专利申请高峰，而在其后的 2006~2010 年则保持较低申请量态势。

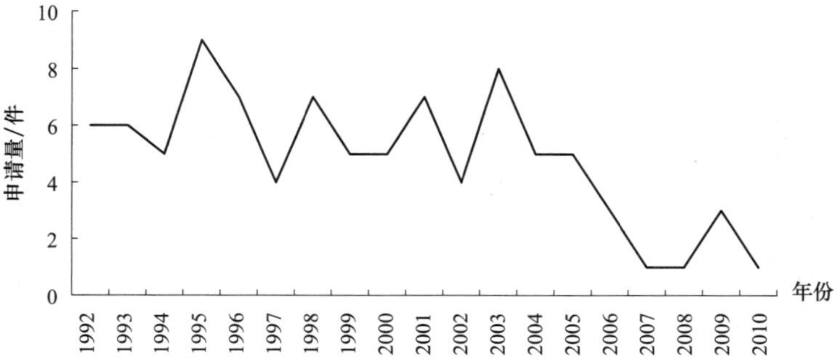

图 4-5　TOKAI RYOKYAKU TETUSDO KK 磁浮交通系统关键共性技术专利申请量趋势

图 4-6 为 TOKAI RYOKYAKU TETUSDO KK 在磁浮交通系统关键共性技术方面的专利申请分类号分布，其中涉及分类号 B61B、B60L 的专利申请数量分别为总申请数量的 39.8%、37.5%，此外该公司针对磁浮列车的研究还涉及磁体部件、电机、制动、车体等部分。

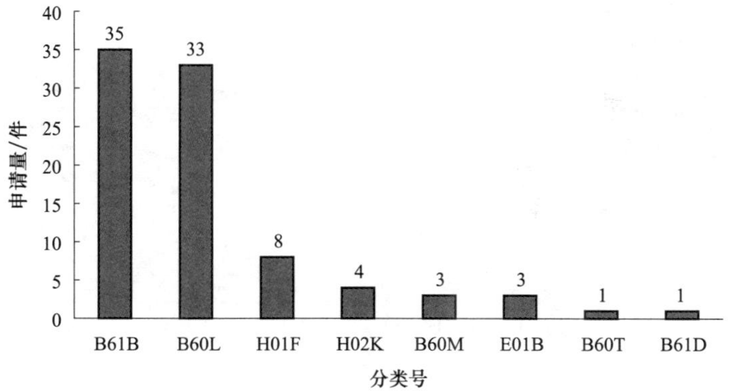

图 4-6 TOKAI RYOKYAKU TETUSDO KK 磁浮交通系统关键共性技术专利申请分类号分布

4. TOSHIBA KK

TOSHIBA KK 创立于 1875 年 7 月，是日本最大的半导体制造商，也是第二大综合电机制造商，隶属于三井集团。其业务领域包括数码产品、电子元器件、社会基础设备、家电等。20 世纪 80 年代以来，TOSHIBA KK 从一个以家用电器、重型电机为主体的企业，转变为包括通信、电子在内的综合电子电器企业。进入 20 世纪 90 年代，TOSHIBA KK 在数字技术、移动通信技术和网络技术等领域取得了飞速发展，成功从家电行业的巨人转变为 IT 行业的先锋。“L0 系”超导磁悬浮列车核心零部件超导磁铁由 TOSHIBA KK 和 Mitsubishi Electric（三菱电机）供货。

图 4-7 为 TOSHIBA KK 在磁浮交通系统关键共性技术方面的历年专利申请量趋势，从图中可以看出其在 1991~1996 年大体保持较高申请量态势，且于 1992 年、1995 年分别达到了专利申请高峰，而其后的 1997~2012 年均保持较低申请量态势。

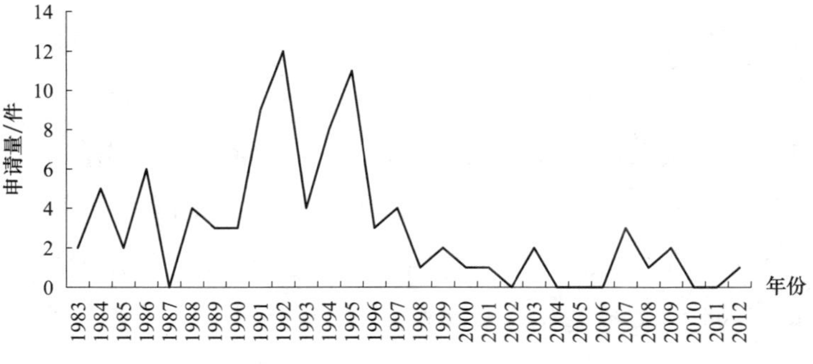

图 4-7 TOSHIBA KK 磁浮交通系统关键共性技术专利申请量趋势

图 4-8 为 TOSHIBA KK 在磁浮交通系统关键共性技术方面的专利申请分类号分布，其中涉及分类号 B60L、B61B 的专利申请数量分别为总申请数量的 43.65%、30.1%，此外，该公司针对磁浮列车的研究还涉及磁体部件、电机、半导体部件等。

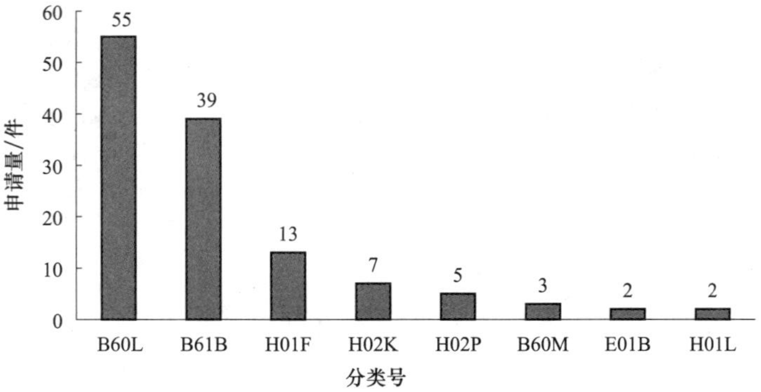

图 4-8　TOSHIBA KK 磁浮交通系统关键共性技术专利申请分类号分布

（二）国内重要申请人

1. 西南交通大学

西南交通大学位于四川省成都市，是教育部直属的全国重点大学，位列国家首批世界一流学科建设高校、211 工程、985 工程优势学科创新平台。学校肇始于 1896 年的山海关北洋铁路官学堂，1952 年经院系调整，更名唐山铁道学院，专事轨道交通人才培养；1964 年迁至四川峨眉；1972 年更名为西南交通大学；1989 年总校迁往四川成都。

西南交通大学于 1986 年率先召开了磁浮技术与磁浮列车技术研究大会，成为国内较早启动该领域研究的高校科研单位；于 1995 年建成中国第一条磁悬浮列车试验线，同时成功进行了稳定悬浮、导向、驱动控制和载人运行等时速为 30km 的试验；于 2005 年与上海磁浮交通工程技术中心签订了“上海城轨磁浮列车车辆总体设计”合同，并于次年 3 月签订了“上海低速（城轨）磁浮交通试验线工程悬浮控制设备供货及服务”合同，全面参加上海城轨磁浮试验线磁浮列车研制；于 2008 年和 2009 年，又分别与中国南车股份有限公司签订“中低速磁浮交通系统方案设计研究”合同，与南车株洲电力机车有限公司签订“中低速磁浮列车方案设计研究”合同；于 2011 年与南车株洲电力机车有限公司签订“常导短定子异步驱动悬浮架试验车悬浮控制系统研制”“常导短定子异步驱动中低速磁浮列车系统设计与试验研究”和“常导短定子异步驱动中低速磁浮列车悬浮控制系统研制”合同；于 2013 年，由钱清泉院士牵头的中国工程院“中低速磁浮交通技术与系统发展战略研究”项目立项，对中国中低速磁浮交通的发展战略进行了深入研究。2015 年试运行的长沙高铁南站至黄花机场的 18.55km“长沙磁浮快线”采用了此前西南交通大学与南车株洲电力机车有限公司研制的中低速磁浮列车系统技术，该列车悬浮系统核心技术由西南交通大学提供。

图 4-9 为西南交通大学在磁浮交通系统关键共性技术方面的历年专利申请量趋势，从图中可以看出其相较于国外重要申请人研究起步较晚；在 2007 年、2012 年分别达到了两次专利申请小高峰；而后在 2014~2018 年始终保持较高申请量态势，说明该大学在

此期间持续保持对磁悬浮列车的研发热度。

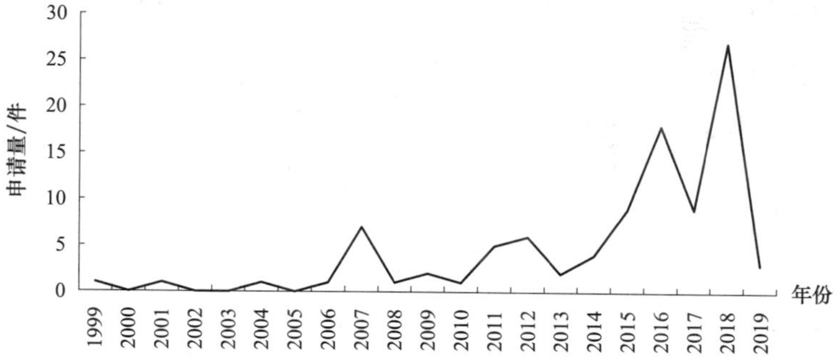

图 4-9　西南交通大学磁浮交通系统关键共性技术专利申请量趋势

图 4-10 为西南交通大学在磁浮交通系统关键共性技术方面的专利申请分类号分布，其中涉及分类号 B60L、B61B 的专利申请数量分别为总申请数量的 46.4%、33.0%，此外其针对磁浮列车的研究还涉及铁路车辆悬架、磁体部件、电机、铁路轨道、减震装置等方面。

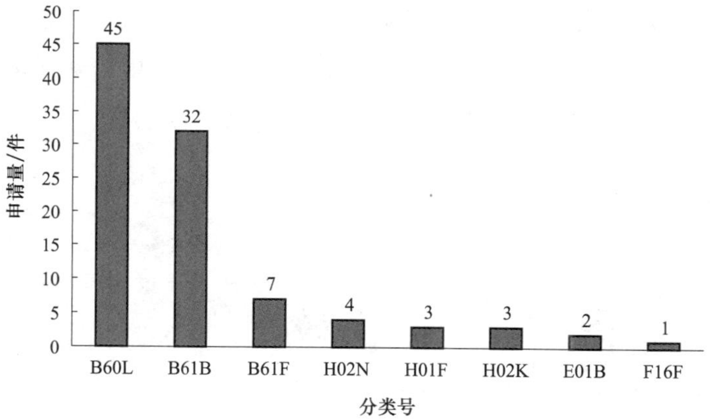

图 4-10　西南交通大学磁浮交通系统关键共性技术专利申请分类号分布

2. 国防科技大学

国防科技大学由中央军委直属，位列第一个五年计划国家 156 项重点建设工程、211 工程、985 工程、"双一流"、军队"2110 工程"，为中共中央 1959 年确定的全国 20 所重点大学之一、国务院首批批准有权授予硕士及博士学位的院校、全国首批试办研究生院的院校。

国防科技大学于 1989 年研制出中国第一台磁悬浮试验样车，是国内最早进入相关研究领域的单位之一；在世界上首次提出"长定子永磁直线同步牵引+永磁电磁混合悬浮"技术方案，相比已投入运营的中低速磁浮列车，牵引效率提高 10% 以上，悬浮能耗降低 20% 以上；攻克了磁浮列车的地面高精度定位测速技术难题，研制出直线电机中置式磁浮转向架等关键部件，在模块化、轻量化、集成化等方面实现多项技术突破，达到国际先进水平。

图 4-11 为国防科技大学在磁浮交通系统关键共性技术方面的历年专利申请量趋势。从图中可以看出其在 2009 年之前一直处于相对较低的专利申请态势，2010~2019 年处于整体相对较高的专利申请态势，并在 2011 年、2015 年、2018 年分别达到了专利申请高峰。

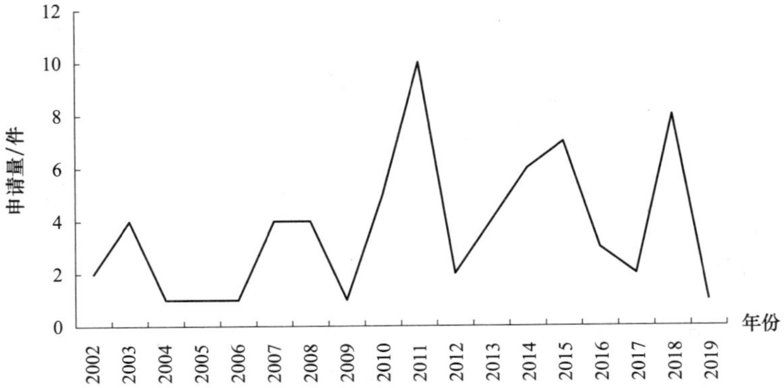

图 4-11 国防科技大学磁浮交通系统关键共性技术专利申请量趋势

图 4-12 为国防科技大学在磁浮交通系统关键共性技术方面的专利申请分类号分布，其主要涉及 B60L（车辆的悬置或悬浮），专利申请数量为总申请数量的 74.2%，此外，其针对磁浮列车的研究还涉及铁路系统，以及少量的磁体部件、悬架、电机、控制系统，供电或配电系统等方面。

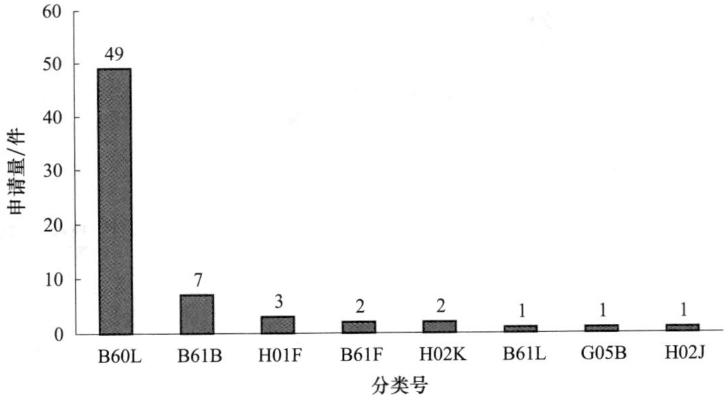

图 4-12 国防科技大学磁浮交通系统关键共性技术专利申请分类号分布

3. 上海磁浮交通工程技术研究中心

上海磁浮交通工程技术研究中心（又称“国家磁浮交通工程技术研究中心”）于 2003 年 8 月注册成立，于 2005 年 3 月正式通过科学技术部验收。2012 年 7 月，因上海磁浮交通发展有限公司重组，该中心的依托单位变更为同济大学。该中心主要面向磁浮及轨道交通工程领域，拥有一支专业齐全、具有较强工程应用研究能力和丰富实践经验的技术队伍。该中心结合上海磁浮示范线的建设，引进、消化、吸收并创新磁浮交通技术，并通过牵头承担国家“十五”期间“863”计划“高速磁浮交通技术研究”重大专项课题，实施磁浮交通技术国产化和创新，掌握核心技术，为磁浮交通技术标准研究奠定了技术基础。

图 4-13 为上海磁浮交通工程技术研究中心在磁浮交通系统关键共性技术方面的历年专利申请量趋势，从图中可以看出其在 2004 年、2009 年分别达到了专利申请高峰，其后几年申请量减少且平稳发展。

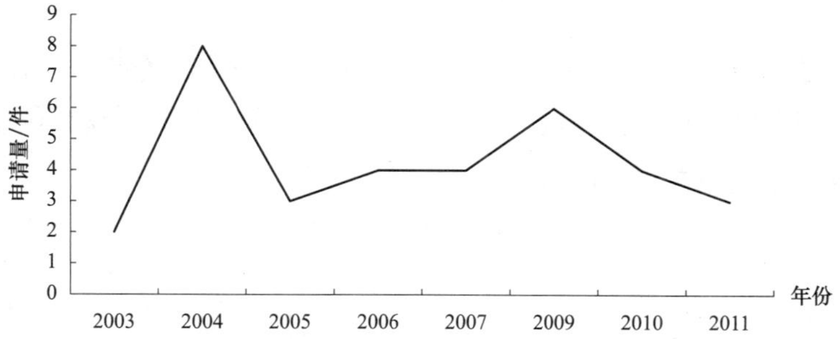

图 4-13　上海磁浮交通工程技术研究中心磁浮交通系统关键共性技术专利申请量趋势

图 4-14 为上海磁浮交通工程技术研究中心在磁浮交通系统关键共性技术方面的专利申请分类号分布，主要涉及 B60L（车辆的悬置或悬浮），专利申请数量为总申请数量的 42.42%；数量排第二位分类号为 H02K，说明其针对磁悬浮列车的推进系统方向的研究较多；此外，其针对磁浮列车的研究还涉及铁路系统、磁体部件、车体部件、铁路车辆连接器或牵引装置或缓冲装置、测量磁变量仪器、导体部件等方面。

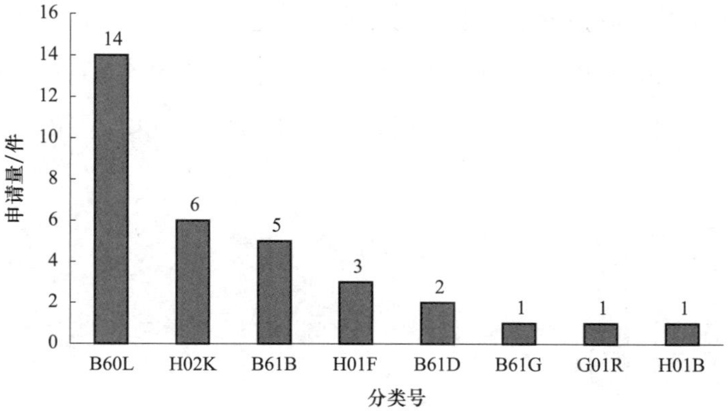

图 4-14　上海磁浮交通工程技术研究中心磁浮交通系统关键共性技术专利申请分类号分布

4. 中车株洲电力机车有限公司

中车株洲电力机车有限公司隶属于中国中车股份有限公司，地处南方工业重镇和交通枢纽湖南省株洲市，前身为株洲电力机车厂，始建于 1936 年。公司主营业务为干线铁路电力机车、电动车组和城市轨道交通装备及其零部件的研发、制造、维修、销售与售后服务。该公司已发展为中国轨道电力牵引装备主要研制生产基地和城轨交通设备国产化定点企业，享有“中国电力机车之都”的美誉，也是国内唯一的电力机车整车出口企业。

2016 年，由中车株洲电力机车有限公司牵头研制的时速 100km 长沙磁浮快线列车上线运营，被业界称为中国商用磁浮 1.0 版列车。2018 年 6 月，中国首列商用磁浮 2.0 版列车在中车株洲电力机车有限公司下线。

图 4-15 为中车株洲电力机车有限公司在磁浮交通系统关键共性技术方面的历年专利申请量趋势。从图中可以看出其在 2013 年、2015~2018 年均保持相对较高的专利申请态势，并于 2017 年达到专利申请高峰。

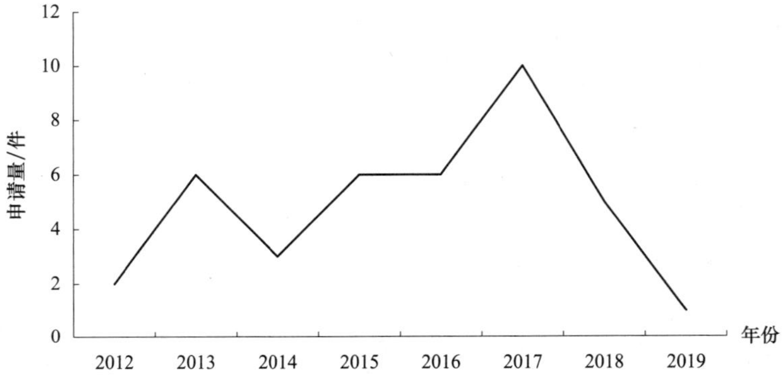

图 4-15　中车株洲电力机车有限公司磁浮交通系统关键共性技术专利申请量趋势

图 4-16 为中车株洲电力机车有限公司在磁浮交通系统关键共性技术方面的专利申请分类号分布，其主要涉及 B60L（车辆的悬置或悬浮），专利申请数量为总申请数量的 64.1%，此外该公司针对磁浮列车的研究还涉及铁路系统、电机、悬架、磁体部件等方面。

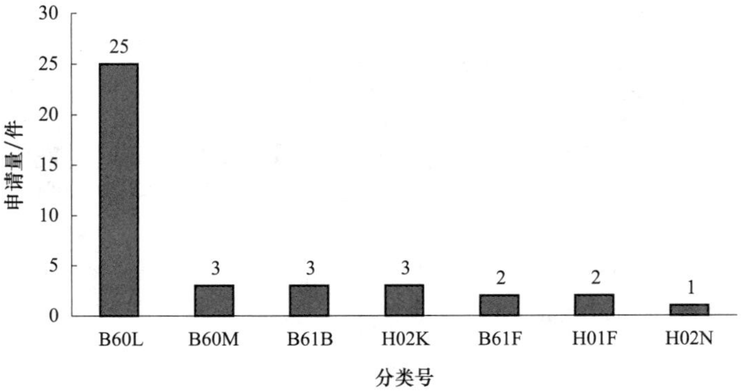

图 4-16　中车株洲电力机车有限公司磁浮交通系统关键共性技术专利申请分类号分布

（三）全球重要申请人专利申请横向比对

1. 关键共性技术各分支分布比对

图 4-17 示出了全球重要申请人关键共性技术各分支申请量分布情况。可看出 ZH TETSUDO SOGO GIJUTSU、SIEMENS AG、TOKAI RYOKYAKU TETUSDO KK、西南交通大学以及中车株洲电力机车有限公司这五位申请人均是涉及悬浮系统的申请量最多、涉及导向系统的申请量次之、涉及推进系统的申请量最少。国防科技大学和 TOSHIBA KK 这两位申请人均是涉及悬浮系统的申请量最多、涉及推进系统的申请量次之、涉及导向系统的申请量最少。上海磁浮交通工程技术研究中心则涉及推进系统的申请量最多、涉及悬浮系统的申请量次之、涉及导向系统的申请量最少。

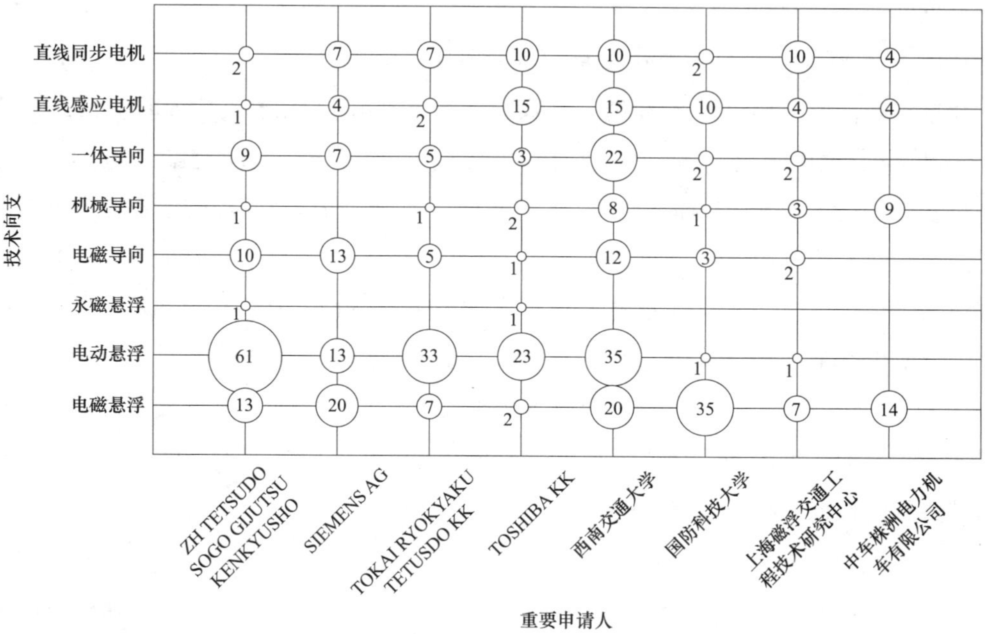

图 4-17 全球重要申请人关键共性技术各分支申请量分布

注：图中数字表示申请量，单位为件。

在悬浮系统中，相比其他悬浮方式而言，更多采用电磁悬浮技术的申请人分别为 SIEMENS AG、国防科技大学、上海磁浮交通工程技术研究中心以及中车株洲电力机车有限公司；更多采用电动悬浮技术的申请人分别为 ZH TETSUDO SOGO GIJUTSU、TOKAI RYOKYAKU TETUSDO KK、TOSHIBA KK 和西南交通大学，具体地，前三者均为日本企业，一般采用低温超导电动悬浮技术，而西南交通大学一般采用高温超导电动悬浮技术。在电磁悬浮技术方面，国防科技大学、SIEMENS AG、西南交通大学的专利申请量位于前三名的领先地位；在电动悬浮技术方面，ZH TETSUDO SOGO GIJUTSU、西南交通大学、TOKAI RYOKYAKU TETUSDO KK 的专利申请量依次位于领先地位；在永磁悬浮技术方面，仅有 ZH TETSUDO SOGO GIJUTSU 和 TOSHIBA KK 有少量涉及。

在导向系统中，相比其他导向方式而言，更多采用电磁导向方式的申请人分别为 ZH TETSUDO SOGO GIJUTSU、SIEMENS AG 以及国防科技大学；更多采用机械导向方式的申请人分别为上海磁浮交通工程技术研究中心和中车株洲电力机车有限公司；更多采用一体导向方式的申请人分别为 TOSHIBA KK 和西南交通大学；TOKAI RYOKYAKU TETUSDO KK 在电磁导向方式及一体导向方式两方面专利申请量相同。同时，在电磁导向方式方面，SIEMENS AG、西南交通大学、ZH TETSUDO SOGO GIJUTSU 的专利申请量依次居前三；在机械导向方式方面，中车株洲电力机车有限公司和西南交通大学的专利申请量依次居前两位；在一体导向方式方面，西南交通大学、ZH TETSUDO SOGO GIJUTSU、SIEMENS AG 的专利申请量依次居前三。

在推进系统中，相比其他推进方式而言，更多采用直线感应电机的申请人分别为 TOSHIBA KK、西南交通大学、国防科技大学；中车株洲电力机车有限公司采用直线感应电机及直线同步电机两方面专利申请量相同；其余申请人均以采用直线同步电机为主。同时，在直线感应电机方面，TOSHIBA KK、西南交通大学、国防科学技术大学的专利申请量位于前三名的领先地位；在直线同步电机方面，TOSHIBA KK、西南交通大学、上海磁浮交通工程技术研究中心的专利申请量位于前三名的领先地位。

从上述分析可知 SIEMENS AG 和西南交通大学对磁浮交通系统的三类关键共性技术的研究较为全面；上海磁浮交通工程技术研究中心更偏向于对推进系统方面的研究；其余申请人则更偏向于对悬浮系统的研究。

2. 区域分布比对

图 4-18 示出了磁浮交通系统全球重要申请人关键共性技术各分支专利申请区域分布情况，可以看出 SIEMENS AG 在世界各国的专利布局情况相对较为均衡；ZH TETSUDO SOGO GIJUTSU、TOKAI RYOKYAKU TETUSDO KK、TOSHIBA KK 这三家日本企业的本国申请量远多于海外专利申请量，且均是在海外专利申请量中以在美国的申请量排首位；中国 4 位重要申请人的国内外专利申请量差距最大，体现出较为严重的海外专利布局不力的现状。

可见，与在国内专利申请数量相比，我国在海外市场的磁浮交通关键共性技术相关的专利申请数量严重不足，无法对我国磁悬浮列车今后出口海外市场提供完善的知识产权保护。对此，我国企业在“走出去”的过程中需充分重视知识产权问题，并可在知识产权预警、规避设计、开展专利挖掘、收购风险专利等方面规避“走出去”面临的知识产权风险。此外，高校在磁浮交通关键共性技术研发过程中亟待提高海外专利布局意识。同时，政府层面可以推动建立相关知识产权风险协同应对机制，在资金支持、税费

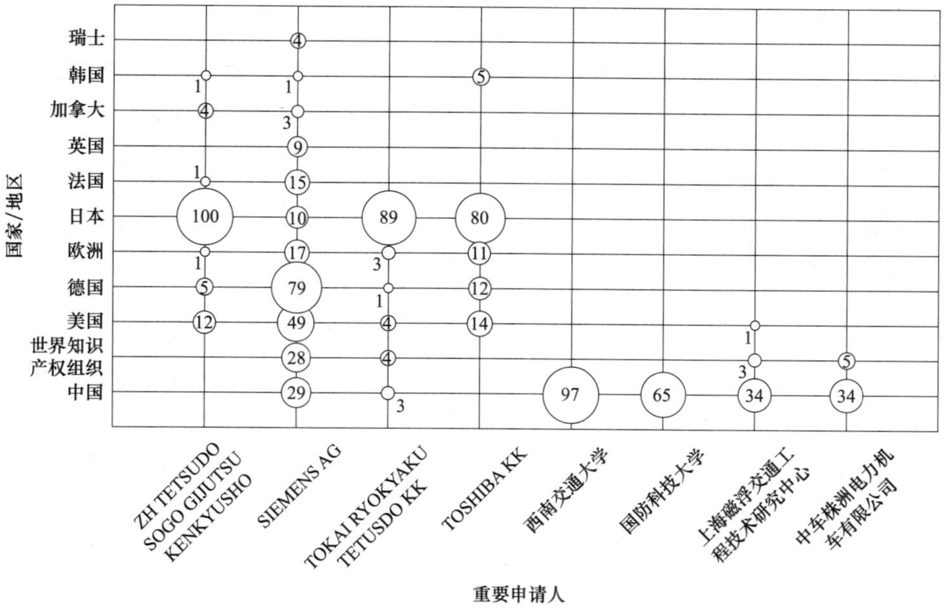

图 4-18　全球重要申请人关键共性技术各分支专利申请区域分布

注：图中数字表示申请量，单位为件。

减免方面制定政策鼓励和支持企业进行海外专利申请，为磁悬浮列车“走出去”提供坚实的保障。

五、总结和建议

（一）总结

本文从磁浮交通系统的关键共性技术专利现状、关键共性技术、重要申请人三个角度出发，对目前磁浮交通系统关键共性技术领域的专利申请情况进行了分析，并得出了如下几点结论。

（1）在专利技术现状方面，近几年中国、美国、韩国在该领域的专利申请均保持了较高申请量状态，尤以中国申请量最为突出。而德国、日本分别在该领域的技术发展早期、中期呈现出较高申请量状态，但在近几年专利申请热度有所减缓。

（2）在关键共性技术方面，磁浮交通系统的关键共性技术主要涉及悬浮系统、导向系统和推进系统三大部分。其中，悬浮系统主要涉及电磁悬浮、电动悬浮、永磁悬浮三类悬浮方式。电磁悬浮、电动悬浮是目前磁浮交通系统中最常用的悬浮方式。近些年的研究热点如永磁电磁混合悬浮、电动电磁混合悬浮等也是在电磁悬浮、电动悬浮基础上进一步演化而成。导向系统主要涉及电磁导向、机械导向、一体导向三类导向方式。磁浮交通系统早期以采用电磁单环导向方式居多，随着技术的发展，不断发展出一体导向的导向方式，其具备悬浮力大、磁阻力小、导向性能好等技术优势。推进系统主要涉及直线感应电机、直线同步电机两种方式。在早期的低速磁浮列车上，常使用直线感应电机作为牵引动力，其具有结构简单、成本低，但推力小、效率低等特点，不适用于中高速磁悬浮列车。近些年发展的磁浮列车基本都采用直线同步电机来获得更大推力。

（3）在该领域重要申请人中，SIEMENS AG 和西南交通大学对磁浮交通系统的三类关键共性技术的研究较为全面；上海磁浮交通工程技术研究中心更偏向于对推进系统方面的研究；其余申请人则更偏向于对悬浮系统的研究。各申请人在各技术分支上的研究也有侧重方向，如 SIEMENS AG、国防科技大学、上海磁浮交通工程技术研究中心以及中车株洲电力机车有限公司更多地采用电磁悬浮技术；ZH TETSUDO SOGO GIJUTSU、TOKAI RYOKYAKU TETUSDO KK、TOSHIBA KK 和西南交通大学更多地采用电动悬浮技术。在专利布局方面，SIEMENS AG 在世界各国的专利布局情况相对较为均衡；ZH TETSUDO SOGO GIJUTSU、TOKAI RYOKYAKU TETUSDO KK、TOSHIBA KK 这三家日本企业的本国申请量远多于海外专利申请量，且均是在海外专利申请量中以在美国的申请量排首位；中国 4 位重要申请人的国内外专利申请量差距最大，体现出较为严重的海外专利布局不力的现状。

（二）建议

（1）从国内磁浮交通系统的关键共性技术的专利申请量来看，个人申请所占比重较大，而企业、科研院所在该领域的申请量占比较小。因此企业应当对该领域加大研究力度，提高专利保护意识，以适当提高在该领域产学研分布布局的占比，更好地促进磁浮交通产业的发展。

（2）高校在磁浮交通关键共性技术研发过程中亟待提高海外专利布局意识，并制定相应的研发布局策略，指导科研项目全过程知识产权管理。应在应用性科研项目立项阶段进行战略布局，挖掘最有潜力的创新进行专利保护；在结题阶段保护和应用布局，对已有专利布局进行评价，对未来专利布局进行规划，以提高专利布局保护、应用和实施的效率。

参考文献

[1] 徐飞，罗世辉，邓自刚．磁悬浮轨道交通关键技术及全速度域应用研究［J］．铁道学报，2019，41（3）：40-49.

[2] 李强北．国外磁浮列车评述（上）［J］．国外铁道车辆，1996，（4）：1-8.

[3] 张国良．中德磁悬浮列车专利技术分析［J］．中国科技信息，2018，（20）：18-20.

[4] 王江潮，欧阳华，杜朝辉．德国磁悬浮列车的悬浮与驱动系统［J］．国外铁道车辆，2004，41（3）：1-5.
[5] 李强北．国外磁浮列车评述（下）［J］．国外铁道车辆，1996，(5)：7-13.
[6] 关炎培，胡业发，吴帆，等．真空管道磁悬浮列车混合悬浮支承设计与研究［J］．现代制造工程，2018，(10)：88-93.
[7] 黎松奇．EMS磁浮列车悬浮系统振动机理及抑制方法研究［D］．成都：西南交通大学，2016.
[8] 黄书荣，徐伟，胡冬．轨道交通用直线感应电机发展状况综述［J］．新型工业化，2015，(1)：15-21.
[9] 张昆仑．长初级双边直线感应电机推力输出研究［J］．铁道工程学报，2014，(9)：102-107.
[10] 陈翾．混合励磁式直线同步电动机及其驱动系统的研究［D］．杭州：浙江大学，2004.

高速列车转向架专利技术综述*

修冰倩　何　菡**　陈东海　陈　菲　焦红芳

摘　要　高速列车是指能以高速度持续运行的列车，最高行驶速度一般达到200km/h以上。转向架是高速列车的关键技术之一，具有承载车体重量、牵引列车前进、保障列车通过曲线、列车制动、降低车辆振动的作用，对列车的直线运行能力、曲线通过性能、轮轨黏着利用率和制动性能具有至关重要的影响。本文以高速列车转向架技术领域的全球专利申请为样本，进行了包括申请趋势、技术构成、布局区域和主要申请人在内的多维度分析；选择重点分支技术分析其关键专利和发展路线；选择国内外重点申请人分析其核心竞争力和布局策略，旨在为我国高速列车转向架领域技术和产业的快速发展提供助力。

关键词　高速列车　转向架

一、概述

（一）研究背景

高速铁路是现代高科技成果应用于铁路运输的产物，是交通运输现代化的重要标志，不仅具有传统铁路的资源集约优势，还能实现列车在全封闭环境中的自动化高速运行，是一种符合我国国情的交通运输方式，正在为经济社会又好又快的发展、为高质量运输服务的供给提供重要支撑和有力保障，受到党和国家的重视。2010年10月，国务院出台《国务院关于加快培育和发展战略性新兴产业的决定》，该决定将轨道交通装备业作为战略新兴产业之一，提出形成制度创新体系和现代化产业集群，满足中国轨道交通建设需要，打造具有国际竞争优势的轨道交通装备产业。随着高速铁路技术日趋成熟，高速化成为当今世界铁路发展的共同趋势，包括日本、德国、法国、美国在内的多个国家均提出了规模庞大的高速铁路建设规划，我国先进的高速铁路技术体系也将助力

* 作者单位：国家知识产权局专利局机械发明审查部。
** 等同于第一作者。

我国在国际高铁市场中占据重要地位。

高速列车转向架具有承载车体重量、牵引列车前进、保障列车通过曲线、列车制动、降低车辆振动的作用，对轨道车辆的直线运行能力、曲线通过性能、轮轨黏着利用率和制动性能有至关重要的影响，是保障列车高速状况下安全、稳定、舒适与可靠运行最为关键的部分。基于此，本文对高速列车转向架国内外专利申请情况、专利布局特点以及主要研发主体等内容进行梳理，以期为政府产业政策、相关企业和科研单位的技术研发和专利策略提供参考和帮助，进一步推动我国高速列车产业的可持续性发展。

（二）研究对象

转向架的类型繁多、种类各异，也有不同的分类方法。综合考虑专利数据检索的可行性、学科上的分类方法、产业界一般的分类方法，本文将高速列车转向架分为转向架构架、轮对轴箱、悬挂支承、基础制动装置、驱动装置五大部分，并且考虑目前高速列车转向架中的关键因素，将重点研究对象确定为转向架构架。

（三）研究方法

本文采用的专利数据来自国家知识产权局提供的相关专利数据库。其中，中国专利数据主要来自中国专利文摘数据库（CNABS），全球专利数据主要来自德温特世界专利索引数据库（DWPI）和世界专利文摘数据库（SIPOABS），检索截止时间为 2019 年 6 月 30 日，涉及全球专利 17013 项，中国专利 6086 件。

本文分析的基础，是检索出涉及转向架领域的所有专利申请。为了尽可能全面、准确地检索到相关专利文献，本文根据转向架领域分类及技术特点，综合运用了涉及转向架相关的关键词、分类号，通过分类号结合关键词的方式尽可能全面、高效地确定检索结果。

二、专利申请总体情况

本部分对全球专利申请趋势、地域分布、申请人、技术领域等信息进行统计分析，以了解全球范围内高速列车转向架的专利申请的总体情况。

（一）高速列车转向架全球专利申请情况

1. 全球及中国专利申请的趋势分析

截至 2019 年 6 月 30 日，全球范围内与高速列车转向架相关的专利申请共有 17013 项。

图 1 示出了全球及中国专利申请量随年份变化的情况。该图反映出该领域的技术发展活跃情况。从图 1 可以看出，全球高速列车转向架的专利申请总体呈上升趋势。在全球范围内，关于高速列车转向架的专利申请最早出现在 1960 年，在此后的十年中，专利

申请量一直保持在较低的水平。1970 年后申请量开始逐步上升并稳定在每年 200 项上下，这种情况一直持续到 2005 年左右。在这一阶段，西方发达国家是专利申请量的主要贡献者。在 2005 年以后，随着中国进入高铁研发强国行列，我国专利申请量迅速上升，带动了全球专利申请量的同步提升。这一趋势在 2015 年前后达到顶峰，全球范围内当年专利总量为 1194 项。

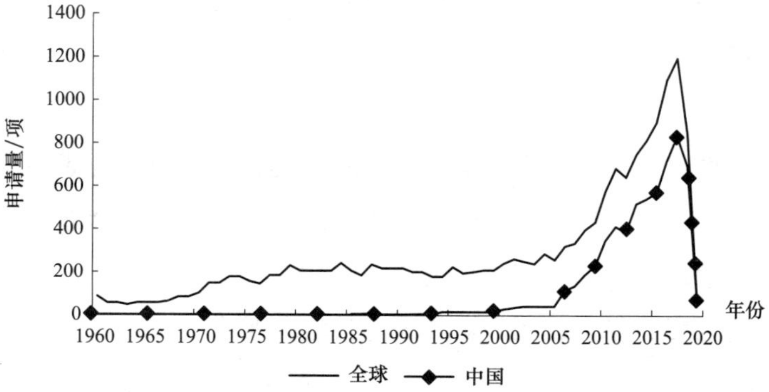

图 1　高速列车转向架领域全球及中国专利申请量趋势

我国关于高速列车转向架的专利申请在 2005 年之前数量很少。2004 年由铁道部主导的高铁技术引进策略开始实施。2005 年以后，随着我国对引自国外高铁技术的吸收、消化的完成，我国转向架技术出现了突飞猛进的进步，随之而来的是专利申请量的迅速提升，并在 2015 年前后达到顶峰，为 835 件。

全球及中国的专利申请量在 2016~2018 年开始有了明显下降，其原因是高速列车转向架技术已经日臻成熟，各国对其研究暂未出现新的较大突破。申请量显著下降还有部分原因是部分专利申请尚未公开。

2. 其他国家/地区专利申请量趋势分析

图 2 示出了除我国外，高速列车转向架领域申请量居前的若干代表性国家的专利申请量趋势，分别为日本、德国、美国和法国。

其中，日本虽然不是高速列车转向架研究最早的国家，但在 1970 年以后其专利申请量逐年迅速提升，远远高于美、德、法等国家。出现这种现象的大背景是日本实现了“二战”后的经济腾飞，而新干线列车投入运行又刺激了日本对包括高铁转向架技术在内的各项高铁技术的研究。作为进一步提升高速列车性能的主要手段，高速列车转向架技术在日本发展如火如荼。

德国是最早申请转向架专利的申请国。在 1970 年前，德国专利申请的数量要远多于日本、美国和法国的，这是因为在德国高铁正式开通并运营之前，包括转向架在内的相关技术已经最早地得到了研究，西门子公司是其主要申请人。

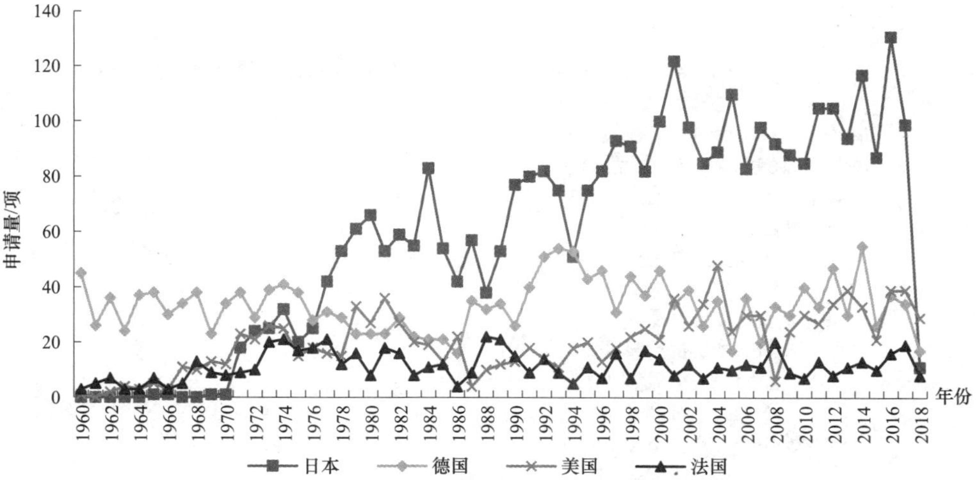

图 2　高速列车转向架技术领域主要国家专利申请趋势

（二）高速列车转向架各主要申请国、主要申请人及技术分支分析

下面对该领域的主要申请国、主要申请人及技术分支进行分析，以了解各国、各主要申请人专利申请的特点。

1. 全球专利申请的主要申请国分析

图 3 所示为高速列车转向架技术领域全球专利申请主要来源分布。从图中可见，我国在高速列车转向架领域占据有主体地位，申请量占全球申请总量的 36%；其次是占据全球申请量 20% 的日本；以后依次为德国、俄罗斯、美国、法国、韩国等国家。可见，经过十多年的技术引进、研究和开发，我国在高速列车转向架技术领域已经展现出自己的实力。

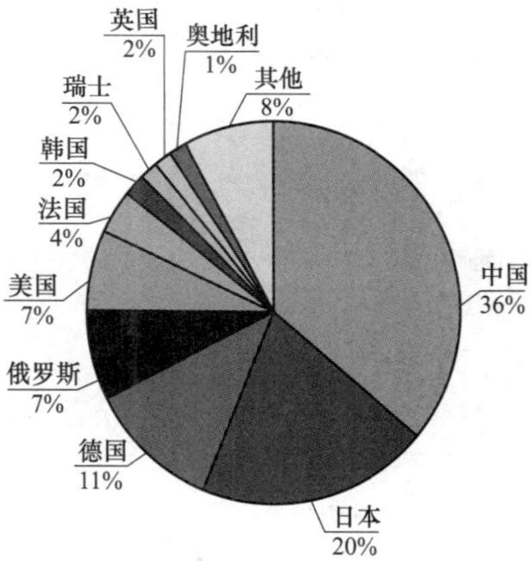

图 3　高速列车转向架技术领域全球专利申请主要来源分布

2. 主要申请人分析

对该领域主要申请人的专利申请量进行排名，可以得出高速列车转向架领域的主要申请人的相对申请情况，如图 4 所示。

图 4 列出了高速列车转向架技术领域全球主要申请人专利申请排名。从图 4 可以看出，前 15 位申请人中，中国申请人有 3 位，分别是中国中车、比亚迪公司和西南交通大学。由中国南车和中国北车合并而成的中国中车的专利申请量最大，为 2659 项；其次为德国西门子公司，其申请量为 318 项；以下依次是川崎重工、铁道综合技术研究所、日立公司、新日铁住金株式会社、阿尔斯通公司等世界高铁巨头。可见我国在高速列车转向架这一技术领域拥有数量上的绝对优势。

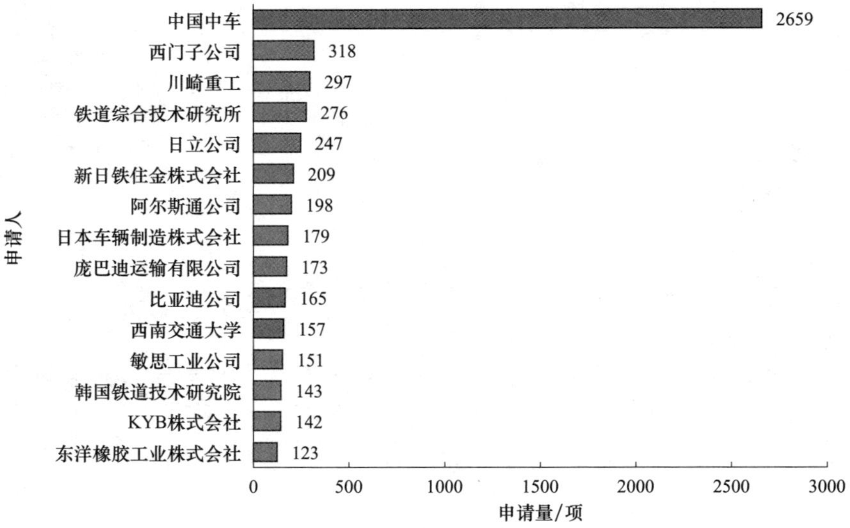

图 4　高速列车转向架技术领域全球专利申请主要申请人

3. 主要国家/地区专利申请的技术分支分析

对该领域主要申请人的技术分布特点进行分析，了解主要申请人的技术聚焦点，从而可以预测各申请人在转向架领域技术分支的技术实力。

图 5 所示为高速列车转向架各技术分支在全球主要申请国中的分布。从申请量最大的我国来看，在转向架的五个主要技术分支的申请量中，悬挂支承技术是绝对的研发热点，其数量最高，达 1798 项，其次为轮对轴箱 1373 项、驱动 868 项、构架 865 项和制动 322 项。研究发现，美国、日本、德国和法国也都在悬挂支承分支方向上申

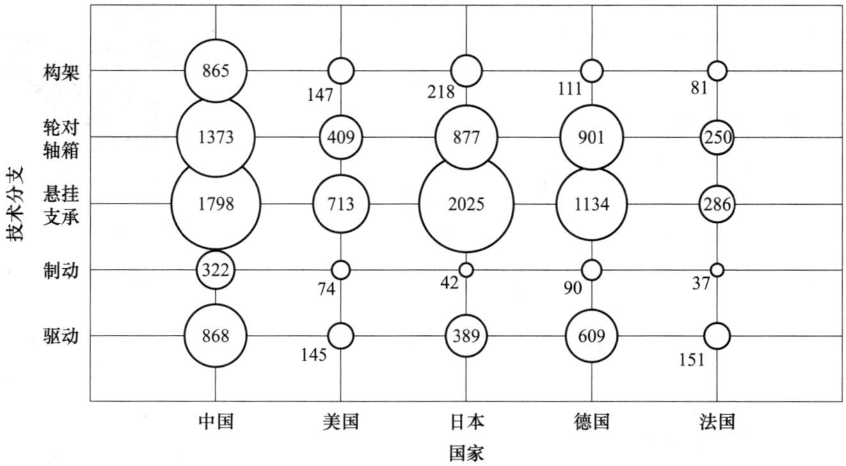

图 5　高速列车转向架技术领域全球专利申请技术构成

注：图中数字表示申请量，单位为项。

请量最大，其中日本最多，达到 2025 项；德国少于我国，但也达到 1134 项；美国、法国分别为 713 项和 286 项。从图 5 可以看出，我国在转向架的五个分支领域的申请都比较活跃，这与我国是高铁转向架技术的后起之秀有关。我国申请量分布比较均衡，这也能看出我国在高速列车转向架领域具有整体布局，整体具有了较强的自主研发实力。

（三）我国高铁列车转向架分析

下面对高速列车转向架领域的中国专利申请趋势、中国专利申请主要来源、中国专利主要申请人，以及中国专利主要技术构成四个方面进行分析。

1. 中国专利申请趋势分析

图 6 所示为高速列车转向架技术领域中国专利申请趋势。从图 6 中可以看出，我国在 2005 年前专利申请量较少，但从 2005 年起，中国专利申请进入迅猛提升的阶段，同期国外来华专利申请也有了一定程度的提升。这一趋势说明，我国在迅速完成了对国外转向架技术的引进、消化和吸收之后，已经开始进入自主研发的良性发展阶段。这一趋势延续到 2017 年仍不断发展。

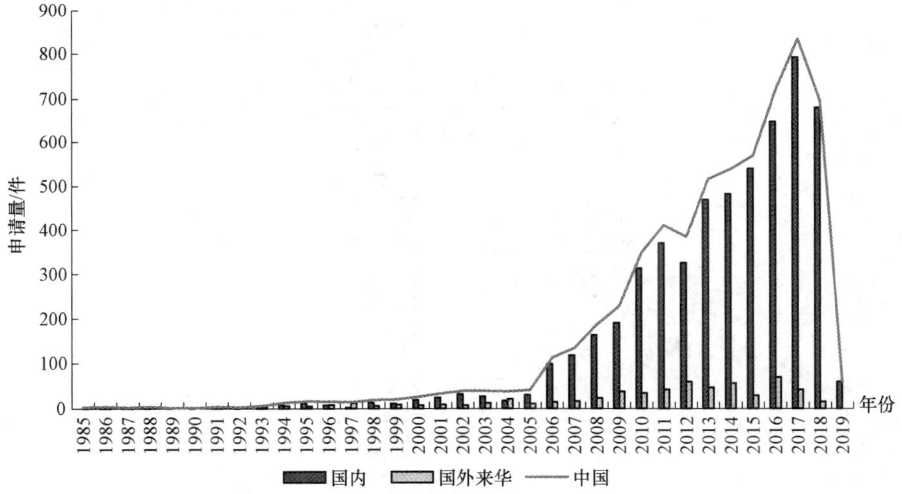

图 6　高速列车转向架技术领域中国专利申请趋势

2. 中国专利申请主要来源分析

图 7 示出了高速列车转向架技术领域中国国内和国外来华专利申请分布。从图中可以看出，在高速列车转向架领域，我国申请人申请量占据了 90.0%，国外来华申请只占据了 10.0%。其中，日本、美国、德国、法国是专利申请量相对较多的国家，分别为 3.4%、2.1%、1.9% 和 0.8%。这些数据说明，在高速列车转向架领域，中国国内申请人在总量上已经稳居第一。

为了进入我国这个世界最大的高铁市场，日、美、德、法等国也在积极谋划专利布局，向中国国家知识产权局提交专利申请，寻求专利保护。

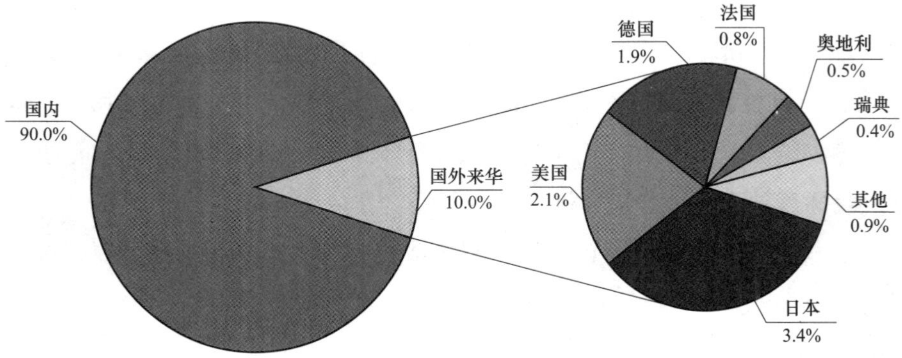

图7 高速列车转向架技术领域中国国内和国外来华专利申请分布

3. 中国专利申请主要申请人分析

图8示出了高速列车转向架技术领域中国主要申请人专利申请，其专利申请量可以在一定程度上显示出各专利申请人在这一技术领域的实力。

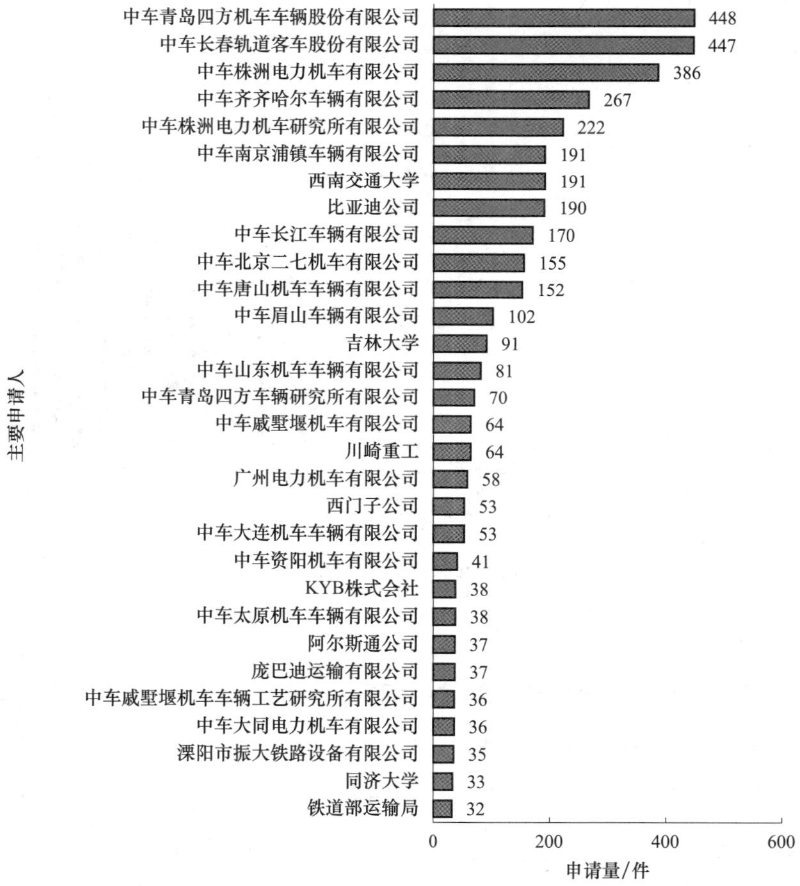

图8 高速列车转向架技术领域中国主要申请人专利申请排名

从图8中可以看出，我国中车集团下属多家公司在中国专利申请量上名列前茅。中国专利申请量最大的前三位申请人依次是：中车青岛四方机车车辆股份有限公司（448件）、中车长春轨道客车股份有限公司（447 件）和中车株洲电力机车有限公司（386件）。并且从图 8 中可以看出，申请总量前 16 名的申请人均是我国企业或高校，日本的川崎重工以 64 件专利申请与中车戚墅堰机车有限公司并列第 16 名，德国西门子公司以 53 件专利申请与中车大连机车车辆有限公司并列第 19 名，KYB 株式会社和阿尔斯通公司分别以 38 件和 37 件专利申请位居第 22 和第 24 名。

4. 中国专利申请技术构成分析

图 9 示出了高速列车转向架技术领域中国专利申请来源国的技术构成。从申请量最大的我国申请人来看，在转向架的五个主要技术分支的申请量中，悬挂支承数量最大，达 1945 件，其次为轮对轴箱 1062 件、构架 848 件、驱动 760 件和制动 315 件。与全球专利申请态势相同，日本、德国、美国和法国也都是在悬挂支承这一分支方向上申请量最大。

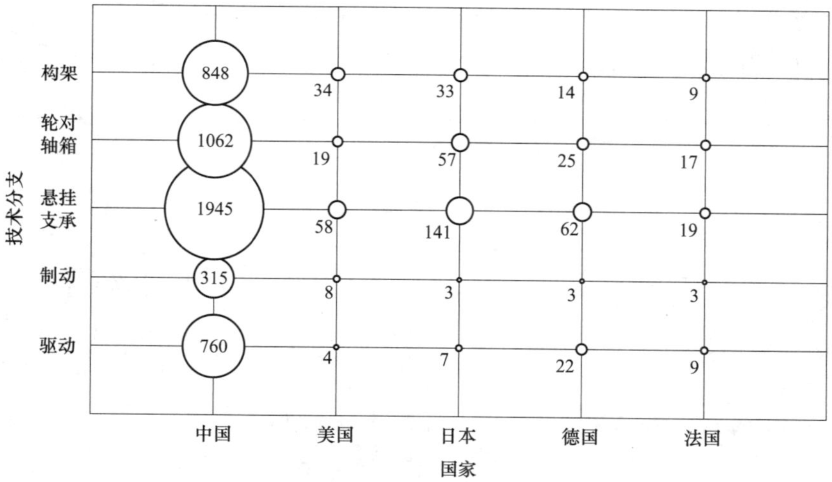

图 9　高速列车转向架技术领域中国专利申请来源国技术构成

注：图中数字表示申请量，单位为件。

从图 9 同样可以看出，我国在转向架的五个分支领域申请量分布比较均衡，这表明我国在高速列车转向架领域各技术分支都在积极进行专利布局，整体具有了很强的自主研发实力。

三、专利技术分析

（一）重要申请人分析

在高速列车转向架领域的专利申请中，德国的西门子公司、日本的川崎重工和法国的阿尔斯通公司是三家申请量最大的国外代表企业，也是我国引进高铁技术的主要来源企业。而中车青岛四方机车车辆股份股份有限公司、中车长春轨道客车股份有限公司和中车株洲电力机车有限公司是申请量最大的三家国内企业。下面以这 6 家企业为代表，对其专利申请的特点进行分析。

1. 国外申请人专利分析

（1）西门子公司

成立于 1847 年的西门子公司是德国一家业务涉及自动化技术、工业控制、驱动技术和轨道交通的跨国公司。1965 年，西门子公司参与制造了从慕尼黑到奥格斯堡的高速列车，其时速达到 200km。1985 年，西门子公司牵头设计与制造的德国城际电气高速列车试运行，其时速达 280km。此外，西门子公司的业务很早就进入了中国，1899 年我国第一条有轨电车就是由西门子公司在北京所建。

图 10 是高速列车转向架领域中西门子公司在全球和中国的专利申请情况。从图中可以看出，该公司自 1975 年开始在全球申请专利，1990 年以后其全球专利申请进入一个活跃时期并一直持续到现在，其中 2014 年专利申请量达到峰值，为 28 项。

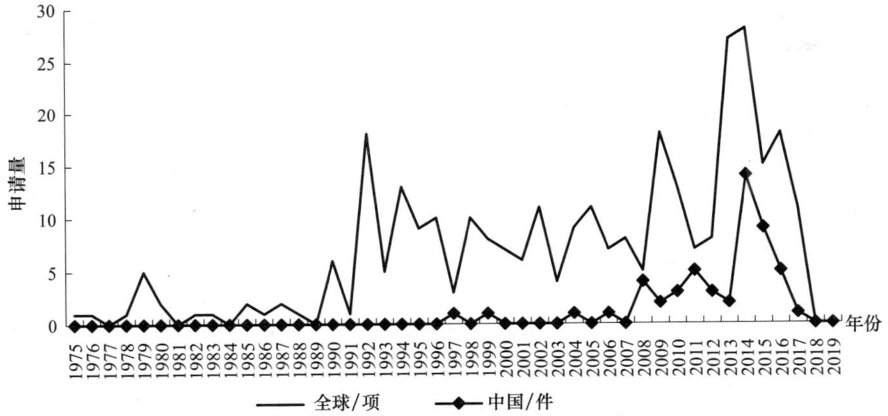

图 10 西门子公司在转向架领域的全球和中国专利申请趋势

在我国，西门子公司于 1997 年提出了第一件高速列车转向架领域的专利申请。2008 年之前西门子公司的中国专利申请量一直很小，在 2008 年以后的一段时间里稳定在每年数件，而在 2014 年达到 14 件。2017 年以后，西门子公司的专利申请量开始下降，这与部分专利申请还未公开有关，同时也因为高速列车转向架领域的技术研发进入了平稳期。

图 11 是西门子公司在高速列车转向架领域全球专利申请布局图。从图中可以看出，该公司转向架领域的专利申请中，20% 是向欧洲提出的申请，18% 的专利申请分布在德国，以下依次为世界知识产权组织（14%）、奥地利（14%）、美国（7%）和中国（7%）。可见，整个欧洲，尤其德国本土，是西门子公司进行专利布局的重要区域。此外，西门子公司在出口产品的同时不忘在出口国进行专利布局。从图 11 可以看出，中国、西班牙和俄罗

斯也是其进行专利布局的重点，与此相应的是，由西门子公司打造的 Velaro 动车组系列已经成功出口西班牙（Velaro E）、俄罗斯（Velaro RUS）以及中国（CRH3）。

从图 12 可见，西门子公司在中国的大部分专利申请（58%）的专利权处于有效状态，25% 的申请处于审查阶段，17% 的申请的专利权已经失效。中国企业在学习和借鉴西门子公司的技术时，存在较高的侵权风险。

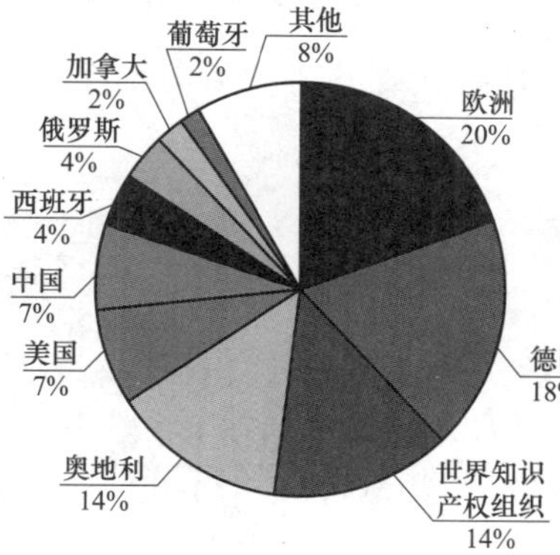

图 11　高速列车转向架领域西门子公司全球专利申请布局

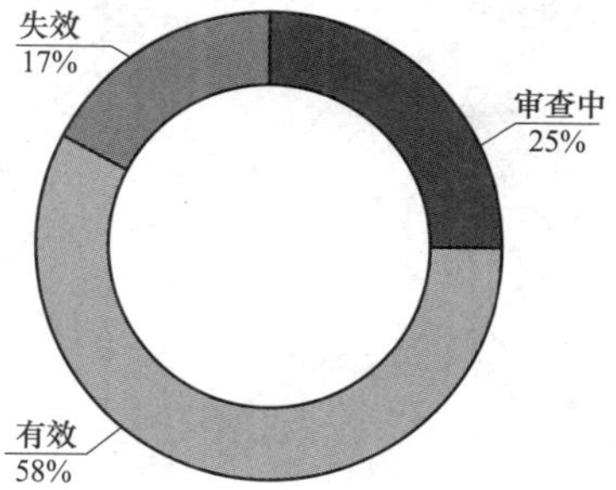

图 12　高速列车转向架领域西门子公司中国专利申请法律状态分布

从图 13 可以看出，西门子公司在中国的专利申请类型构成为：77% 为发明专利，23% 是实用新型专利，这说明该公司专利申请的质量较高，专利权相对稳定。

图 14 示出了西门子公司全球和中国在转向架各个技术分支上的申请情况。在全球范围内，西门子公司 39% 的申请量分布在悬挂支承上，25% 分布在轮对轴箱上，24% 分布于驱动，8% 分布于构架，4% 分布于制动领域；而在中国的专利申请中，绝大部分申请量（63%）分布于悬挂支承上，19% 分布于驱动，12% 分布于构架，6% 分布于轮对轴箱，没有制动领域的专利申请。上述数据说明，西门子公司在转向架的几个关键技术上技术实力比较均衡，但在构架领域和制动领域的申请量相对较小。

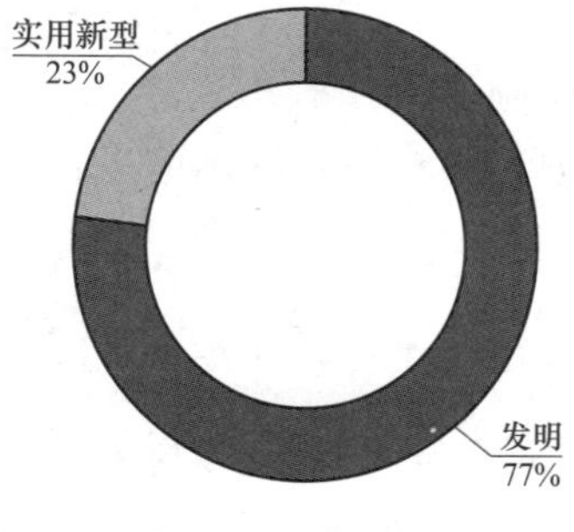

图 13　西门子公司高速列车转向架领域中国专利申请类型

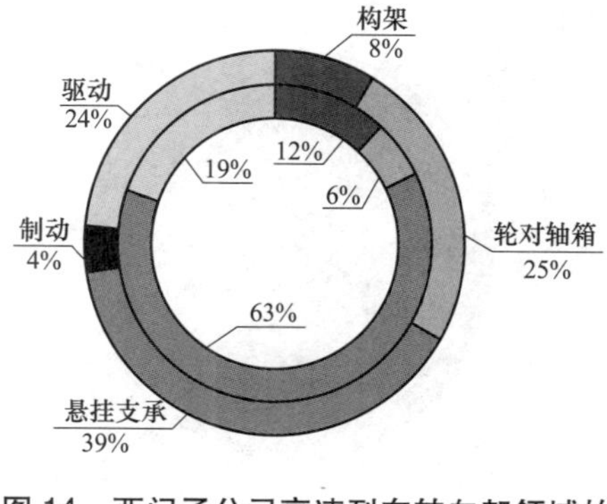

图 14　西门子公司高速列车转向架领域的全球和中国专利申请技术构成

注：内圈表示中国专利，外圈表示全球专利。

（2）川崎重工

川崎重工始创于日本明治维新时期，是日本最重要的重工业企业之一，其业务范围涵盖航空航天、铁路造船、机器人等领域，代表了日本科技的先进水平。世界首条高速铁路是1964年正式运营的日本东海道新干线，其列车就由川崎重工建造。

图15是高速列车转向架领域中川崎重工在全球和中国的专利申请情况。从图中可以看出，该公司自1975年开始在全球申请专利，2000年以后其全球专利申请进入一个整体活跃时期并一直持续到现在，其中2016年专利申请量达到峰值，约为41项。

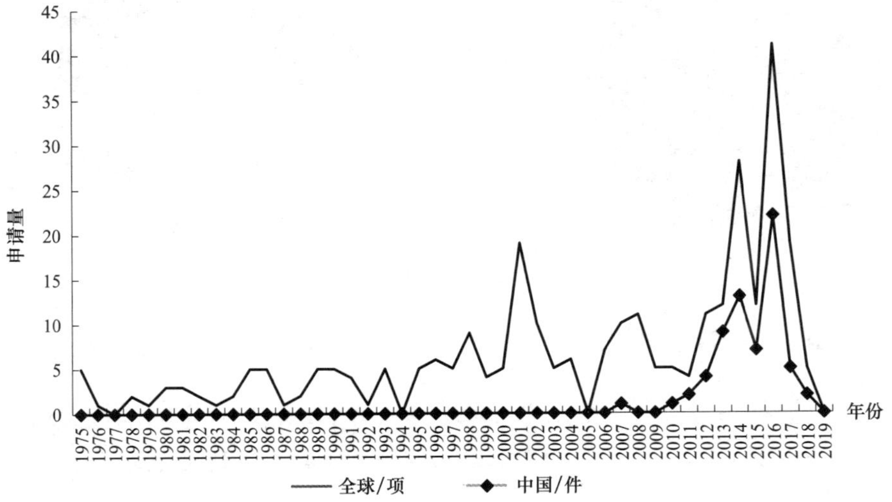

图15　川崎重工高速列车转向架领域全球和中国专利申请趋势

川崎重工直到2007年才在我国提出了第一件高速列车转向架领域的专利申请，此后其专利申请量整体波动上升，并在2016年达到峰值22件申请。2016年以后，由于部分专利申请还未公开以及高速列车转向架领域的技术研发进入了平稳期，图中显示川崎重工的专利申请量开始下降。

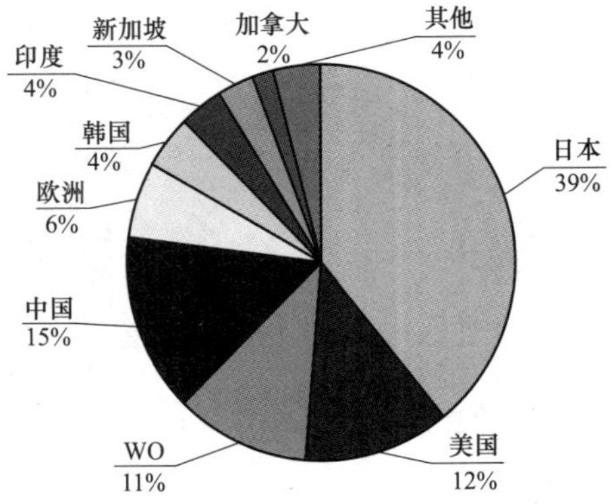

图16　川崎重工高速列车转向架领域全球专利申请布局

图16示出了川崎重工高速列车转向架领域全球专利申请布局。从图中可以看出，该公司转向架领域的专利申请中，39%是向日本提出的专利申请，15%的专利申请分布在中国，12%的专利申请分布在美国，以下依次为世界知识产权组织（11%）、欧洲（6%），以及韩国（4%）等国家和地区。可见，日本本土仍然是川崎重工最重视的市场。在与日立公司、铁道综合技术研究所等国内高铁巨头的激烈竞争中，川崎重工必须

在本土进行充分的专利布局，构建其自身的知识产权保护体系。此外，亚洲各国家和地区是包括川崎重工在内的日本高铁企业的技术输出重点区域，川崎重工在中国、韩国、印度以及新加坡等国家和地区都进行了数量可观的专利布局。亚洲各国家和地区也是中国高铁“走出去”的重要目的地。可以预见，专利布局将成为影响这一进程的关键因素之一。

从图 17 可见，川崎重工在中国的大部分专利申请（52%）的专利权处于有效状态，47% 的申请仍处于审查阶段，仅有 1% 的申请的专利权失效。中国企业在使用川崎重工的技术或者在其基础技术上进行再开发时，存在较高的侵权风险，尤其是与川崎重工存在技术引进关系的中车青岛四方机车车辆股份有限公司。

从图 18 可以看出，川崎重工在中国的专利申请类型构成为：95% 为发明专利，5% 是实用新型专利。这说明该公司专利申请的质量和稳定性较高。

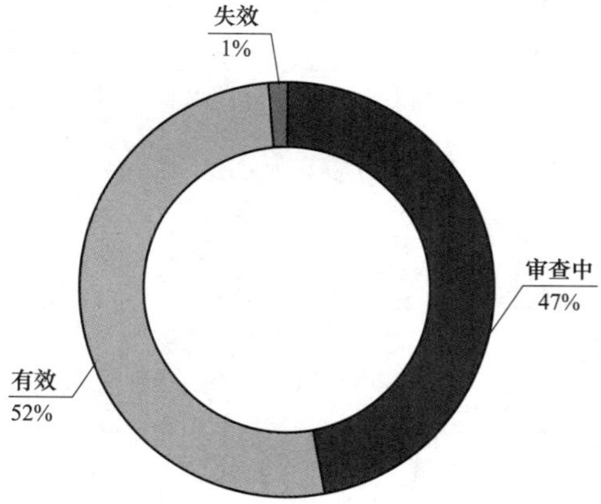

图 17　川崎重工高速列车转向架领域中国专利申请法律状态分布

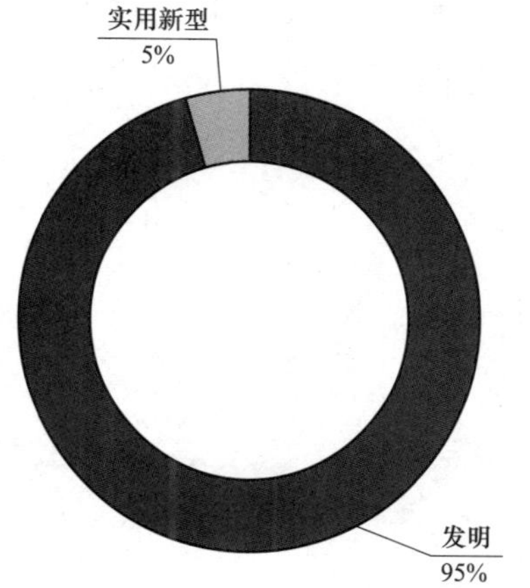

图 18　川崎重工高速列车转向架领域中国专利申请类型

图 19 示出了川崎重工全球和中国转向架各个技术分支上的申请情况。其中在全球范围内，川崎重工 45% 的申请量在悬挂支承上，29% 分布在轮对轴箱上，15% 分布于构架，9% 分布于驱动，2% 分布于制动领域；而其在中国的专利申请中，41% 的申请量分布于轮对轴箱上，29% 分布于构架，27% 分布于悬挂支承上，只有 2% 和 1% 的专利申请量分别分布于驱动和制动上。上述数据说明川崎重工在转向架的几个关键技术上技术实力比较均衡，但在驱动和制动领域的申请量相对较小。

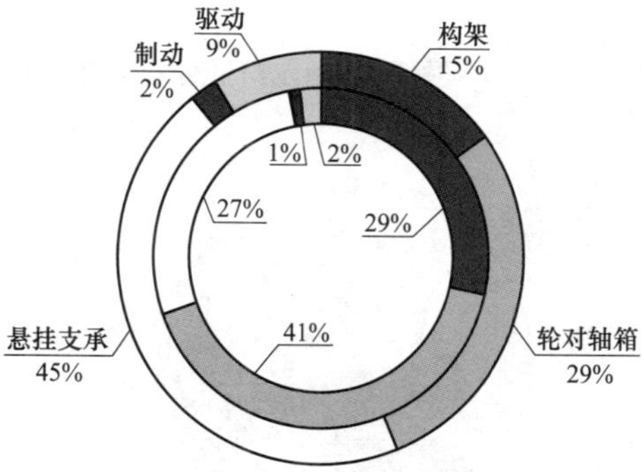

图 19　川崎重工在转向架领域全球和中国专利申请技术构成

注：内圈表示中国申请，外圈表示全球申请。

（3）阿尔斯通公司

阿尔斯通是一家总部位于巴黎的法国公司，其主要业务为发电、机车制造和造船，是全球轨道交通领域的领先企业。自 1978 年提供第一列 TGV 高速列车以来，阿尔斯通在轨道交通运输市场中始终占据着重要的地位。

图 20 是阿尔斯通公司高速列车转向架领域全球和中国的专利申请情况。从图中可以看出，该公司自 1975 年开始在全球申请专利，1995 年以后专利申请进入一个活跃时期。由于在加勒比海地区游轮业务的投资失败和在“欧洲之星”高速列车工程上的预算失误，阿尔斯通公司深陷财务危机，并于 2003 年 7 月申请破产保护，受此影响，其专利申请量在 2003 年前后也跌入低谷。得益于法国政府耗资 32 亿欧元的拯救计划，以及中国高铁技术引进的巨额订单，阿尔斯通公司进行了彻底的改革和业务重组后迅速走出危机，其专利申请量在 2005 年后再度攀升，整体势头一直持续到现在，其中 2016 年左右专利申请量达到峰值，为 24 项。

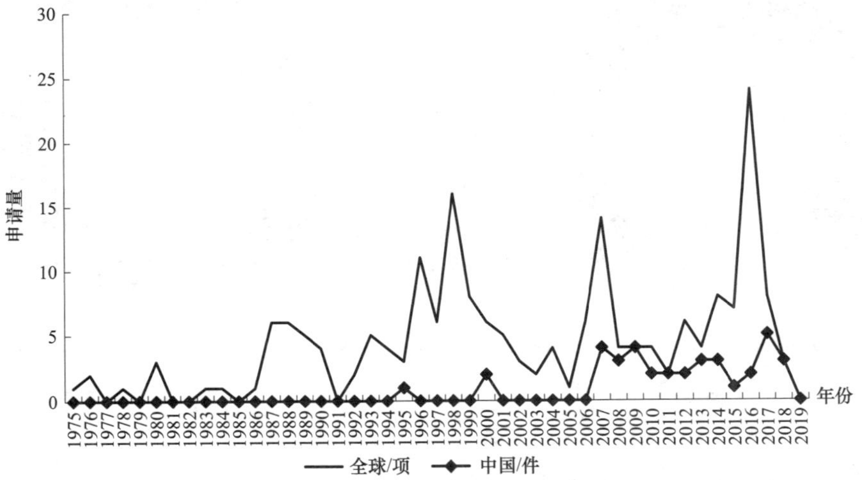

图 20　阿尔斯通公司高速列车转向架领域全球和中国专利申请趋势

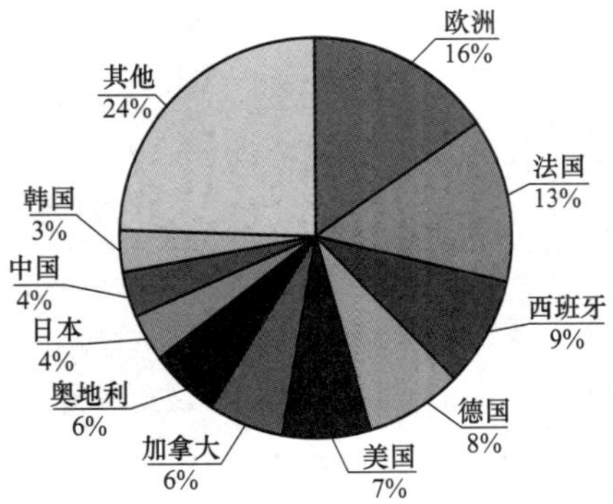

图 21　阿尔斯通公司高速列车转向架领域的全球专利申请来源地布局

阿尔斯通是最早来中国发展的跨国公司之一，早在 20 世纪 50 年代就与中国有过合作，为中国提供电力机车和柴油电力机车。在 1995 年之前，阿尔斯通在我国没有提出过高速列车转向架领域的专利申请，2005 年之前也只有个别年份有几件申请。在 2005 年以后，其专利申请量均稳定在每年数件，并在 2017 年达到 5 件申请。

图 21 是阿尔斯通公司在全球的专利申请分

布情况。从图中可以看出，该公司转向架领域的专利申请中，16%是向欧洲提出的申请、13%的专利申请分布在法国，以下依次为西班牙9%、德国8%和美国7%。可见，欧洲仍然是其最重要的市场。阿尔斯通公司着眼于全球专利布局，但该公司在我国的申请量仅占其专利申请总量的4%，这种情况可能与该公司在全球市场的布局策略有关。

关于阿尔斯通公司在中国的专利申请，由于该公司近年来在我国的专利申请量才开始提升，大部分（59%）的专利申请仍处于审查阶段，专利权仍然有效的申请占比为30%，另外11%的专利已经失效。中国企业在使用其技术或者在其基础技术上进行再开发时，存在较高的侵权风险。与阿尔斯通公司存在技术引进和专利转让关系的长春轨道客车股份有限公司在进行技术创新时，同样存在专利纠纷的可能。

阿尔斯通公司在中国专利申请全部为发明专利申请，没有提出过实用新型专利申请，这说明该公司专利申请的质量和稳定性都较高。

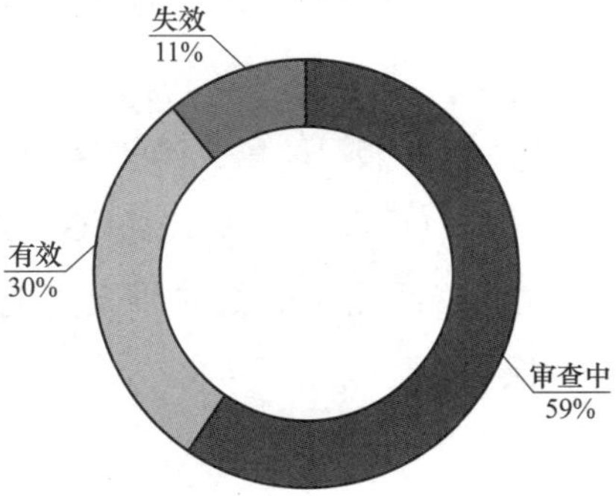

图22 阿尔斯通公司高速列车转向架领域中国专利申请法律状态分布

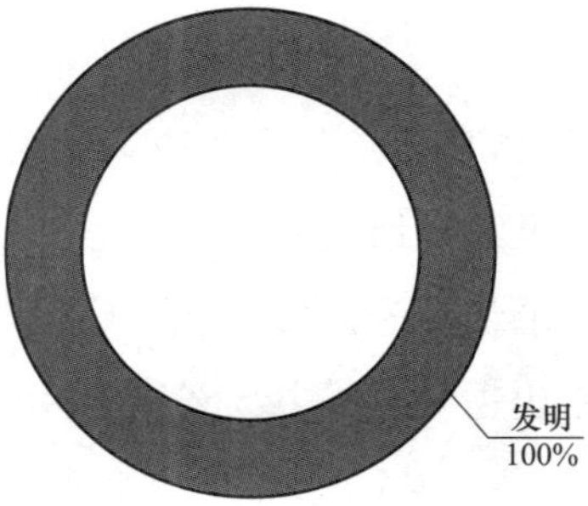

图23 阿尔斯通公司高速列车转向架领域专利申请类型对比

图24示出了阿尔斯通公司全球和中国的专利申请中，在转向架各个技术分支上的申请情况。其中在全球范围内，阿尔斯通公司40%的申请量在悬挂支承上，20%分布在驱动分支，19%分布于轮对轴箱分支，16%分布于构架分支，5%分布于制动领域；而其在

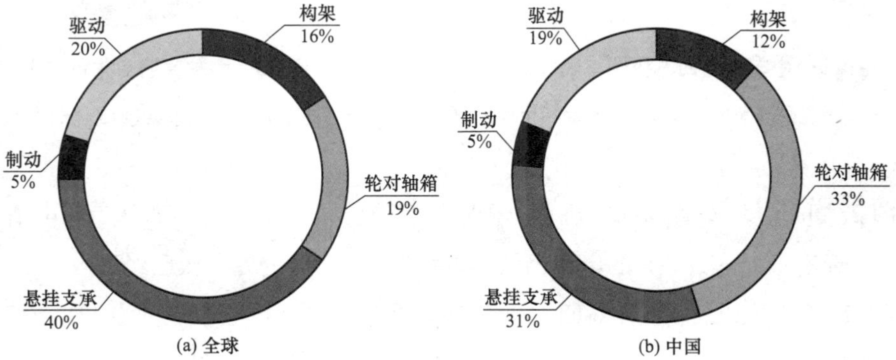

图24 阿尔斯通公司高速列车转向架领域全球和中国专利申请技术构成

对中国的专利申请中，33%的申请量分布于轮对轴箱上，31%分布于悬挂支承上，19%分布于驱动上，12%分布于构架，只有5%专利申请量分布于制动上。上述数据说明，阿尔斯通在高速列车转向架的几个关键技术上技术实力比较均衡，但在制动领域的申请量相对较小。

2. 国内申请人专利分析

（1）中车青岛四方机车车辆股份有限公司

中车青岛四方机车车辆股份有限公司是中国中车的核心企业，中国高速列车产业化基地，国内地铁、轻轨车辆制造厂家和国家轨道交通装备的重要出口基地。

图25是高速列车转向架领域中车青岛四方机车车辆股份有限公司的全球专利申请情况。从图中可以看出，该公司自2004年开始申请专利，申请量此后逐年上升，2011年以后进入一个活跃时期并一直持续到现在，其中2016年专利申请量达到峰值，为83项。2018年以后，图25中显示该公司的专利申请量开始下降，其原因应是部分专利申请还未公开。

如图26所示，该公司转向架领域的全球专利申请中，97.90%是在我国提出的申请，只有少数几项申请是向世界知识产权组织（0.84%）、美国（0.63%）等国家/地区提出。由此可以看出，该公司在中国国内申请量较大，对国外申请数量很少。这种情况可能会导致在“走出去”过程中，该公司知识产权无法得到有效保护。

图25　中车青岛四方机车车辆股份有限公司高速列车转向架领域全球专利申请趋势

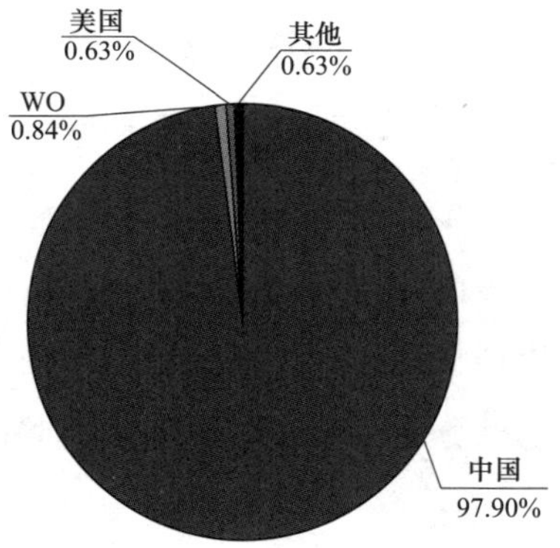

图26　中车青岛四方机车车辆股份有限公司高速列车架领域全球专利申请布局

从图27可见，中车青岛四方机车车辆股份有限公司在中国的大部分专利申请（62%）的专利权处于有效状态，17%的申请仍处于审查阶段，21%的专利权已经失效。

从图28可以看出，中车青岛四方机车车辆股份有限公司在中国的专利申请类型构成为：43%为发明专利，57%是实用新型专利。这种情况与我国专利制度的特点和国内申请人同时申请发明和实用新型的习惯有关，但也说明相比外国同行，其专利申请技术的含量可能较低。

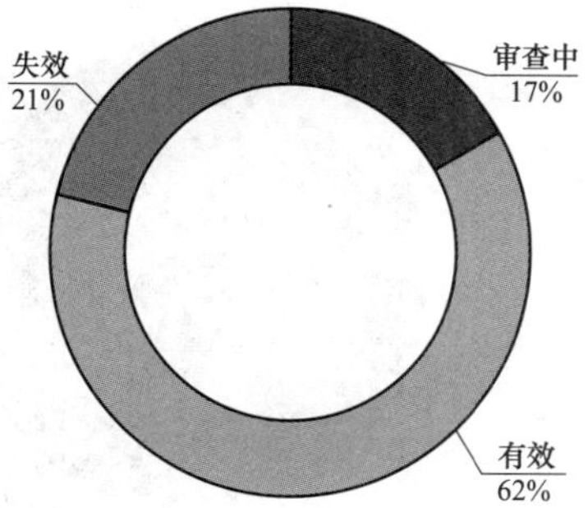

图 27 中车青岛四方机车车辆股份有限公司高速列车转向架领域中国专利申请法律状态分布

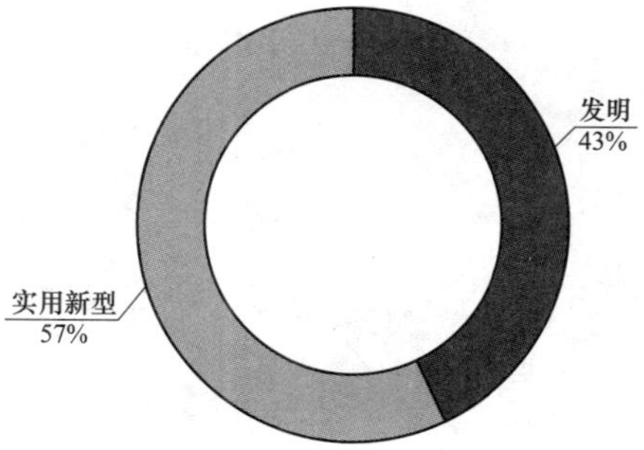

图 28 中车青岛四方机车车辆股份有限公司高速列车转向架领域中国专利申请类型

图 29 示出了中车青岛四方机车车辆股份有限公司的全部中国专利申请中，在转向架各个技术分支上的申请情况。其中该公司 33% 的中国申请量在悬挂支承上，20% 分布于构架，19% 分布在轮对轴箱上，19% 分布于驱动上，9% 分布于制动领域。这种分布显示该公司的技术较为均衡，但制动领域有些滞后。

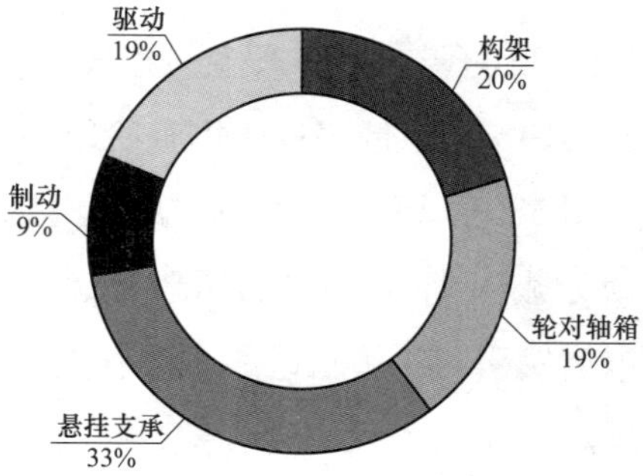

图 29 中车青岛四方机车车辆股份有限公司高速列车转向架领域中国专利申请技术构成

（2）中车长春轨道客车股份有限公司

中车长春轨道客车股份有限公司的前身长春客车厂，始建于 1954 年，是国家“一五”期间重点建设项目之一。该公司是我国著名的轨道客车研发、制造及出口基地，是我国地铁、动车组的摇篮。

图 30 是高速列车转向架领域内，中车长春轨道客车股份有限公司在全球的专利申请情况。从图中可以看出，该公司自 2001 年开始申请专利，2013 年以后其专利申请进入一个活跃时期并一直持续到现在，其中 2017 年专利申请量达到峰值，约为 104 项。2017 年以后该公司的专利申请量开始下降，这与部分专利申请还未公开有关。

如图 31 所示，中车长春轨道客车股份有限公司在全球的专利申请中，其转向架领域的专利申请的 98. 01% 是在我国提出的，只有少数几项是向世界知识产权组织（1. 55%）等国家/地区提出的。由此可以看出，该公司在中国国内申请量较大，对国外申请数量很少。这种情况可能会导致“走出去”过程中，该公司的知识产权无法得到有效保护。

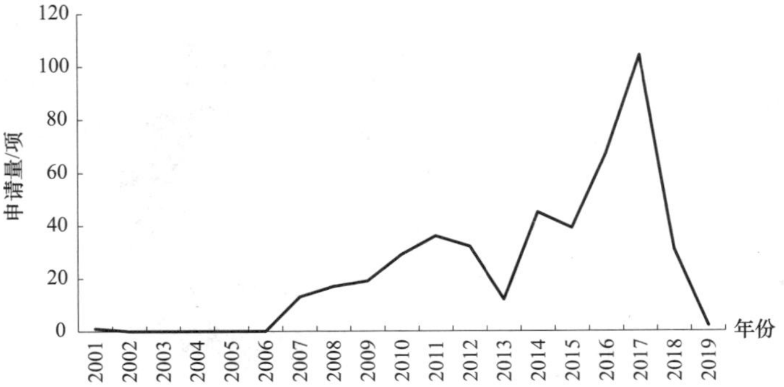

图 30　中车长春轨道客车股份有限公司高速列车转向架领域的全球专利申请趋势

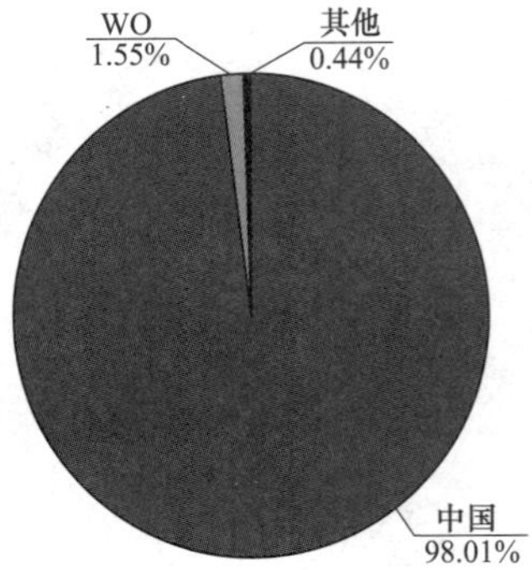

图 31　中车长春轨道客车股份有限公司高速列车转向架领域全球专利申请布局

从图 32 可见，中车长春轨道客车股份有限公司在中国的专利有 41% 处于专利权有效状态，19% 的申请仍处于审查阶段，但有 40% 的专利权已经失效。

从图 33 可以看出，中车长春轨道客车股份有限公司在中国的专利申请类型构成为：40% 为发明专利，60% 是实用新型专利。这种情况与我国专利制度的特点和国内申请人同时申请发明和实用新型的习惯有关，但也说明相比外国同行，专利申请技术的含量可能较低。

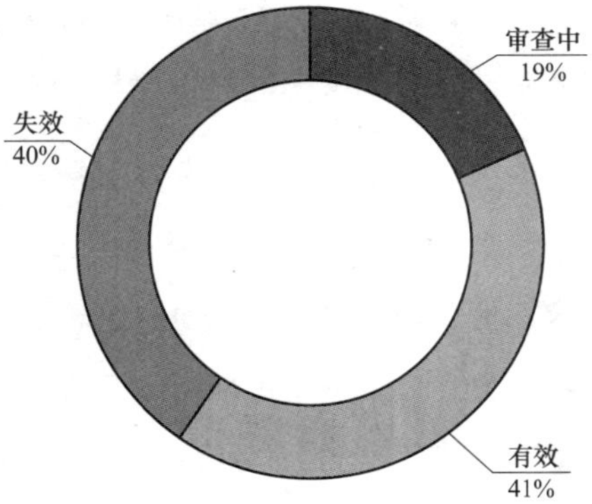

图 32　中车长春轨道客车股份有限公司高速列车转向架领域中国专利申请法律状态分布

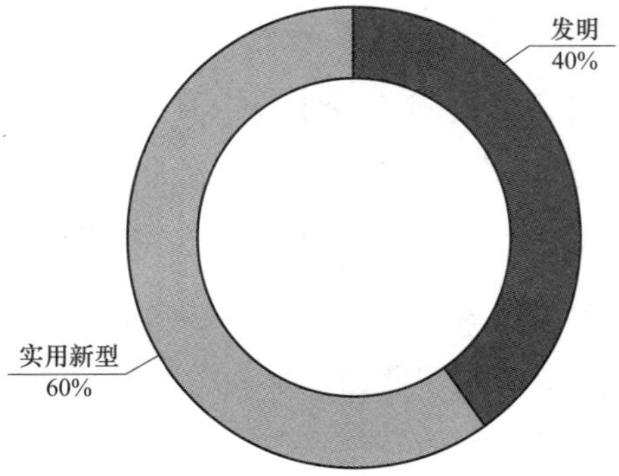

图 33　中车长春轨道客车股份有限公司高速列车转向架领域中国专利申请类型

图 34 示出了中车长春轨道客车股份有限公司的中国专利申请中，在转向架各个技术分支上的申请情况。中车长春轨道客车股份有限公司 27% 的中国申请量分布于构架，25% 分布在轮对轴箱上，24% 分布在悬挂支承上，16% 分布于驱动，8% 分布于制动。这种分布显示该公司的技术较为均衡，但在制动领域有些滞后。

（3）中车株洲电力机车有限公司

中车株洲电力机车有限公司始建于1959年，是我国第一家电力机车专业制造厂家。该公司具备强大的自主研发和创新能力，是我国轨道交通装备牵引传动与控制系统领域的自主创新平台。

从图35中可以看出，该公司自2005年开始申请专利，2008年以后其专利申请进入一个活跃时期并持续到2018年，其中2017年专利申请量达到峰值，约为58项。2018年以后该公司的专利申请量开始下降，其原因应是部分专利申请还未公开。

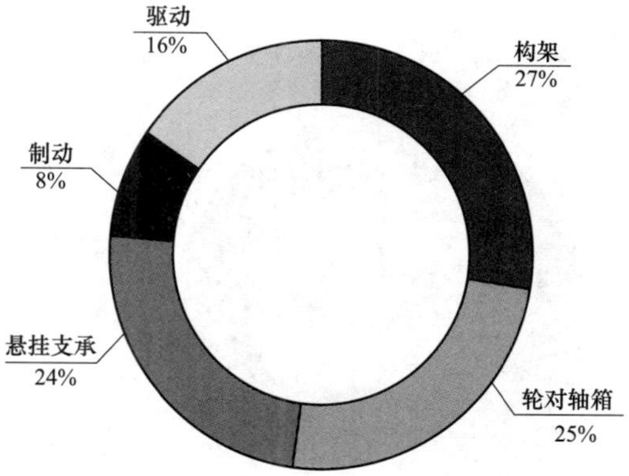

图34　中车长春轨道客车股份有限公司高速列车转向架领域中国专利申请技术构成

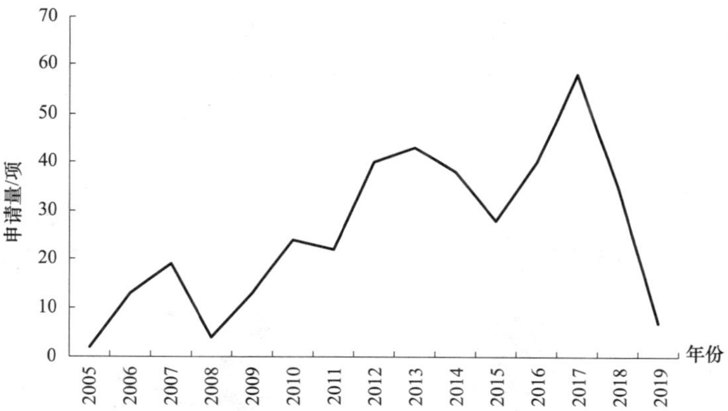

图35　中车株洲电力机车有限公司高速列车转向架领域全球专利申请趋势

如图36所示，该公司转向架领域的全球专利申请中，98.43%是在我国提出的申请，只有少数几项是向世界知识产权组织（0.79%）、澳大利亚（0.52%）和捷克（0.26%）提出。由此可以看出，该公司在中国国内申请量较大，对国外申请数量很少。这种情况可能会导致“走出去”过程中，该公司的知识产权无法得到有效保护。

从图37可见，中车株洲电力机车有限公司在中国的大部分专利申请（66%）的专利权处于有效状态，13%的申请仍处于审查阶段，21%的专利权已经失效。

从图38可以看出，中车株洲电力机车有限公司在中国的专利申请类型构成为：43%为发明专利，57%是实用新型专利。这种情况与我国专利制度的特点和国内申请人同时申请发明和实用新型的习惯有关，但也说明相比外国同行，专利申请技术的含量可能较低。

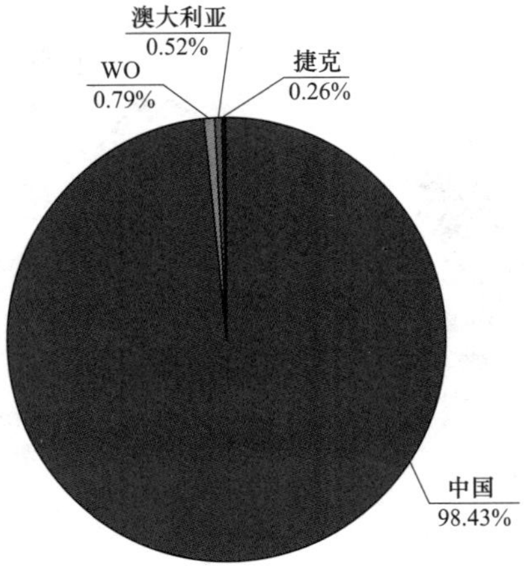

图 36　中车株洲电力机车有限公司高速列车转向架领域全球专利申请布局

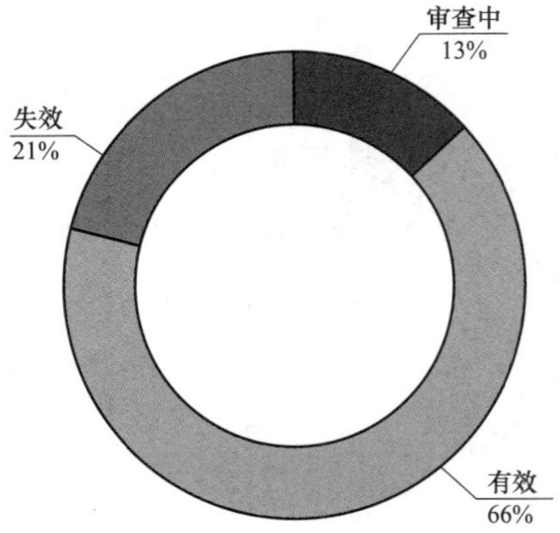

图 37　中车株洲电力机车股份有限公司高速列车转向架领域的中国专利申请法律状态分布

图 39 示出了中车株洲电力机车有限公司的中国专利申请中，在转向架各个技术分支上的申请情况。该公司 35% 的中国申请量在悬挂支承上，21% 分布于构架，19% 分布在驱动上，19% 分布于轮对轴箱，6% 分布于制动上。这种分布显示该公司的技术较为均衡，但制动领域有些滞后。

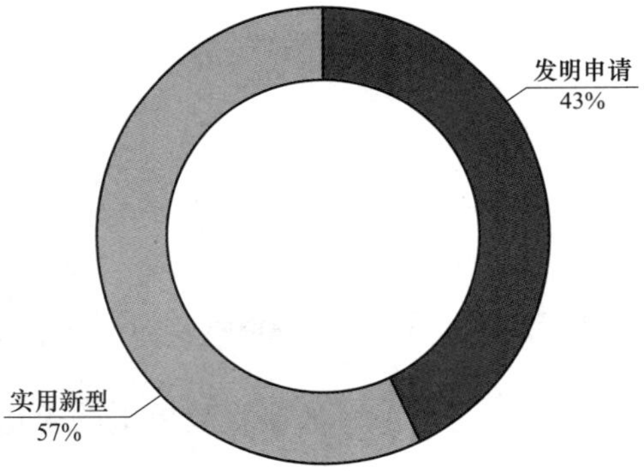

图 38　中车株洲电力机车股份有限公司高速列车转向架领域的中国专利申请类型

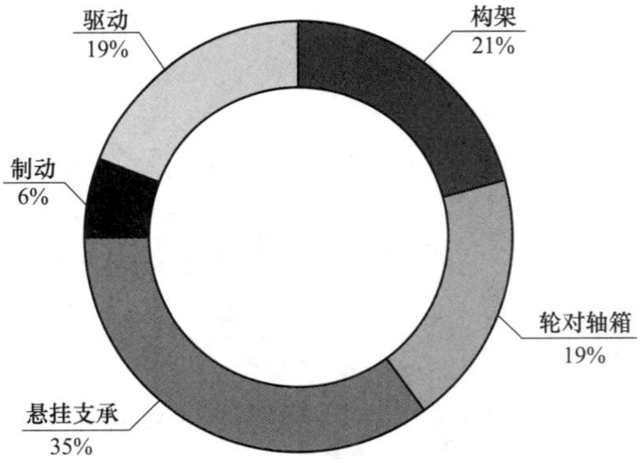

图 39　中车株洲电力机车有限公司高速列车转向架领域的中国专利申请技术构成

3. 对申请人分析的小结

通过以上对国内外主要申请人的分析可知，在高速列车转向架领域，国外申请人（西门子公司、川崎重工和阿尔斯通公司）与国内申请人（中车青岛四方机车车辆股份有限公司、中车长春轨道客车股份有限公司和中车株洲电力机车有限公司）存在以下特点：

（1）国外申请人自20世纪八九十年代开始，关于高速列车转向架的申请进入了活跃期；我国高铁企业在2005年以后也都加入了这一进程，并保持这一趋势至今。

（2）国外申请人专利申请国比较分散，而我国申请人则几乎全部申请是向中国国家知识产权局提出的。其原因在于我国高铁技术发展较晚，在2004~2005年吸收完成引进的国外高铁技术后才进入自主研发阶段。随着我国企业“走出去”，我国企业应注重知识产权的海外布局和保护。

（3）国外申请人在我国提出的专利申请基本上都是发明专利，而我国申请人发明专利的申请量只有40%左右，这固然与实用新型授权快的特点有关，但我国专利申请技术含量较低也是不争的事实。

在转向架领域已经不太容易出现革命性的创新，但我国高铁企业有在不同区域（如高寒、荒漠、冻土地带）作业的丰富经验，进一步结合工程实际进行开发，可能会是该领域的发展和创新突破点。

（4）对比国内外申请人在转向架具体技术领域的申请量可知，国外申请人在轮对轴箱、悬挂支承和驱动上申请量较大，而国内申请人在轮对轴箱、悬挂支承、驱动和构架上的专利分布比较均衡，尤其是在构架领域我国企业的实力较强，但制动领域技术有些滞后。

转向架作为高速列车的承载和传动部件，决定了列车的经济性能和安全性能。高速列车转向架是由众多部件组成的复杂机械系统，因此我国企业在这一领域的研发中还有很多工作可做。

（二）重点技术分析

转向架构架是轨道车辆转向架的骨架，其将转向架各零部件组成一个整体。转向架构架在运动过程中，不仅要承受包括自重和载重在内的垂向静载荷，还要承受来自车体或轮轨间的垂向动载荷；既要传递过弯道时所需的横向向心力，也要承受车体侧摆等带来的横向冲击力；既要传递纵向的牵引力或制动力，也要承受车辆间的纵向冲撞。并且它的结构、形状和尺寸大小还应满足各零、部件的结构、形状及组装的要求，如满足制动装置、弹簧减振装置、轴箱定位装置等安装的要求。因此，转向架构架是转向架的关键部件，下面将对其重点技术进行分析。

转向架构架主要有左右两个侧架和连接两侧架的一个或多个横梁，以及每一个侧架联系前后两个轮对一侧的轴箱。转向架构架上还可以包括端梁、连接横梁的纵向连接梁、用于安装其他零部件的安装座。早期转向架还包括均衡梁，三大件式转向架的左右侧架通过摇枕联系在一起。

转向架构架按照制造工艺，可以分为拱板构架、铸钢构架和焊接构架，早期为拱板构架、铸钢构架和铆焊构架。随着制造业水平的不断提高，欧洲国家的客车转向架的构架开始采用焊接结构。

转向架构架按照轴箱定位方式，可以分为导框式转向架构架和无导框式转向架构架。

转向架构架按照侧梁组成，可以分为单腹板侧梁、单双腹板侧梁和双腹板侧梁等形式。单腹板侧梁质量轻、柔性好，但对焊接工艺的要求较高。后来又出现了单双腹板侧梁和双腹板侧梁。

转向架构架按照侧梁纵截面类型，可以分为直型和 U 型（鱼腹型归为 U 型）。构架侧梁下凹成 U 形，使得摇枕得以从构架侧梁上部通过，便于增加摇枕弹簧的静挠度、加大摇枕弹簧的横向距离。

转向架构架按照横梁类型，可以分为箱型横梁、双无缝钢管横梁、柔性横梁等形式。相比箱型横梁，无缝钢管横梁更便于安装基础制动装置；相比刚性横梁，柔性横梁扭转刚度低，有助于车辆通过缓和曲线或具有三角坑形式不平顺的线路，对于列车高速运行具有重要意义。

转向架构架按照材料类型，可以分为金属材料和纤维增强复合材料。市场对列车的轻量化、低能耗、舒适性等指标提出了更高的要求，金属材料在解决列车轻量化与强度、噪声等性能相平衡的问题时逐渐凸显出不足，而玻璃纤维、碳纤维增强复合材料强度、刚度高、疲劳性能好，在轨道交通结构领域拥有广阔的发展空间和应用前景。

转向架构架按照悬挂方式，可以分为内侧悬挂和外侧悬挂。内侧悬挂可以使构架轻量化并降低环境噪声。

列车运行速度提高后，所需的牵引功率急剧增长，轮轨作用力也随之增大，轮轨黏着快速降低，需要增加制动功率，对高速列车转向架提出更高的要求。高速列车转向架必须保证足够的强度和刚度、高的横向稳定性和运行平稳性、良好的曲线通过能力、低的轮轨动作用力，最大限度地发挥轮轨间的黏着潜力。货车提速过程中，转向架同样需要克服上述问题，其发展成果在一定程度上为高速客车转向架的发展提供借鉴意义。因此，虽然目前高速列车一般指客运列车，但本文对客车转向架、货车转向架均进行分析，以为高速列车转向架的发展提供更为全面的信息。

1. 货车转向架构架

目前，货车转向架基本分为铸钢三大件式转向架和焊接构架式转向架。中国、美国、俄罗斯、澳大利亚货车普遍采用三大件式转向架，欧洲多数国家的货车普遍采用焊接构架式转向架。为了降低制造成本，货车转向架一般仅在摇枕和侧架之间或轮对轴箱和构架之间设置一系弹簧装置。三大件式转向架具有结构简单和适应线路扭曲能力强的特点，但簧下重量大且实现盘形制动或双侧踏面制动较为困难，在高速情况下采用单侧踏面制动难以满足中国制动距离的要求。焊接构架式转向架具有抗菱形刚度高、重量轻及易实现盘形制动或双侧踏面制动的优点，是高速货车转向架的发展方向。

高速化、重载化是货车转向架发展趋势。为充分利用高速线路和适应快速货物运输的需要，法国、德国、美国、英国等国家研制出了多种形式的高速货车转向架。各国在研制高速货车转向架时，主要在采用非线性轴箱弹性悬挂减轻簧下质量、减少二系横向刚度、减少悬挂中磨耗件、这个价构架抗菱刚度、采用常接触弹性旁承、采用盘形基础制动等方面进行了重点研究和技术创新。

（1）三大件式转向架

三大件式转向架由左右两个侧架和摇枕组成，每一个侧架联系前后两个轮对一侧的轴箱，左右两个侧架之间在中央部位用一根横向放置的摇枕联系在一起。摇枕和侧架可以有上下方向的相对移动，前后、左右方向的相对位移则限制在间隙容许的范围内。三大件式转向架在摇枕和侧架之间设置一系弹簧装置、轴箱摩擦定位，对线路的高低不平顺及扭曲具有良好的适应性，但抗菱形变位能力较差、簧下质量大，在一定程度上制约了车辆的运行品质，如US2296106A。

三大件式转向架（如图40所示）的菱形变形是影响车辆运行稳定性的主要因素，为了提高三大件式转向架的运行速度，三大件式转向架在结构上采取相应措施来增加转向架抗菱形变形的能力。经过多年的改进，在传统三大件式转向架的基础上相继开发出了交叉支撑转向架、摆动式转向架、径向转向架和控制型转向架。

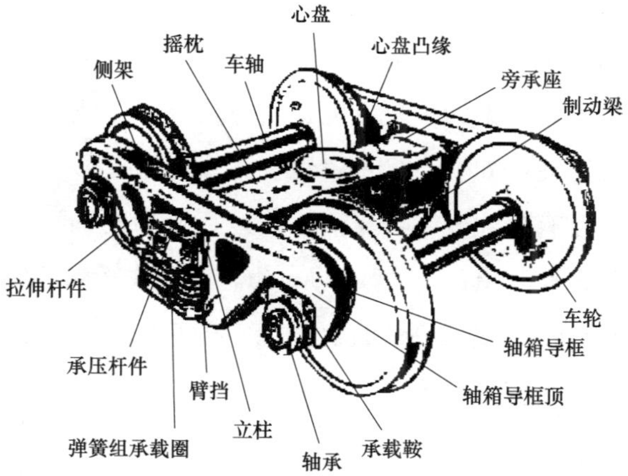

图40　三大件式转向架

簧下质量对车辆的动力学性能和轮轨作用力都有较大影响，簧下质量越大，动力学性能越差，轮轨作用力也越大。主悬挂系统位于中央的三大件式转向架，如Swing Motion、SJ、Scheffel等，在侧架与轴箱之间加装了弹性橡胶垫。

1）交叉支撑转向架

传统三大件式转向架通过摇枕弹簧和斜楔减震装置约束侧架相对摇枕的水平转动，

但这种约束比较松散。转向架运行时，左右侧架相对摇枕发生水平平面内的同向角位移，即转向架构架菱形变形。

交叉支撑转向架是在三大件转向架基础上，在两侧架之间加装弹性交叉支撑装置（Cross-bracing）。该转向架因为增加了弹性交叉支撑装置，使转向架两侧架的剪切变形受到弹性约束，菱形变形受到抑制，而且交叉支撑杆本身以及弹性橡胶垫又能产生弹性反力，使转向架具有一定的恢复正位能力，如DE2920114A1。交叉杆四个端点用轴向橡胶垫与侧架弹性相连，连接点位于侧架三角孔部位，其高度接近于侧架的中部，称为中交叉支撑装置；在两侧架之间安装下交叉支撑装置，交叉杆从摇枕下面穿过，称为下交叉技术。

交叉支撑转向架侧架两端各有一个导框，中部有一个较大的方框，方框两侧立柱平面为磨耗板，立柱两侧有止挡；方框下部为弹簧承载台，承载台上设有弹簧止挡，内侧设有制动梁滑槽，两侧设置有三角形检查孔。摇枕多为箱型结构、鱼腹型结构。

2）摆动式转向架

摆动式（Swing Motion）转向架是在三大件式转向架的基础上，在两侧架之间增加弹簧托板及承载鞍摇动座块。摆动式转向架是在传统三大件式转向架基础上增加一个弹簧托板，把左右承载弹簧连接在一起，并通过摇动座坐落在侧架中央承台的支承座上，形成下摆点；同时左右侧架通过其导框顶部的导框摇动座分别支承在前后两承载鞍上，形成上摆点。两侧架通过上、下摆点连接成为横向可同步摆动的吊杆，并与弹簧托板铰接形成一个矩形的摆动机构，在车辆运行时实现横向摆动。摆动机构降低了转向架悬挂系统的横向刚度，增加了转向架的抗菱刚度，从而提高了车辆的横向动力学性能和临界速度，降低了轮轨间的磨耗，如US3670660A。

加大悬挂的横向柔度有效地改善了车辆横向运行平稳性和运行安全性，摆动式转向架可大大提高运行速度，使其最高可达160 km/h。摆动式转向架侧架无弹簧承载台，设置有安装摇动座、摇动座支撑的U形凹槽结构，导框顶面为容纳导框摇动座的凹槽结构。摇枕多为箱型结构、鱼腹型结构。

3）径向转向架

为了保证转向架高速运行时的蛇行运动稳定性，要求转向架的轮对与轮对间、轮对与构架间有足够的定位刚度及较小的车轮踏面斜率；而为了使转向架顺利地通过曲线，又要求轮对的定位尽量柔软和具有较大的车轮踏面斜率，以使转向架通过曲线时其轮对能处于或接近纯滚动的径向位置。提高转向架横向运动稳定性的要求和改善转向架曲线通过性能的要求往往是互相矛盾的。采用径向转向架（Radial Truck）是解决稳定性和曲线通过能力矛盾的最有效措施。径向转向架能在保证足够的直线运动稳定性的同时减少轮缘磨耗和侧向力，减少机车的燃料消耗，降低运行噪声和环境污染，特别适应于小半径曲线线路上高速重载车辆的运行要求，具有较大的技术经济意义。

车辆通过曲线时，所有轮对都具有趋于曲线径向位置的能力的转向架，称为径向转向架。根据导向原理不同，径向转向架分为自导向转向架（Self-steering Truck）和迫导向转向架（Forced-steering Truck）两大类。自导向转向架（如图 41 和图 42 所示）是依靠轮轨间的蠕滑力进行导向的，它利用进入曲线时轮轨间产生的蠕滑力，通过转向架自身导向机构的作用使转向架的前、后轮对“自动”进入曲线的径向位置，如 DE2514361A、US19780907460A。迫导向转向架（如图 43 所示）是利用进入曲线轨道时车体与转向架构架间的相对回转运动，通过专门的导向机构（如连接车体与轴箱或副构架的杠杆系统）使前、后轮对偏转，强迫轮对进入曲线后处于曲线径向位置，如 EP86306593A。

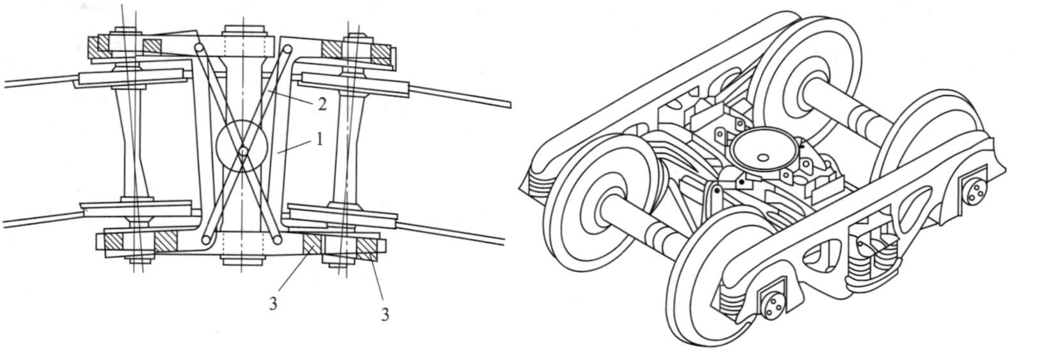

1-副构架；2-对角斜撑；3-橡胶垫

图 41　Scheffel 副构架自导向转向架

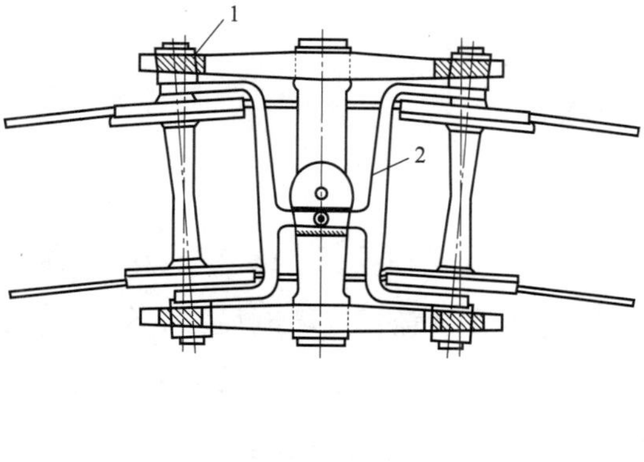

1-橡胶垫；2-导向臂

图 42　DR-1 型自导向转向架

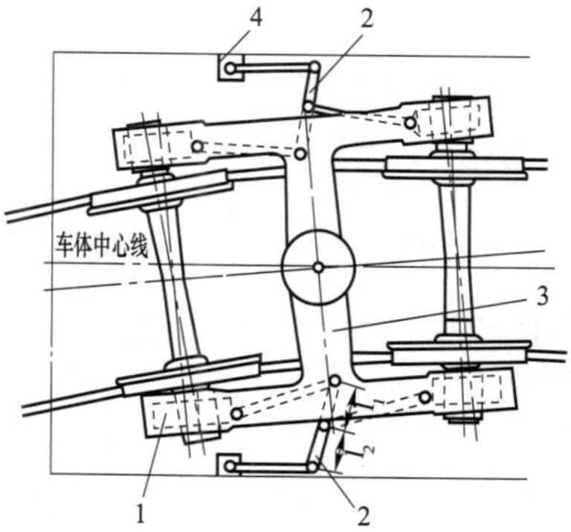

1-一系悬挂；2-导向杠杆；3-刚性构架；4-车体支点

图 43　Drvine-Scales 迫导向转向架

4）控制型转向架

转向架为三大件式铸钢结构，在摇枕上加设了一定的限制，增加了抗菱刚度，装有常摩擦阻尼的斜楔式摩擦减振装置，加宽了摩擦面，各摩擦副采用耐磨材料，提高了转向架的正位能力。

斜楔式摩擦减振装置由一个中间挖空的外形特殊的斜楔和一个控制弹簧等组成。装配时，将控制弹簧预压缩后与斜楔一起装入摇枕端部的凹进部分，控制弹簧的下平面支承在摇枕端部铸出的减震弹簧承台上，弹簧的上平面则顶在楔块内部的挖空处，并且在弹簧预压缩力的作用下将整个楔块往上顶至楔块斜面与摇枕斜面以及楔块主摩擦面与焊在侧架立柱上的磨耗板贴紧为止。弹簧给楔块的作用力以及楔块与摇枕斜面之间、楔块与立柱磨耗板之间的作用力维持不变。在转向架振动过程中，楔块主摩擦面与侧架立柱磨耗板之间的摩擦阻力就不随转向架的簧上载荷变化，而维持为一常数。这种减振器的楔块较宽，磨耗面积较大，这样就加强了转向架侧架和摇枕之间的联系，对转向架的菱形变形具有一定的“控制”作用，从而提高了转向架的蛇行运动稳定性，如US2446506A（见图44）。

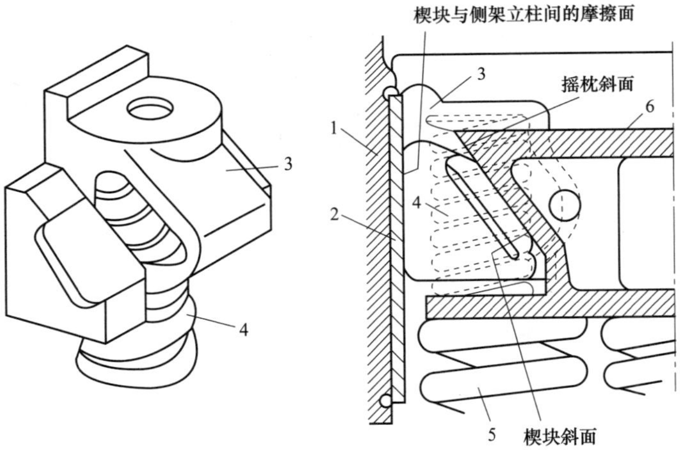

1-侧架立柱；2-磨耗板；3-楔块；4-减振器弹簧；5-摇枕弹簧；6-摇枕

图44 控制型减震器

（2）焊接构架式转向架

焊接构架式货车转向架，采用无摇枕的整体构架、轮对轴箱和构架之间设置一系弹簧装置。同三大件式转向架相比，焊接构架式转向架重量轻、抗菱刚度大、簧下质量小，具有良好的横向运动稳定性，同时也为安装双侧踏面制动和盘形制动提供了条件，使转向架具有较好的制动性能，所以整体构架在高速货车转向架中得到了广泛的运用，是高速转向架的首选。

法国研制的Y25型转向架，采用焊接式构架、轴箱导框、螺旋弹簧和单侧顶柱式利诺尔摩擦减振器定位，如 FR1455797A，但左右两侧架点头刚度大、适应线路扭曲变形能力差。为了释放横向约束进而提高货车运行速度，构架式转向架在之前的基础上开发了 Y37 型转向架。Y37 型转向架增加了如客车摇动台形式的二系悬挂以降低横向刚度，轴距加大至 2.3 m，大大提高转向架的临界速度，如 FR1588137A。德国在 Y25 型转向架的基础上，采用双层圆环形橡胶弹簧进行轴箱定位，减小一系弹簧横向约束，如 EP0035443B1。近年来，欧洲国家在转向架轻量化、低噪声方向进行研究，开发出内置构架式转向架。

（3）准构架式转向架

准构架式转向架是一种具有弹性关节点的关节式构架转向架，它的两侧梁通过弹性结点与摇枕相连；转向架没有枕簧和斜锲，仅有轴箱一系弹性悬挂。转向架的左右侧梁可在垂直平面内相对扭转，所以可适应线路的三角坑等缺陷，它是对构架式转向架的一种改进，又保持了三大件式转向架均载能力强的优点，有利于提高车辆的动力性能并减轻转向架各部件的磨耗，如 CN2242210Y。

综上所述，货车转向架按基本结构形式主要分为焊接构架式和铸钢三大件式转向架。三大件式转向架的菱形变位是影响车辆运行稳定性的主要因素，采用三大件式结构的高速货车转向架应在结构上采取相应措施增加转向架抗菱形变位的能力。欧洲国家通用的 H 型焊接构架则彻底消除了菱形变位并具有重量轻的特点，从而保证了车辆良好的横向运动稳定性，且易实现盘形制动或双侧踏面制动，故高速货车转向架构架宜采用焊接构架。货车的 H 型焊接构架多为单腹板模式，具有重量轻及柔性大的特点，但对加工工艺要求较高。为使构架轻量化和降低环境噪声，近年来欧洲国家在发展内侧悬挂式货车转向架。

2. 客车转向架构架

转向架是高速客车的关键部件。转向架的应用不仅提高了客车的运行速度，同时还满足了车辆良好的曲线通过性能和舒适性的需要。客车转向架在初期主要以铸钢结构或钢板铆焊结构为主，一系悬挂的方式主要采用导框式轴箱加板簧，其中央悬挂采用板簧加摇枕结构，即带均衡梁的导框式转向架。随着制造业水平的不断提高，欧洲国家的客车转向架的构架开始采用焊接结构；为满足运行速度和舒适性不断提高的需要，出现了摇动台结构的转向架，而摇动台结构由于有效地降低了中央悬挂的横向刚度，故能大幅度地提高车辆的横向动力学性能；空气弹簧运用到客车转向架的中央悬挂后，客车的动力学性能得到了进一步改善，并开始逐步取代传统的摇动台结构，转向架结构更加简单，使客车转向架朝着轻量化、模块化、无磨耗、高舒适度的方向发展。

（1）刚性构架转向架

图 45 是带均衡梁的导框式转向架，该转向架采用美国传统式的铸钢构架，一系悬

挂为轴箱导框加均衡梁结构，中央悬挂由摇动台、中央板簧、摇枕、摩擦旁承和心盘组成。

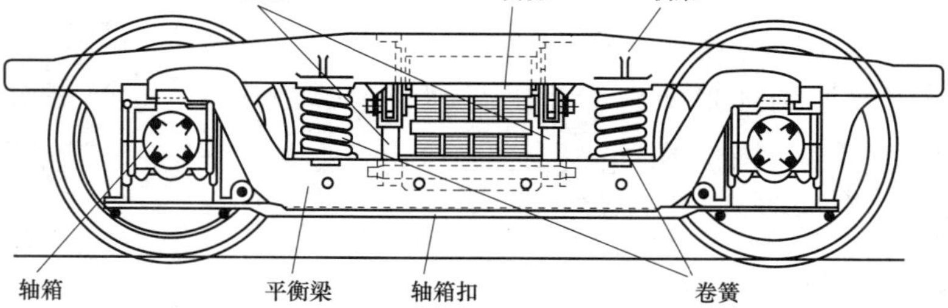

图 45　带均衡梁的导框式转向架

在此基础上，法国设计出采用空气弹簧的转向架，如 FR1191036A。空气弹簧能够设计小刚度的弹簧，提高车辆的平稳性，且空气弹簧具有相当于摇枕的横向刚度，为无摇枕转向架的出现提供了基础。

无摇枕转向架，就是取消了摇枕、摇动台等部件的转向架。为了补偿由于取消摇枕而使转向架丧失的功能，无摇枕转向架用坐落在构架上的二系弹簧直接支承车体，承受车体垂向载荷；依靠中央弹簧的横向和纵向变形来实现车辆通过曲线时的转向功能；通过新的牵引装置来实现摇枕的转向和传递纵向力的功能，如 GB2079701A。

（2）柔性构架转向架

传统的轨道交通车辆转向架普遍采用刚性构架。构架横梁和侧梁刚性固接在一起，仅依靠悬挂系统的柔度来缓和线路扭曲的影响。车辆通过缓和曲线或具有三角坑形式不平顺的线路时，采用具有低扭转刚度构架的转向架能够改善各车轮的轮重均载性，有效降低轮轨垂向力和轮重减载率，提高车辆运行安全性。在确保结构整体性的前提下，应优化各部件的几何特征和刚度特性，以实现构架扭转柔性化。

1）新材料构架

柔性构架的实质在于通过降低结构扭转刚度来提高车辆运行安全性。新材料具有不同于传统材料的扭转刚度，但成本是新型复合材料在转向架上应用的最主要障碍，如 EP0242552A2。

2）铰接式构架

铰接式构架技术，将左右侧梁和横梁通过销铰连接而成，可实现左右侧梁相对于横梁无约束的反向点头，极大降低了构架的扭曲刚度，从而实现了构架的柔性功能，如 WO2011006927A1。

中国中车设计的直线电机转向架，同样采用了铰接式柔性构架，其铰接装置对角布置在构架横梁和侧梁连接处，使得构架左右侧梁具有柔性的连接点以适应线路的扭曲，提高构架承受线路扭曲的能力，如 CN101565049A。

3）柔性横梁结构

转向架左右侧梁的中部通过柔性横梁固接在一起，柔性横梁实现了左右侧梁间的柔性连接，便于左右刚性侧梁相对点头运动，以提高转向架对线路扭曲的适应能力。相对于箱型截面横梁，工字型截面横梁、分离式板梁、中孔型横梁具有较低的扭曲刚性，可以提高转向架构架的柔性，且在现有技术、经济条件约束下更易实现，如 EP0211071A1、CN102963388A。

（3）复合材料构架转向架

与传统材料相比较，纤维复合材料具有高比强度、高周次疲劳强度、低缺口敏感性，具有结构阻尼、良好的结构声学特性和耐蚀性等技术优势。复合材料转向架构架与传统转向架构架具有显著不同。新型复合材料能显著减轻转向架重量、提高结构强度、增加构架柔性、减小运行噪声，但成本是复合材料转向架应用的主要障碍。

图 46 是德国提出的一种纤维复合材料构架。该构架利用构架本身的结构弹性取消了传统的一系弹簧以简化结构，长度方向通过恒定的弯曲应力满足动态的刚度需求，横梁与侧梁共同形成构架的扭转刚度，复合材料的制动梁与横梁采用螺栓连接，如 DE3930873A。

图 46　复合材料构架转向架

20 世纪 90 年代，欧洲铁路货车的弹簧和悬挂系统采用玻璃纤维材料替代为目标，提高车辆的装载和降低成本。图 47 是玻璃纤维制成的 GRP25 转向架构架，其侧梁采用了双拱结构，侧梁之间为整体的板式横梁，均为玻璃纤维材料，利用了玻璃纤维的弹性和承载性能，取消轴箱弹簧和减振器，构架侧梁与轮对轴箱固结，如 EP0031008A1。

近年来，韩国进行了转向架轻量化材料技术的系列研究，研制了一种玻璃纤维增强塑料（GFRP）材料构架。传统的转向架构架一般采用 SM490A 钢（JIS 标准）作为常用材料。GFRP 转向架构架外形与传统形式相同，如 KR20110064096A。

图 48 是川崎重工提出的一种碳纤维 CFRP 材料转向架构架。该架构是川崎重工在铁道车辆转向架构架中首次应用碳纤维，主要创新点是对通常采用钢材料制成的构架侧梁进行了替换，采用 CFRP 弓形梁作为构架侧梁的主体结构。该弓形侧梁为三层结构，上、下两层主要承担垂向载荷，中间层主要承担剪切载荷，侧梁的宽度根据载荷大小和刚度要求进行调整。CFRP 侧梁为自由的简支梁结构，与两端的轴箱不是通过螺栓或圆销固

结，而是可以沿纵向相对滑动，如 JP2013533506A。

图 47　玻璃纤维构架转向架

图 48　川崎重工业 CFRP 材料构架的 efWING 转向架

由以上分析，得出转向架构架专利技术路线，如图 49 所示。其中，经过较长时间的发展，列车转向架技术于 2010 年后在总体上已日渐成熟。目前高速列车及其转向架的设计，主要是在现有技术基础上对速度、能耗、舒适度等综合性能的进一步优化，其主要随着新技术、新材料的出现而发生变化，如采用新型复合材料以使转向架进一步轻型化，本文不再一一列举。

四、结论与建议

（一）结论

本文对高速列车转向架技术领域的全球和中国专利申请进行了包括申请趋势、技术构成、布局区域和主要申请人在内的多维度分析，对以西门子公司、川崎重工、阿尔斯通公司为代表的国外申请人，以及以中车青岛四方机车车辆股份有限公司、中车长春轨道客车股份公司、中车株洲电力机车股份有限公司为代表的国内申请人进行了包括申请趋势、布局区域、中国专利申请类型和有效性在内的系统分析，对以转向架构架为代表的重点技术进行了梳理。现将该领域的发展态势总结如下：

1. 中国高速列车转向架专利申请量持续增长

申请量方面，在高速列车转向架领域的全球专利申请中，来自中国的专利申请已占总申请量的 36%，而来自传统强国日本、德国、美国、法国的专利申请分别占 20%、11%、7% 和 4%。此外，在高速列车转向架领域的中国专利申请中，来自国内的专利申请更是达到了总申请量 90%，国外来华专利申请仅占 10%。可见，我国企业开始注重自己的知识产权，其发展已迈入“引进、消化、吸收”后的“再创新”阶段，技术研发的快速推进带动专利申请数量的不断攀升。

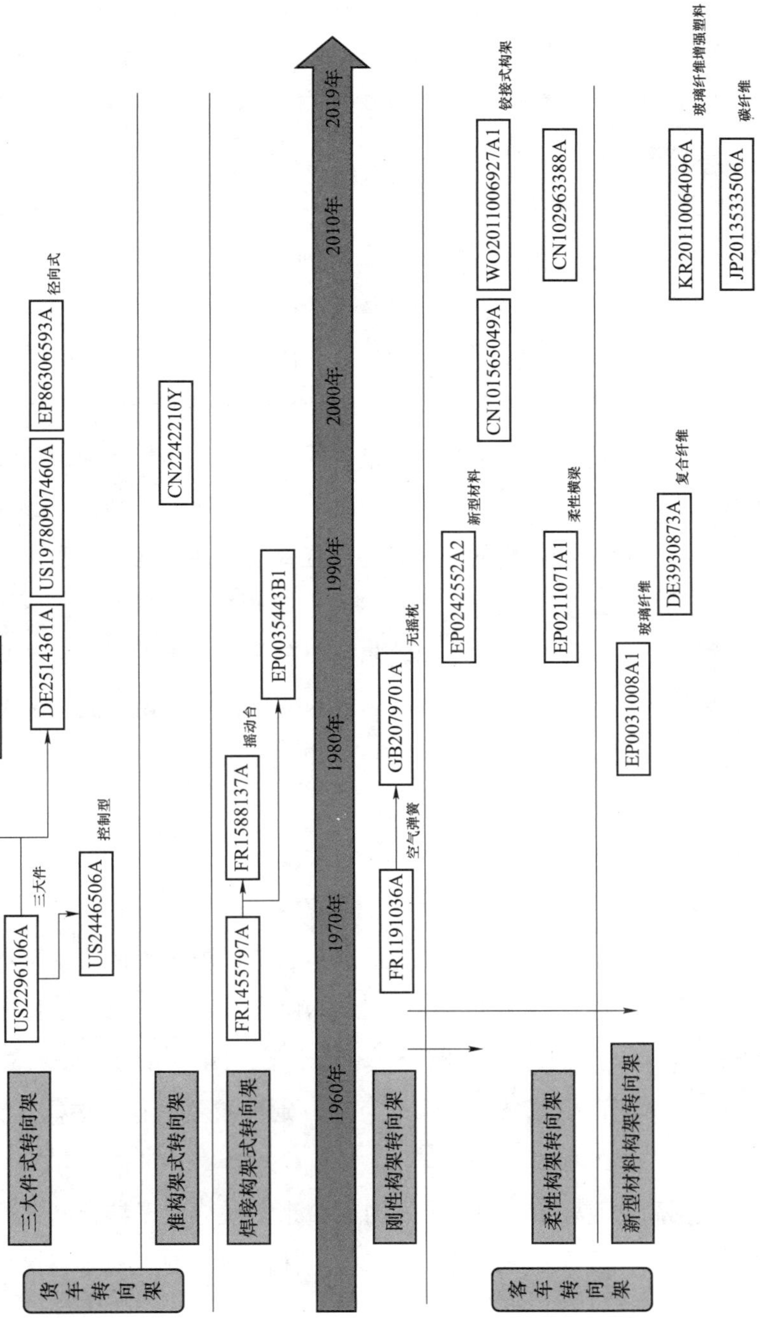

图49 高速列车转向架构架专利技术发展路线

2. 悬挂支承分支是转向架技术领域的研发热点

技术构成方面从全球专利申请或者中国专利申请来看，悬挂支承分支都是高速列车转向架领域的技术研发热点，其专利申请量远超其他技术分支。此外，全球专利申请中有 2025 项来自日本的专利申请涉及悬挂支承技术，这一数量超过了中国的 1798 项和德国的 1134 项。可见，日本在该技术分支拥有较强的技术实力，这得益于日本企业一直以来对减振性和舒适性的追求。

3. 中国企业全球竞争面临知识产权风险

重要申请人方面，中国中车快速崛起，但专利尚未“走出去”。由中国南车和中国北车合并重组而成的中国中车，以 2625 项专利申请在高速列车转向架领域的全球专利申请中拔得头筹，相比传统强势企业西门子公司、川崎重工、日立公司、阿尔斯通公司、庞巴迪运输有限公司分别为 318 项、297 项、247 项、198 项和 173 项的申请量，优势十分明显。然而，以中车青岛四方机车车辆股份有限公司、中车长春轨道客车股份有限公司、中车株洲电力机车有限公司为代表的国内申请人在高速列车转向架领域的专利申请的 98% 集中在本土，仅向中国以外的国家和地区提交了不多的几件专利申请（这些国家和地区包括世界知识产权组织、欧洲、美国、英国、阿根廷、澳大利亚和捷克等）。而以德国西门子公司、日本川崎重工和法国阿尔斯通公司为代表的国外重要申请人，均在本土以外的国家和地区进行了大量的专利申请。这一方面反映出上述国家的申请人拥有较强的技术实力，另一方面也反映出其在开拓市场的同时具有较高的知识产权保护意识。

（二）建议

自 2004 年实施高铁技术引进策略开始，中国高铁走出了一条“引进、消化、吸收、再创新”的快速发展之路。中国高铁已经建设并运营着世界最大的高铁网络，具有技术先进、安全可靠、性价比高、兼容性好等优点。2013 年，习近平总书记提出共建“丝绸之路经济带”和“21 世纪海上丝绸之路”的倡议。高铁作为最重要的交通基础设施之一，肩负着推动“一带一路”沿线各国实现互联互通的重要责任，中国高铁“走出去”也顺势成为中国政府力推的项目。

新的形势为我国高铁企业带来机遇的同时也带来了挑战。现结合高速列车转向架领域的专利申请分析结果和技术发展脉络，对相关主体的技术发展和专利保护策略提出以下建议。

1. 加大研发投入，提升创新水平

创新是永恒的主题。近几年，德国西门子公司在主动安全、模块化车体、质量管理体系和可靠性方面，日本川崎重工在低阻力、轻量化和减灾防灾方面，法国阿尔斯通公司在生态设计方面，都因坚持创新而取得了不俗的成果。中国高铁起点高，融世界高铁技术之长，更应在此基础上坚持创新，包括基于国外基础技术的改进型创新，以及完全自主研发的原创性创新，并及时进行专利申请以获得保护，构建起完善的专利保护体系。

2. 提高专利保护意识，加强专利海外布局

当今世界的各国竞争，已不仅仅是技术之争，更是技术标准、技术谱系和知识产权之争。根据分析结果可知，国内申请人在高速列车转向架领域的专利申请集中在本土，寥寥几件海外专利部署远不能满足为中国高铁“走出去”提供支撑和作为谈判筹码的需求。这种形势下，中国企业“走出去”很可能将直接面对各国高铁巨头在目标市场精心设置的“专利丛林”，一旦遭遇知识产权纠纷诉讼，可用以谈判及反制的专利筹码很少，从而面临被专利权人主张高额专利费用甚至中断“走出去”项目的不利境地。为此，中国企业应该充分意识到扭转落后形势的必要性和急迫性，抓紧并尽早在目标市场实施专利申请战略。

参考文献

[1] 李芾，傅茂海，黄运华，等．快速货车转向架的发展及其模式研究［C］// 中国铁道学会车辆委员会．货车学术研讨会论文集．北京：中国铁道学会，2006：6.

[2] 李培行，刘宏友，苏砚帮．快速货车转向架发展及构架强度试验标准探讨［J］. 国外铁道车辆，2018，55（6）：35-40.

[3] 徐世锋，邵文东，胡海滨，等．国内外快捷货车转向架的技术现状及发展［J］. 铁道车辆，2015，53（12）：4-9，89.

[4] 李芾，傅茂海．高速客车转向架发展模式［J］. 交通运输工程学报，2002（3）：7-14.

[5] 虞大联，邓小军，刘韶庆，等．复合材料技术在转向架中的应用［J］. 电力机车与城轨车辆，2015，38（S1）：17-22.

[6] 严隽耄．车辆工程［M］. 北京：中国铁道出版社，2017.